全国水利水电高职教研会规划教材

高等职业教育土建类"十三五"系列教材

基础工程施工

主 编 胡 慨 赵 鑫 杨 益
副主编 石 硕 佟 颖
主 审 钟汉华

中国水利水电出版社
www.waterpub.com.cn
·北京·

内 容 提 要

本书是全国高职高专建筑类专业规划教材，根据教育部对高职高专教育的教学基本要求，以及全国水利水电高职教研会制定的基础工程施工课程教学大纲编写完成。在编写过程中，本书采用了我国最新设计、施工及验收规范，吸收了基础工程施工的新技术、新工艺、新材料、新方法，内容上突出实践应用，着力培养学生的专业技能和实践能力。全书内容包括土石方工程量计算、土石方工程施工、土方边坡与支护、基坑（槽）降水与排水、地基处理、浅基础施工、预制桩基础施工、灌注桩基础施工。

本书既可作为高等职业教育建筑类专业的教学用书，也可作为其他层次土建类相关专业课程教材和工程技术人员的参考用书。

图书在版编目（CIP）数据

基础工程施工 / 胡慨，赵鑫，杨益主编. -- 北京：中国水利水电出版社，2018.6
全国水利水电高职教研会规划教材 高等职业教育土建类"十三五"系列教材
ISBN 978-7-5170-6566-1

Ⅰ．①基… Ⅱ．①胡… ②赵… ③杨… Ⅲ．①基础（工程）—工程施工—高等职业教育—教材 Ⅳ．①TU753

中国版本图书馆CIP数据核字（2018）第140556号

书 名	全国水利水电高职教研会规划教材 高等职业教育土建类"十三五"系列教材 **基础工程施工** JICHU GONGCHENG SHIGONG
作 者	主编 胡慨 赵鑫 杨益 副主编 石硕 佟颖 主审 钟汉华
出版发行	中国水利水电出版社 （北京市海淀区玉渊潭南路1号D座 100038） 网址：www.waterpub.com.cn E-mail：sales@waterpub.com.cn 电话：(010) 68367658（营销中心）
经 售	北京科水图书销售中心（零售） 电话：(010) 88383994、63202643、68545874 全国各地新华书店和相关出版物销售网点
排 版	中国水利水电出版社微机排版中心
印 刷	天津嘉恒印务有限公司
规 格	184mm×260mm 16开本 15.75印张 374千字
版 次	2018年6月第1版 2018年6月第1次印刷
印 数	0001—1000册
定 价	**42.00元**

凡购买我社图书，如有缺页、倒页、脱页的，本社营销中心负责调换

版权所有·侵权必究

前言

本书是根据《教育部关于全面提高高等职业教育教学质量的若干意见》（教高〔2006〕16号）等文件精神，及全国水利水电高职教研会拟定的教材编写规划，在中国水利教育学会指导下，由全国水利水电高职教研会组织编写的建筑类专业规划教材。本书以学生能力的培养为主线，具有实用性、实践性、创新性等特色，是一套理论联系实际、教学面向生产的高职高专教育精品规划教材。

本书编写时，坚持遵守现行规范要求并与工程实际相结合，强调"以实用为主，以够用为度，注重实践，强化训练，利于发展"的原则，根据专业知识与能力需求，设置教材学习内容；并注重教学内容的实用性、可操作性及综合性，及时引入行业新知识，确保教学内容与行业需求接轨。本书充分汲取了高职教育探索培养技术应用性专门人才方面取得的成功经验和研究成果，以及建筑施工行业的技术发展成果。

本书编写人员及分工如下：杨凌职业技术学院苟胜荣编写第1章、第4章；安徽水利水电职业技术学院孔定娥编写第2章；辽宁水利职业学院佟颖编写第3章；四川水利职业技术学院赵鑫编写第5章；杨凌职业技术学院杨益编写第6章；湖北水利水电职业技术学院石硕编写第7章；安徽水利水电职业技术学院胡慨、蚌埠市江河水利工程建设有限责任公司王堃编写第8章。本书由胡慨、赵鑫、杨益任主编，石硕、佟颖任副主编，全书由胡慨统稿并校订，由湖北水利水电职业技术学院钟汉华主审。衷心感谢在本书编写过程中，蚌埠市江河水利工程建设有限责任公司给予的大力支持和帮助。

在编写过程中，由于作者水平有限，书中难免存在不妥之处，恳请读者指正。

编　者

2018年1月10日

目 录

前言

第 1 章 土石方工程量计算 ································· 1
  1.1 概述 ······································· 1
  1.2 工程量的计算 ······························· 4
  复习与思考题 ····································· 19

第 2 章 土石方工程施工 ····························· 21
  2.1 石方爆破工程 ······························· 21
  2.2 土方工程 ··································· 34
  2.3 基坑（槽）开挖与基底检验 ··················· 43
  复习与思考题 ····································· 48

第 3 章 土方边坡与支护 ····························· 50
  3.1 土方边坡 ··································· 50
  3.2 边坡支护 ··································· 53
  复习与思考题 ····································· 63

第 4 章 基坑（槽）降水与排水 ······················ 65
  4.1 明沟和集水井降（排）水 ····················· 66
  4.2 轻型井点降水 ······························· 69
  4.3 其他类型基坑降水 ··························· 77
  4.4 施工质量控制与质量验收 ····················· 82
  复习与思考题 ····································· 84

第 5 章 地基处理 ··································· 85
  5.1 建筑地基 ··································· 85
  5.2 地基处理方法 ······························· 93
  5.3 工程案例 ··································· 119
  复习与思考题 ····································· 121

第 6 章 浅基础施工 ································· 122
  6.1 浅基础构造与识图 ··························· 122
  6.2 几种常见的浅基础施工 ······················· 135
  6.3 工程案例 ··································· 154
  复习与思考题 ····································· 157

第7章 预制桩基础施工 158
7.1 基础知识 158
7.2 预制桩施工准备 166
7.3 沉桩施工 170
7.4 桩基检测与验收 182
7.5 工程案例 187
复习与思考题 195

第8章 灌注桩基础施工 196
8.1 灌注桩基础施工准备 196
8.2 成孔与清孔 201
8.3 吊放钢筋笼骨架 223
8.4 灌注水下混凝土 225
8.5 承台施工 231
8.6 桩基础检验、验收 236
8.7 灌注桩基础施工案例 241
复习与思考题 245

参考文献 246

第1章 土石方工程量计算

【学习目标】

通过本章的学习，要求学生达到以下学习目标：

1. 了解土石方工程的特点，熟悉土的工程性质及其对施工的影响，掌握土的种类和鉴别方法。
2. 掌握基坑、基槽土方量的计算方法，能够用方格网法计算土方工程量。
3. 熟悉土方调配原则和土方调配方案的编制。

1.1 概 述

1.1.1 土石方工程特点

土石方工程是一切建筑物施工的先行，也是建筑工程施工中的重要环节之一。它包括场地平整、土方开挖、土方填筑等主要施工过程，也包括施工排水、降水和土壁支撑等辅助施工过程。土方工程的施工有如下特点：

(1) 工程量大，劳动强度高。大型场地的平整工程，土方量可达数百立方米，施工面积达数千平方米。大型基坑的开挖，有的甚至深达二十几米，而且施工工期长、任务重、劳动强度高。因此，在组织施工时，为了减轻繁重的体力劳动，提高生产效率，加快施工进度，降低工程成本，应尽可能地采用机械化施工。

(2) 施工条件复杂。土方工程施工多为露天作业，受气候条件、水文地质条件影响很大，施工中不确定性因素较多。因此，施工前必须进行充分的调查与研究，做好各项施工准备工作，制定合理的施工方案，确保施工顺利进行，保证工程质量。

(3) 受施工场地影响大。任何建筑物基础都有一定的埋置深度，基坑（槽）的开挖、土方的留置和存放都受到施工场地的影响。特别是城市内施工，场地狭窄，往往由于施工方案不妥，导致周围建筑物与道路等出现安全问题。因此，施工前必须充分熟悉施工场地情况，了解周围建筑结构形式和地质技术资料，科学规划，制定切实可行的施工方案，确保周围建筑物和道路的安全。

1.1.2 土的分类

在土方工程施工中，一般根据土体开挖的难易程度将土划分为松软土、普通土、坚土、砂砾坚土、软石、次坚石、坚石、特坚石八类，前四类属于一般土，后四类属于岩石，土的分类和鉴别方法见表1-1。

土的开挖难易程度直接影响土方工程的施工方案、劳动消耗量和工程费用。土体越硬，劳动消耗量越大，工程成本越高。正确区分和鉴别土的种类，可以合理地选择施工方法和准确套用定额，计算土方工程费用。

表 1-1　　　　　　　　　　土的分类和鉴别方法

土的分类	土的名称	可松性系数		现场鉴别方法
		K_s	K'_s	
一类土（松软土）	砂，亚砂土，冲积砂土层，种植土，泥炭（淤泥）	1.08～1.17	1.01～1.03	能用锹、锄头挖掘
二类土（普通土）	亚黏土，潮湿的黄土，夹有碎石、卵石的砂，种植土，填筑土及亚砂土	1.14～1.28	1.02～1.05	用锹、锄头挖掘，少许用镐翻松
三类土（坚土）	软及中等密实黏土，重亚黏土，粗砾石，干黄土及含碎石、卵石的黄土、亚黏土，压实的填筑土	1.24～1.30	1.04～1.07	要用镐，少许用锹、锄头挖掘，部分用撬棍
四类土（砂砾坚土）	重黏土及含碎石、卵石的黏土，粗卵石，密实的黄土，天然级配砂石，软泥灰岩及蛋白石	1.26～1.32	1.06～1.09	整个用镐、撬棍，然后用锹挖掘，部分用楔子及大锤
五类土（软石）	硬石炭纪黏土，中等密实的页岩、泥灰岩、白垩土，胶结不紧的砾岩，软的石炭岩	1.30～1.45	1.10～1.20	用镐或撬棍、大锤挖掘，部分使用爆破方法
六类土（次坚石）	泥岩，砂岩，砾岩，坚实的页岩、泥灰岩，密实的石灰岩，风化花岗岩，片麻岩	1.30～1.45	1.10～1.20	用爆破方法开挖，部分用风镐
七类土（坚石）	大理岩，辉绿岩，玢岩，粗、中粒花岗岩，坚实的白云岩、砂岩、砾岩、片麻岩、石灰岩，风化痕迹的安山岩、玄武岩	1.30～1.45	1.10～1.20	用爆破方法开挖
八类土（特坚石）	安山岩，玄武岩，花岗片麻岩，坚实的细粒花岗岩，闪长岩、石英岩、辉长岩、辉绿岩、玢岩	1.45～1.50	1.20～1.30	用爆破方法开挖

1.1.3　土的基本性质

1.1.3.1　土的含水率

土的含水率是指土中水的质量与固体颗粒质量之比的百分率。

$$w=\frac{m_\text{湿}-m_\text{干}}{m_\text{干}}\times100\%=\frac{m_W}{m_S}\times100\% \qquad (1-1)$$

式中　　w——土的含水率；

　　　　$m_\text{湿}$——含水状态土的质量，kg；

　　　　$m_\text{干}$——烘干后土的质量，kg；

　　　　m_W——土中水的质量，kg；

　　　　m_S——固体颗粒的质量，kg。

含水率表示土体的干湿程度。含水率在5%以下称为干土，在5%～30%称为潮湿土，大于30%称为湿土。土体的含水率随气候条件、雨雪和地下水的影响而变化，对土方边坡的稳定性及填方密实程度有直接的影响。

1.1.3.2 土的质量密度

土的质量密度分为天然密度和干密度，表示土体的密实程度。

（1）土的天然密度。土的天然密度是指在天然状态下，单位体积土的质量。它与土的密实程度和含水率有关。土的天然密度计算如下：

$$\rho = \frac{m}{V} \tag{1-2}$$

式中　ρ——土的天然密度，kg/m^3；
　　　m——土的总质量，kg；
　　　V——土的体积，m^3。

土的天然密度随着土颗粒的组成、孔隙的多少和含水率的变化而变化，一般黏土的天然密度为$1600\sim2200kg/m^3$，密度越大，土体越硬，挖掘程度越难。

（2）土的干密度。干密度是指土的固体颗粒质量与总体积的比值，用下式表示：

$$\rho_d = \frac{m_S}{V} \tag{1-3}$$

式中　ρ_d——土的干密度，kg/m^3；
　　　m_S——固体颗粒质量，kg；
　　　V——土的体积，m^3。

在一定程度上，土的干密度反映了土的颗粒排列紧密程度。土的干密度越大，表示土越密实。在填土压实时，土经过碾压，质量不变，体积变小，干密度增加。通过测定土的干密度，从而可以判断土是否达到要求的密实度。

1.1.3.3 土的可松性

天然土经开挖后，其体积因松散而增加，虽经振动夯实，仍然不能完全复原，土的这种性质称为土的可松性。土的可松性用可松性系数表示，即

$$K_S = \frac{V_2}{V_1}; \quad K'_S = \frac{V_3}{V_1} \tag{1-4}$$

式中　K_S、K'_S——土的最初、最终可松性系数；
　　　V_1——土在天然状态下的体积，m^3；
　　　V_2——土挖出后在松散状态下的体积，m^3；
　　　V_3——土经压（夯）实后的体积，m^3。

土的最初可松性系数K_S是计算车辆装运土方体积及运土机械的主要参数；土的最终可松性系数K'_S是计算填方所需挖土工程量的主要参数，各类土的可松性系数见表1-1。

1.1.3.4 土的渗透系数

土的渗透性指土体被水透过的性质。土的渗透性用渗透系数K表示，它表示单位时间内水穿透土层的能力，一般由试验确定，以m/d表示；它同土的颗粒级配、密实程度等有关，是人工降低地下水位及选择各类井点的主要参数。土的渗透系数见表1-2。

表 1-2　　　　　　　　　　　土的渗透系数参考表　　　　　　　　　　单位：m/d

土的名称	渗透系数	土的名称	渗透系数
黏土	<0.005	中砂	5.00～20.00
亚黏土	0.005～0.10	均质中砂	35.00～50.00
轻亚黏土	0.10～0.50	粗砂	20.00～50.00
黄土	0.25～0.50	圆砾石	50.00～100.00
粉砂	0.50～1.00	卵石	100.00～500.00
细砂	1.00～5.00		

1.2　工程量的计算

在土方工程施工前，通常要计算土方工程量，根据土方工程量的大小，拟定土方工程施工方案，组织土方工程施工。土方工程外形往往很复杂、不规则，要准确计算土方工程量难度很大。一般情况下，将其划分成一定的几何形状，采用具有一定精度又与实际情况近似的方法计算。

1.2.1　基坑（槽）、管沟挖土工程量
1.2.1.1　基坑开挖土方量

基坑是指长宽比不大于3的矩形土体。基坑土方量可按立体几何中拟柱体（由两个平行的平面作底的一种多面体）体积公式计算，如图 1-1 所示。即

$$V = \frac{H}{6}(A_1 + 4A_0 + A_2) \tag{1-5}$$

式中　H——基坑深度，m；
　　　A_1、A_2——基坑上、下底的面积，m^2；
　　　A_0——基坑中截面的面积，m^2。

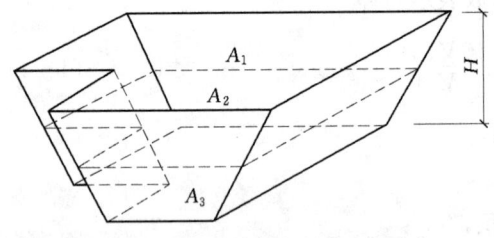
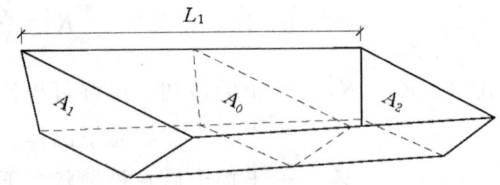

图 1-1　基坑土方量计算示意图　　　　图 1-2　基槽土方量计算示意图

1.2.1.2　基槽、管沟开挖土方量

基槽土方量计算可沿长度方向分段，按照上述同样的方法计算，如图 1-2 所示。

$$V_1 = \frac{L_1}{6}(A_1 + 4A_0 + A_2) \tag{1-6}$$

式中　V_1——第一段的土方量，m^3；
　　　L_1——第一段的长度，m。

将各段土方量相加即得总土方量：
$$V=V_1+V_2+\cdots+V_n \tag{1-7}$$

1.2.2 场地平整工程量

场地平整前，要确定场地设计标高，计算挖填土方量，以便据此进行土方挖填平衡计算，确定平衡调配方案，并根据工程规模、施工期限、现场机械设备条件，选用土方机械，拟定施工方案。

1.2.2.1 场地平整高度的计算

对较大面积的场地平整，正确地选择场地平整高度（设计标高）对节约工程投资、加快建设速度具有重要意义。一般的选择原则是：在符合生产工艺和运输条件下尽量利用地形，以减少挖方数量；场地内的挖方与填方量应尽可能达到相互平衡，以降低土方运输费用；同时应考虑最高洪水位的影响。

计算场地平整高度的常用方法为"挖填土方量平衡法"，因其概念直观、计算简便、精度能满足工程要求，故应用最为广泛。其计算步骤和方法如下。

1. 计算场地设计标高

如图 1-3（a）所示，在地形图上划分方格网（或利用地形图的方格网），每个方格的角点标高，一般可根据地形图上相邻两等高线的标高，用插入法求得。当无地形图时，可在现场打设木桩定好方格网，然后用仪器直接测出。

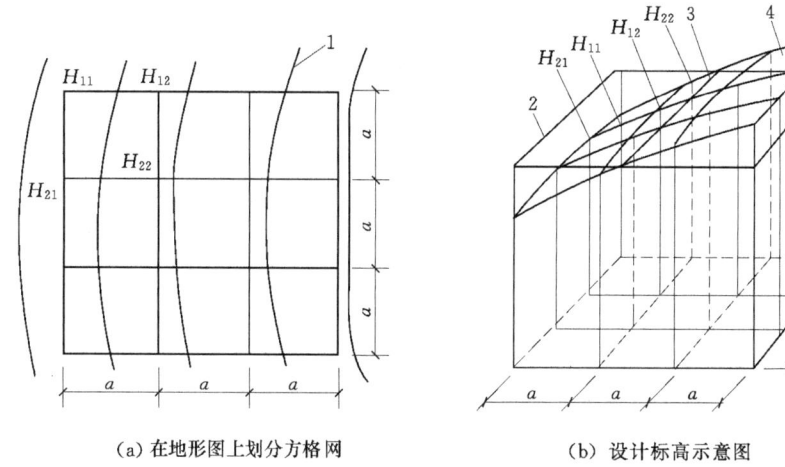

(a) 在地形图上划分方格网　　　(b) 设计标高示意图

图 1-3 场地设计标高计算简图

1—等高线；2—设计标高平面；3—自然地面与设计标高平面的交线（零线）；4—自然地坪；
a—方格网边长，m；H_{11}、H_{22}—任一方格的四个角点的标高，m

一般要求是使场地内的土方在平整前和平整后相等而达到挖方量和填方量平衡，如图 1-3（b）所示。设达到挖填平衡的场地平整标高为 H_0，根据挖填平衡条件，H_0 可由式（1-8）计算求得。

$$H_0=\frac{\sum H_1+\sum H_2+\sum H_3+\sum H_4}{4N} \tag{1-8}$$

式中　　N——方格网个数；

H_1——一个方格共有的角点标高，m；

H_2——两个方格共有的角点标高，m；

H_3——三个方格共有的角点标高，m；

H_4——四个方格共有的角点标高，m。

2. 设计标高的调整值

式（1-8）计算的 H_0 为理论数值，实际尚须考虑如下因素：

(1) 土的可松性。

(2) 设计标高以下的各种填方工程用土量，或设计标高以上的各种挖方工程量。

(3) 边坡挖填土方量。

(4) 部分挖方就近弃土于场外，或部分填方就近从场外取土等。

在考虑这些因素所引起的挖填土方量的变化后，适当提高或降低设计标高。

(5) 排水坡度对设计标高的影响。

式（1-8）计算的 H_0 未考虑场地的排水要求（即假定场地表面均处于同一个水平面上，但实际上均应有一定的排水坡度）。如果场地面积较大，则应有 2‰ 以上的排水坡度，故应考虑排水坡度对设计标高的影响。对场地内任一点进行实际施工时所采用的标高 H_n，可由式（1-9）和式（1-10）计算。

单向排水时
$$H_n = H_0 + li \tag{1-9}$$

双向排水时
$$H_n = H_0 \pm l_x i_x \pm l_y i_y \tag{1-10}$$

式中　　l——该点至 H_0 的距离，m；

i——x 方向或 y 方向的排水坡度（不小于 2‰）；

l_x、l_y——该点 x—x、y—y 方向距场地中心线的距离，m；

i_x、i_y——该点 x 方向和 y 方向的排水坡度，若该点比 H_0 高取"$+$"号，反之取"$-$"号。

1.2.2.2　场地平整土方量的计算

对于在地形起伏的山区、丘陵地带修建较大厂房、体育场、车站等占地广阔工程的平整场地，主要是削凸填凹，移挖方作填方，将自然地面改造平整为场地设计要求的平面。

场地平整就是将自然地面改造平整为场地设计要求的平面。场地设计标高是进行场地平整和土方量计算的依据，合理选择场地设计标高，对减少土方量、提高施工速度具有重要意义。场地设计标高是全局规划问题，应由设计单位及有关部门协商解决。当场地设计标高无设计特定要求时，可按场区内"挖填土方量平衡法"经计算确定，并可达到土方量少、费用低、造价合理的效果。

确定场地设计标高时，应考虑以下因素：

(1) 满足建筑规划和生产工艺运输的要求。

(2) 充分利用地形（如分区台阶布置），尽量使挖填方平衡，以减少土方量。

(3) 要有一定泄水坡度（≥2‰），使之能满足排水要求。

(4) 要考虑最高洪水位的影响。

场地挖填土方量计算有方格网法和横截面法两种。横截面法是将要计算的场地划分成若干横截面后,用横截面计算公式逐段计算,最后将逐段计算结果汇总。横截面法计算精度较低,可用于地形起伏变化较大地区。对于地形较平坦地区,一般采用方格网法。

1. 方格网法计算场地平整土方量步骤

(1) 读识方格网图。方格网图由设计单位(一般在 1∶500 的地形图上)将场地划分为边长 $a=10\sim40\mathrm{m}$ 的若干方格,与测量的纵横坐标相对应,在各方格角点规定的位置上标注角点的自然地面标高(H)和设计标高(H_n),如图 1-4 所示。

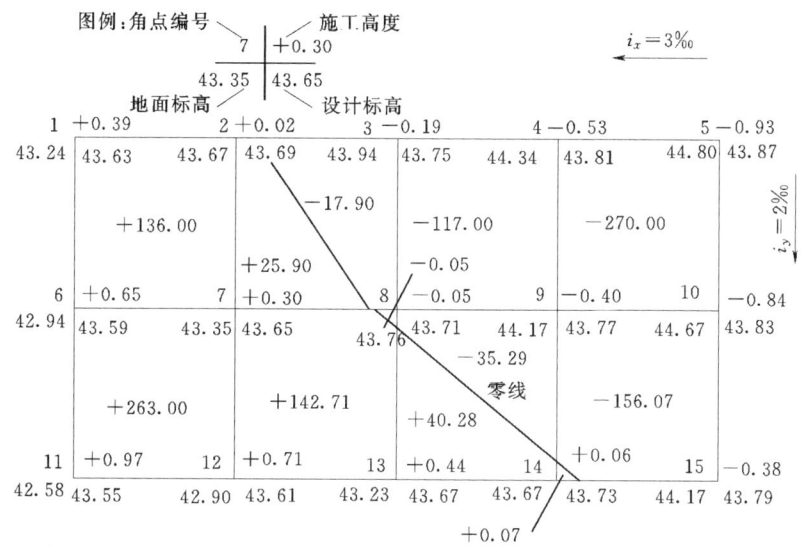

图 1-4 方格网法计算土方工程量图

(2) 计算场地各个角点的施工高度。施工高度为角点设计地面标高与自然地面标高之差,是以角点设计标高为基准的挖方或填方的施工高度。各方格角点的施工高度按下式计算:

$$h_n = H_n - H \tag{1-11}$$

式中 h_n——角点施工高度即填挖高度(以"+"为填,"-"为挖),m;

H_n——角点的设计标高,m;

H——角点的自然地面标高,m;

n——方格的角点编号(自然数列 1,2,3,…,n)。

(3) 计算"零点"位置,确定零线。当同一方格的四个角点的施工高度同号时,该方格内的土方则全部为挖方或填方,如果同一方格中一部分角点的施工高度为"+",若另一部分为"-",则此方格中的土方一部分为填方,一部分为挖方。方格边线一端施工高程为"+",若另一端为"-",则沿其边线必然有一不挖不填的点,即为"零点",如图 1-5 所示。

零点位置按下式计算:

$$\left. \begin{array}{l} x_1 = \dfrac{ah_1}{h_1+h_2} \\ x_2 = \dfrac{ah_2}{h_1+h_2} \end{array} \right\} \tag{1-12}$$

式中 x_1、x_2——角点至零点的距离，m；

h_1、h_2——相邻两角点的施工高度（均用绝对值），m；

a——方格网的边长，m。

确定零点的办法也可以用图解法，如图 1-6 所示。方法是用尺在各角点上标出挖填施工高度相应比例，用尺相连，与方格相交点即为零点位置。将相邻的零点连接起来，即为零线。它是确定方格中挖方与填方的分界线。

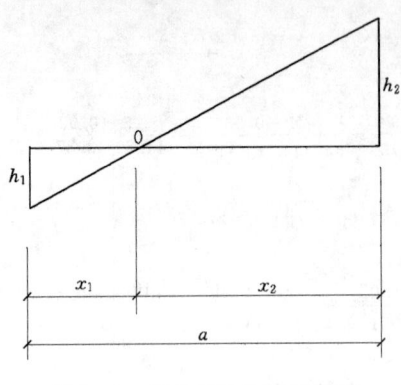

图 1-5 零点位置计算示意图

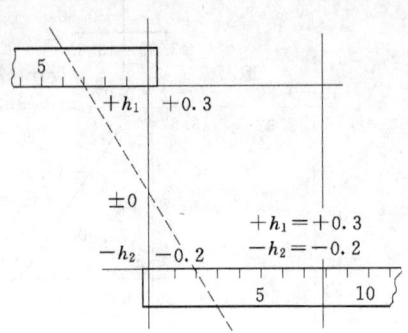

图 1-6 零点位置图解法

（4）计算方格土方工程量。按方格底面积图形和表 1-3 所列计算公式，逐格计算每个方格内的挖方量或填方量。

表 1-3   常用方格网点计算公式

项 目	图 式	计 算 公 式
一点填方或挖方（三角形）		$V = \dfrac{1}{2}bc\dfrac{\sum h}{3} = \dfrac{bch_3}{6}$ 当 $b=a=c$ 时，$V = \dfrac{a^2 h_3}{6}$
两点填方或挖方（梯形）		$V_+ = \dfrac{b+c}{2}a\dfrac{\sum h}{4} = \dfrac{a}{8}(b+c)(h_1+h_3)$ $V_- = \dfrac{d+e}{2}a\dfrac{\sum h}{4} = \dfrac{a}{8}(d+e)(h_2+h_4)$
三点填方或挖方（五角形）		$V = \left(a^2 - \dfrac{bc}{2}\right)\dfrac{\sum h}{5}$ $= \left(a^2 - \dfrac{bc}{2}\right)\dfrac{h_1+h_2+h_4}{5}$

1.2 工程量的计算

续表

项　目	图　式	计　算　公　式
四点填方或挖方（正方形）	（图式：正方形方格网，四角标注h_1、h_2、h_3、h_4）	$V = \dfrac{a^2}{4}\sum h = \dfrac{a^2}{4}(h_1+h_2+h_3+h_4)$

注 1. a—方格网的边长，m；b、c—零点到一边的边长，m；h_1、h_2、h_3、h_4—方格网四角点的施工高度，用绝对值代入，m；$\sum h$—填方或挖方施工高度的总和，用绝对值代入，m；V—填方或挖方的体积，m³。
　　2. 本表公式是按照各计算图形底面积乘以平均施工高度而得出的。

2. 横截面法计算场地平整土方量

横截面法适用于地形起伏变化较大地区，或者地形狭长、挖填深度较大又不规则的地区采用，计算方法较为简单方便，但精度较低。计算步骤和方法如下：

（1）划分横截面。根据地形图、竖向布置或现场测绘，将要计算的场地划分横截面 AA'、BB'、CC'、… （图1-7），使截面尽量垂直于等高线或主要建筑物的边长，各截面间的间距可以不等，一般可用 10～20m。在平坦地区可用大些，但不大于 100m。

（2）画横截面图形。按比例绘制每个横截面的自然地面和设计地面的轮廓线。自然地面轮廓线与设计地面轮廓线之间的面积，即为挖方或填方的截面。

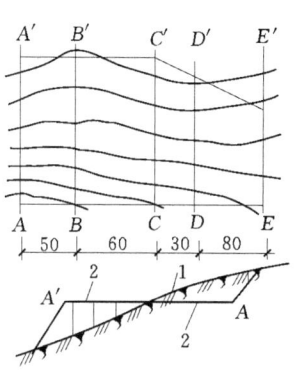

图1-7 画横截面示意图
1—自然地面；2—设计地面

（3）计算横截面面积。按表1-4横截面面积计算公式，计算每个截面的挖方或填方截面面积。

表 1-4　　　　　　　常用横断面计算公式

横截面图式	截面积计算公式
（梯形，一侧坡度 1:n，底宽 b，高 h）	$A = h(b+nb)$
（梯形，两侧坡度 1:m 和 1:n，底宽 b，高 h）	$A = h\left[b + \dfrac{h(m+n)}{2}\right]$
（梯形，两侧坡度 1:m 和 1:n，高 h_1、h_2，底宽 b）	$A = b\dfrac{h_1+h_2}{2} + nh_1h_2$
（复杂多段截面，高 h_1~h_4，底段 a_1~a_5）	$A = h_1\dfrac{a_1+a_2}{2} + h_2\dfrac{a_2+a_3}{2} + h_3\dfrac{a_3+a_4}{2} + h_4\dfrac{a_4+a_5}{2}$
（等距分段截面，高 h_0、h_1~h_5、h_n，段宽均为 a）	$A = \dfrac{a}{2}(h_0 + 2h + h_n)$ $h = h_1 + h_2 + h_3 + h_4 + h_5$

3. 边坡土方量计算

场地的挖方区和填方区的边沿都需要做成边坡,以保证挖方土壁和填方区的稳定。边坡的土方量可以划分成两种近似的几何形体进行计算,一种为三角棱锥体,如图1-8中①~③、⑤~⑪所示,另一种为三角棱柱体,如图1-8中④所示。

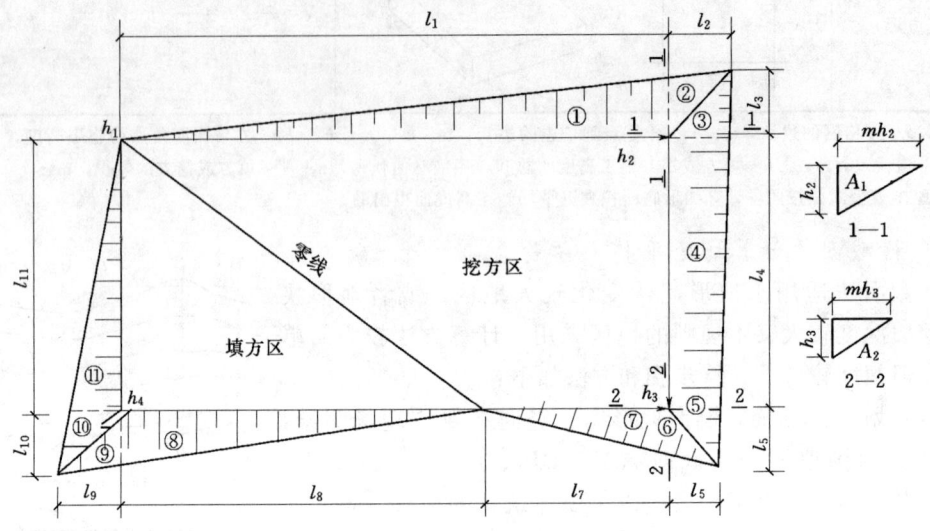

图 1-8 场地边坡平面图

(1) 三角棱锥体边坡体积。

$$V_1 = \frac{1}{3} A_1 l_1 \tag{1-13}$$

$$A_1 = \frac{m h_2^2}{2}$$

式中　l_1——边坡①的长度;
　　　A_1——边坡①的端面积;
　　　h_2——角点的挖土高度;
　　　m——边坡的坡度系数,$m = \frac{宽}{高}$。

(2) 三角棱柱体边坡体积。

$$V_4 = \frac{A_1 + A_2}{2} l_4 \tag{1-14}$$

两端横断面面积相差很大的情况下,边坡体积

$$V_4 = \frac{l_4}{6}(A_1 + 4A_0 + A_2) \tag{1-15}$$

式中　l_4——边坡④的长度;
　　　A_1、A_2、A_0——边坡④两端及中部横断面面积。

4. 计算土方总量

将挖方区(或填方区)所有方格计算的土方量和边坡土方量汇总,即得该场地挖方和填方的总土方量。

1.2 工程量的计算

【**例 1-1**】 某建筑场地方格网如图 1-9 所示,方格边长为 20m×20m,填方区边坡坡度系数为 1.0,挖方区边坡坡度系数为 0.5,试用方格网法计算挖方和填方的总土方量。

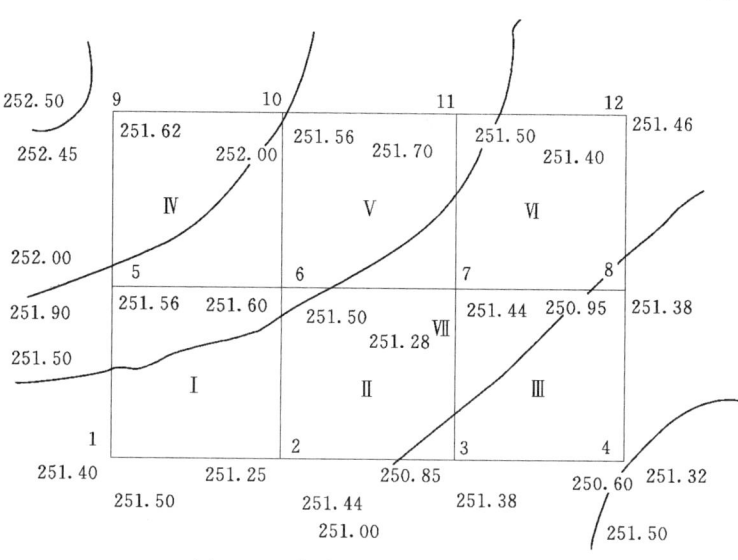

图 1-9 某建筑场地方格网布置图

【**解**】 (1) 根据所给方格网各角点的地面设计标高和自然标高,计算结果列于图 1-9 中。

由式 (1-12) 得

$h_1 = 251.50 - 251.40 = 0.10(m)$ $h_2 = 251.44 - 251.25 = 0.19(m)$

$h_3 = 251.38 - 250.85 = 0.53(m)$ $h_4 = 251.32 - 250.60 = 0.72(m)$

$h_5 = 251.56 - 251.90 = -0.34(m)$ $h_6 = 251.50 - 251.60 = -0.10(m)$

$h_7 = 251.44 - 251.28 = 0.16(m)$ $h_8 = 251.38 - 250.95 = 0.43(m)$

$h_9 = 251.62 - 252.45 = -0.83(m)$ $h_{10} = 251.56 - 252.00 = -0.44(m)$

$h_{11} = 251.50 - 251.70 = -0.20(m)$ $h_{12} = 251.46 - 251.40 = 0.06(m)$

(2) 计算零点位置。从图 1-9 中可知,1—5 线、2—6 线、6—7 线、7—11 线、11—12 线两端的施工高度符号不同,说明此方格边上有零点存在。

由式 (1-10) 求得

1—5 线 $x_1 = 4.55m$

2—6 线 $x_1 = 13.10m$

6—7 线 $x_1 = 7.69m$

7—11 线 $x_1 = 8.89m$

11—12 线 $x_1 = 15.38m$

将各零点标于图上,并将相邻的零点连接起来,即得零线位置,如图 1-10 所示。

(3) 计算方格土方量。方格Ⅲ、Ⅳ底面为正方形,土方量为

$V_{Ⅲ(+)} = 20^2/4 \times (0.53 + 0.72 + 0.16 + 0.43) = 184(m^3)$

$V_{Ⅳ(-)} = 20^2/4 \times (0.34 + 0.10 + 0.83 + 0.44) = 171(m^3)$

11

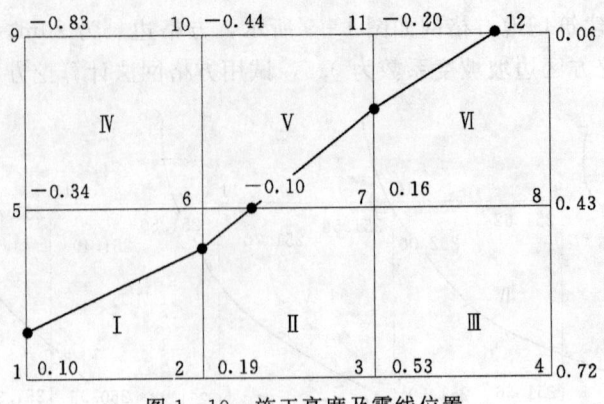

图 1-10 施工高度及零线位置

方格 I 底面为两个梯形，土方量为

$$V_{I(+)}=20/8\times(4.55+13.10)\times(0.10+0.19)=12.80(m^3)$$
$$V_{I(-)}=20/8\times(15.45+6.90)\times(0.34+0.10)=24.59(m^3)$$

方格 II、V、VI 底面为三边形和五边形，土方量为

$$V_{II(+)}=65.73m^3$$
$$V_{II(-)}=0.88m^3$$
$$V_{V(+)}=2.92m^3$$
$$V_{V(-)}=51.10m^3$$
$$V_{VI(+)}=40.89m^3$$
$$V_{VI(-)}=5.70m^3$$

方格网总填方量：

$$\sum V_{(+)}=184+12.80+65.73+2.92+40.89=306.34（m^3）$$

方格网总挖方量：

$$\sum V_{(-)}=171+24.59+0.88+51.10+5.70=253.26（m^3）$$

(4) 边坡土方量计算。如图 1-11 所示，④、⑦按三角棱柱体计算，其余均按三角棱锥体计算，依式（1-11）和式（1-12）可得

$$V_{①(+)}=0.003m^3$$
$$V_{②(+)}=V_{③(+)}=0.0001m^3$$
$$V_{④(+)}=5.22m^3$$
$$V_{⑤(+)}=V_{⑥(+)}=0.06m^3$$
$$V_{⑦(+)}=7.93m^3$$
$$V_{⑧(+)}=V_{⑨(+)}=0.01m^3$$
$$V_{⑩}=0.01m^3$$
$$V_{11}=2.03m^3$$
$$V_{12}=V_{13}=0.02m^3$$
$$V_{14}=3.18m^3$$

边坡总填方量：
$\sum V_{(+)} = 0.003 + 0.0001 + 5.22 + 2 \times 0.06 + 7.93 + 2 \times 0.01 + 0.01 = 13.29 (m^3)$

边坡总挖方量：
$\sum V_{(-)} = 2.03 + 2 \times 0.02 + 3.18 = 5.25 (m^3)$

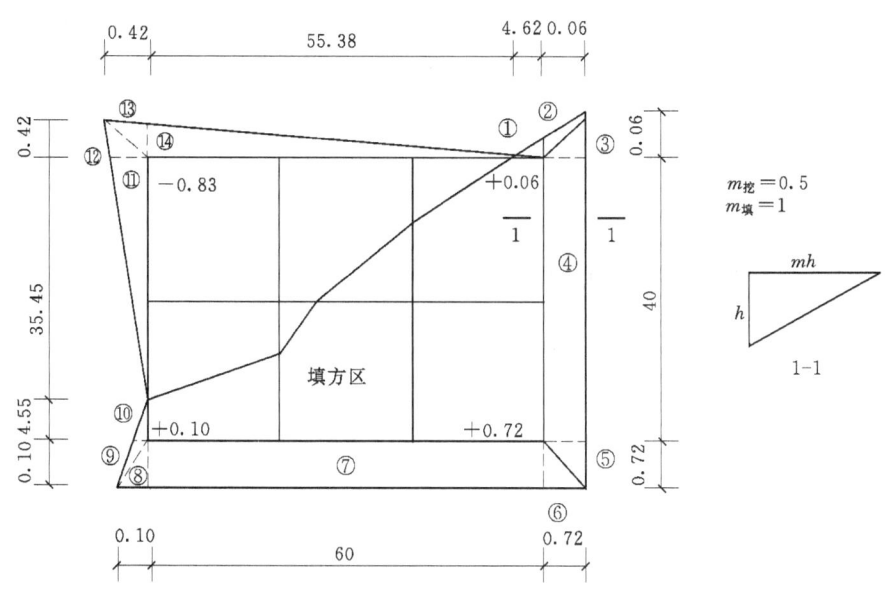

图 1-11 场地边坡平面示意图

1.2.2.3 土方的平衡与调配

计算出土方的施工标高、挖填区面积、挖填区土方量，并考虑各种变动因素（如土的可松性、压缩率、沉降量等）进行调整后，应对土方进行综合平衡与调配。土方平衡调配工作是土方规划设计的一项重要内容，其目的在于使土方运输量或土方运输成本为最低的条件下，确定填、挖方区土方的调配方向和数量，从而达到缩短工期和提高经济效益的目的。

进行土方平衡与调配，必须综合考虑工程和现场情况、进度要求和土方施工方法以及分期分批施工工程的土方堆放和调运问题。经过全面研究，确定平衡调配的原则之后，才可着手进行土方平衡与调配工作，如划分土方调配区，计算土方的平均运距、单位土方的运价，确定土方的最优调配方案。

1. 土方的平衡与调配原则

（1）挖方与填方基本达到平衡，减少重复倒运。

（2）挖（填）方量与运距的乘积之和尽可能为最小，即总土方运输量或运输费用最小。

（3）好土应用在回填密实度要求较高的地方，以避免出现质量问题。

（4）取土或弃土应尽量不占农田或少占农田，弃土尽可能有规划地造田。

（5）分区调配应与全场调配相协调，避免只顾局部平衡，任意挖填而破坏全局平衡。

（6）调配应与地下构筑物的施工相结合，地下设施的填土，应留土后填。

(7) 选择恰当的调配方向、运输路线、施工顺序，避免土方运输出现对流和乱流现象，同时便于机具调配、机械化施工。

2. 土方平衡与调配的步骤及方法

土方平衡与调配需编制相应的土方调配图，其步骤如下：

(1) 划分调配区。在平面图上先划出挖填区的分界线，并在挖方区和填方区适当划出若干调配区，确定调配区的大小和位置。划分时应注意以下几点：

1) 划分应与房屋和构筑物的平面位置相协调，并考虑开工顺序、分期施工顺序。

2) 调配区大小应满足土方施工用主导机械的行驶操作尺寸要求。

3) 调配区范围应和土方工程量计算用的方格网相协调。一般可由若干个方格组成一个调配区。

4) 当土方运距较大或场地范围内土方调配不能达到平衡时，可考虑就近借土或弃土，此时一个借土区或一个弃土区可作为一个独立的调配区。

(2) 计算各调配区的土方量并标明在图上。

(3) 计算各挖、填方调配区之间的平均运距，即挖方区土方重心至填方区土方重心的距离，取场地或方格网中的纵横两边为坐标轴，以一个角作为坐标原点，如图 1-12 所示，按下式求出各挖方或填方调配区土方重心坐标 X_0 及 Y_0。

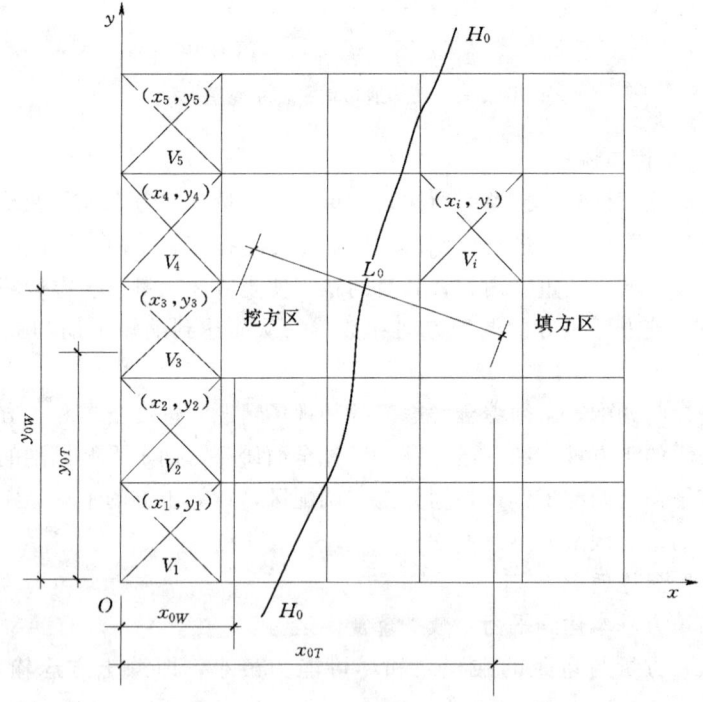

图 1-12 土方调配区间的平均运距

$$X_0 = \frac{\sum(x_i V_i)}{\sum V_i}, \quad Y_0 = \frac{\sum(y_i V_i)}{\sum V_i} \qquad (1-16)$$

式中　x_i、y_i——i 块方格的重心坐标；

V_i——i 块方格的土方量。

填、挖方区之间的平均运距 L_0 为

$$L_0 = \sqrt{(x_{0T} - x_{0W})^2 + (y_{0T} - y_{0W})^2} \qquad (1-17)$$

式中　x_{0T}、y_{0T}——填方区的重心坐标；

　　　x_{0W}、y_{0W}——挖方区的重心坐标。

一般情况下，也可用作图法近似地求出调配区的形心位置 O 以代替重心坐标。重心求出后，标于图上，用比例尺量出每对调配区的平均运输距离（L_{11}、L_{12}、L_{13}、…）。

所有填挖方调配区之间的平均运距均需一一计算，并将计算结果列于土方平衡与运距表内，见表 1-5。

表 1-5　　　　　　　　土方平衡与运距表

挖方区 \ 填方区	T_1	T_2	T_3	T_j	…	T_n	挖方量/m³
W_1	L_{11} x_{11}	L_{12} x_{12}	L_{13} x_{13}	L_{1j} x_{1j}	…	L_{1n} x_{1n}	a_1
W_2	L_{21} x_{21}	L_{22} x_{22}	L_{23} x_{23}	L_{2j} x_{2j}	…	L_{2n} x_{2n}	a_2
⋮	…	…	…	…	…	…	…
W_m	L_{m1} x_{m1}	L_{m2} x_{m2}	L_{m3} x_{m3}	L_{mj} x_{mj}	…	L_{mn} x_{mn}	a_m
填方量/m³	b_1	b_2	b_3	b_j	…	b_n	$\sum_{i=1}^{m} a_i = \sum_{j=1}^{n} b_j$

注　1.L_{11}、L_{12}、L_{13}、…、L_{1n} 表示挖填方之间的平均运距。

　　2.x_{11}、x_{12}、x_{13}、…、x_{1n} 调配土方量。

当填、挖方调配区之间的距离较远，采用自行式铲运机或其他运土工具沿现场道路或规定路线运土时，其运距应按实际情况进行计算。

（4）确定土方最优调配方案。对于线性规划中的运输问题，可以用"表上作业法"来求解，使总土方运输量 W 为最小值，即为最优调配方案。

$$W = \sum_{i=1}^{m} \sum_{j=1}^{n} L_{ij} x_{ij}$$

式中　L_{ij}——各调配区之间的平均运距，m；

　　　x_{ij}——各调配区的土方量，m³。

（5）绘出土方调配图。根据以上计算，标出调配方向、土方数量及运距（平均运距再加施工机械前进、倒退和转弯必需的最短长度）。

3. 最优调配方案的确定

最优调配方案的确定，是以线性规划为基本理论，常用"表上作业法"求解。现就结合示例介绍如下。

【例 1-2】　已知某场地有四个挖方区和三个填方区，其相应的挖、填土方量和各对

调配区的运距如表1-6所示。利用"表上作业法"进行调配的步骤如下:

表1-6   填挖方平衡及运距表

挖方区 \ 填方区	T_1	T_2	T_3	挖方量/m³
W_1	50	70	100	500
W_2	70	40	90	500
W_3	60	110	70	500
W_4	80	100	40	400
填方量/m³	800	600	500	1900

(1) 用"最小元素法"编制初始调配方案。

即先在运距表(小方格)中找一个最小值,如 $C_{22}=C_{43}=40$ (任取其中一个,现取 C_{43}),于是先确定 x_{43} 的值,使其尽可能大,即 $x_{43}=\max(400, 500)=400$。由于 W_3 挖方区的土方全部调到 T_3 填方区,所以 x_{41} 和 x_{42} 都等于零。此时,将400填入 x_{43} 格内,同时将 x_{41}、x_{42} 格内画上一个"×",然后在没有填上数字和"×"的方格内,再选择一个运距最小的方格,即 $C_{22}=40$,可确定 $x_{22}=500$,同时使 $x_{21}=x_{23}=0$。此时,又将500填入 x_{22} 格内,并在 x_{21}、x_{23} 格内画上"×"。重复上述步骤,依次确定其余的 x_{ij} 数值,最后得出表1-7初始调配方案。

表1-7   土方初始调配方案

挖方区 \ 填方区	T_1	T_2	T_3	挖方量/m³
W_1	50 (500)	70 ×	100 ×	500
W_2	70 ×	40 (500)	90 ×	500
W_3	60 (300)	110 (100)	70 (100)	500
W_4	80 ×	100 ×	40 (400)	400
填方量/m³	800	600	500	1900

(2) 最优方案的判别法。

由于利用"最小元素法"编制初始调配方案,也就优先考虑了就近调配的原则,所以求得总运输量是较小的。但这并不能保证其总运输量最小,因此还要进行判别,看它是否是最优方案。判别的方法有"闭合路法"和"位势法",其实质均一样,都是求检验数 λ_{ij} 来判别。只要所有的检验数 $\lambda_{ij} \geqslant 0$,则该方案即为最优方案;否则,不是最优方案,尚需进行调整。

现就用"位势法"求检验数予以介绍:

首先将初始方案中有调配数方格的 C_{ij} 列出,然后按下式求出两组位势数 μ_i($i=1$, 2, $\cdots$, m)和 v_j($j=1$, 2, $\cdots$, n)。

$$C_{ij} = \mu_i + v_j \tag{1-18}$$

式中 C_{ij}——平均运距(或单位土方运价或施工费用);

μ_i、v_j——位势数。

位势数求出后,便可根据下式计算各空格的检验数:

$$\lambda_{ij} = C_{ij} - \mu_i - v_j \tag{1-19}$$

例如,本例两组位势数见表 1-8。

表 1-8 平均运距和位势表

挖方区 \ 填方区	位势 v_j / μ_i	T_1 $v_1=50$	T_2 $v_2=100$	T_3 $v_3=60$
W_1	$\mu_1=0$	50 / 0		
W_2	$\mu_2=-60$		40 / 0	
W_3	$\mu_3=10$	60 / 0	110 / 0	70 / 0
W_4	$\mu_4=-20$			40 / 0

先令 $\mu_1=0$,则

$$v_1 = C_{11} - \mu_1 = 50 - 0 = 50$$
$$v_2 = 110 - 10 = 100$$
$$\mu_2 = 40 - 100 = -60$$
$$\mu_3 = 60 - 50 = 10$$
$$v_3 = 70 - 10 = 60$$
$$\mu_4 = 40 - 60 = -20$$

本例各空格的检验数见表 1-9。如 $\lambda_{21} = 70 - (-60) - 50 = +80$(在表 3-8 中只写"+"或"-",可不必填入数值)。

从表 1-9 已知,在表中出现了负的检验数,这说明初始方案不是最优方案,需要进一步进行调整。

(3) 方案的调整。

1) 在所有的负检验数中选一个（一般可选择最小的一个，本例中为 C_{12}），把它所对应的变量 x_{12} 作为调整对象。

表 1-9   位势、运距和检验数表

挖方区 \ 填方区 位势 μ_i \ v_j		T_1 $v_1=50$	T_2 $v_2=100$	T_3 $v_3=60$
W_1	$\mu_1=0$	50 0	70 —	100 +
W_2	$\mu_2=-60$	70 +	40 0	— +
W_3	$\mu_3=10$	60 0	110 0	70 0
W_4	$\mu_4=-20$	— +	— +	40 0

2) 找出 x_{12} 的闭合回路：从 x_{12} 格出发，沿水平或竖直方向前进，遇到适当的有数字的方格作 90°转弯，然后依次继续前进再回到出发点，形成一条闭合回路，见表 1-10。

表 1-10 x_{12} 的 闭 合 回 路

填方区 \ 挖方区	T_1	T_2	T_3
W_1	500 ←	← x_{12}	
W_2	↓	500 ↑	
W_3	300 →	→ 100 ↑	
W_4			

3) 从空格 x_{12} 出发，沿着闭合回路（方向任意）一直前进，在个奇数次转角点的数字中，挑出一个最小的（本表即为 500、100 中选出 100），将它由 x_{32} 调到 x_{12} 方格中（即空格中）。

4) 将 100 填入 x_{12} 方格中，被挑出的 x_{32} 变为 0（变为空格）；同时将闭路上其奇数次转角上的数字都减去 100，偶次转角上数字都增加 100，使得填挖方区的土方量仍然保持平衡，这样调整后，便可得表 1-11 的新调配方案。

对新调配方案，仍用"位势法"进行检验，看其是否是最优方案。若检验数中仍有负数出现那就仍按上述步骤继续调整，直到找出最优方按为止。

表 1-11 中所有检验数均为正号，故该方案即为最优方案。其土方的总运输量为

$$Z=400\times50+100\times70+500\times40+400\times60+100\times70+400\times40=94000(\text{m}^3)$$

表 1-11　　　　　　　　　　　新 的 调 配 方 案

挖方区 \ 填方区	位势 $\mu_i v_j$	T_1 $v_1=50$	T_2 $v_2=70$	T_3 $v_3=60$	挖方量/m³
W_1	$\mu_1=0$	50 400	70 100	100 +	500
W_2	$\mu_2=-30$	70 +	40 500	90 +	500
W_3	$\mu_3=10$	60 400	110 +	70 100	500
W_4	$\mu_4=-20$	80 +	100 +	40 400	400
填方量/m³		800	600	500	1900

1.2.2.4　土方调配图

将调配方案绘成土方调配图，如图 1-13 所示。在土方调配图上应注明挖填调配区、调配方向、土方数量以及每对挖、填之间的平均运距。图 1-13（a）为本例的土方调配，仅考虑场内的挖填平即可解决。

图 1-13（b）也是四个挖方区、三个填方区，挖、填土方量虽然相等，但由于地形窄长、运距较远，故采取就近弃土和就近借土的平衡调配方案更为经济。

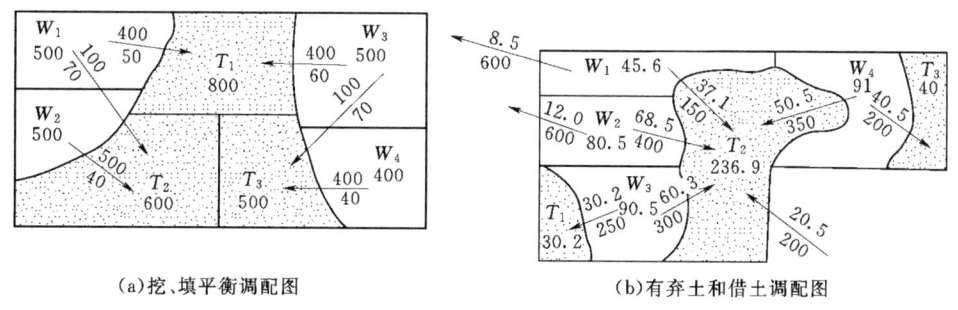

（a）挖、填平衡调配图　　　　　　（b）有弃土和借土调配图

图 1-13　土方调配图

【复 习 与 思 考 题】

1. 土是如何分类的？确定土的工程分类有什么作用？
2. 什么是土的含水率？确定最优含水率对土方工程施工有什么影响？
3. 土的可松性系数在土方工程施工中有何作用？
4. 土方工程量的计算方法有哪些？简述场地平整土方工程量的计算方法和步骤。
5. 某基坑基底尺寸为 80m×60m，挖深 8m，四面放坡，边坡坡度为 1∶0.5，计算基坑土方开挖工程量。如果地下室外围尺寸为 76m×56m，土的最终可松性系数为 1.03，计算基坑回填土方工程量。

6. 某工程场地平整，方格网（20m×20m）如图 1-14 所示，不考虑泄水坡度、土的可松性及边坡的影响，按填挖平衡原则进行场地平整设计，试用方格网法计算场地总挖方量和填方量。如填方区和挖方区的边坡坡度系数均为 0.5，试计算场地边坡挖、填土方量。

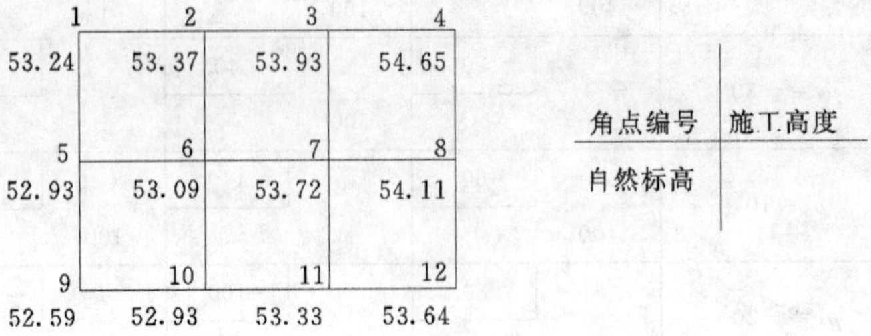

图 1-14　第 6 题图

第 2 章 土石方工程施工

【学习目标】

本章学习石方工程与土方工程施工技术。通过本章的教学，使学生达到以下学习目标：

1. 能理解石方爆破的基本原理、基本概念，了解土方工程机械的种类、性能及使用。
2. 熟悉爆破工程中装药量的计算及爆破方法。
3. 掌握土方开挖运输施工方法、填土压实方法以及影响填土压实质量的因素。
4. 初步具有组织土石方工程施工、选择施工机械、控制工程质量和施工安全的能力。

2.1 石方爆破工程

2.1.1 爆破的基本概念

爆破是利用炸药产生剧烈的化学反应，在极短的时间内释放出大量的高温、高压气体，冲击和压缩周围的介质，使其受到不同程度的破坏而达到施工的目的。爆破技术广泛应用于岩石、冻土的开挖，树根、顽石、混凝土块等障碍物的清除，旧建筑物或构筑物的拆除，以及人工挖孔桩孔内岩石的开挖和爆扩灌注桩的施工。

爆破时，最靠近药包处的介质受到的压力最大，对于塑性土质，便被压缩成空腔；对于坚硬的岩石，便会被粉碎。我们把这个范围称为爆破的压缩圈或破碎圈。在压缩圈或破碎圈以外的介质受到的作用力虽然减弱了些，但足以使介质结构破坏，使其分裂成各种形状的碎块，这个范围称为破坏圈或松动圈。在破坏圈或松动圈以外的介质，因爆破的作用力已微弱到不能使之破坏，而只能产生震动现象，这个范围称为震动圈。以上爆破作用的范围，可以用一些同心圆表示，叫作爆破作用圈。在压缩圈和破坏圈内称为破坏范围，该范围的半径称为破坏半径或药包的爆破作用半径，以 R 表示。如果药包埋置深度大于爆破作用半径，爆破作用不能达到地表，称为内部爆破；如果药包埋置深度接近破坏圈或松动圈的外围，但爆破作用没有余力可以使破坏的碎块产生抛掷运动，只能引起介质的松动，而不能形成爆破坑，则称为松动爆破；如果药包埋置深度小于爆破作用半径，爆炸必然破坏地表，并将部分（或大部分）介质抛掷出去，这种爆破形式则称之为抛掷爆破。

在抛掷爆破中，部分（或大部分）介质抛掷出去后，在地面形成一个爆破坑，其形状如漏斗，称为爆破漏斗。形成爆破漏斗的大小主要取决于最小抵抗线（即药包埋置深度）、介质的性质以及炸药包的性质和大小。

炸药是指在外界能量作用下，能由其本身的能量发生爆炸的物质。常用炸药可分为起爆炸药和破坏炸药两类。起爆炸药是一种高敏感的烈性炸药，很容易爆炸，一般用于制作雷管、导爆索和起爆药包等。破坏炸药又称次发炸药，用作主炸药，它具有相当大的稳定性，只有在起爆炸药爆炸的激发下才能发生爆炸。

2.1.2 爆破材料

爆炸必须使用一定的材料，通常分为炸药和起爆材料。

2.1.2.1 炸药的基本性能

(1) 爆速：炸药爆炸时的分解速度。炸药的爆速一般为 2000～75000m/s。

(2) 爆力：炸药爆炸时破坏一定量体积介质的能力。爆力大的炸药，破坏力大，破坏范围和体积大。

(3) 猛度：炸药爆炸时对周围介质破坏的猛烈程度。猛度越大，介质被炸得越碎。猛度与爆速有关，爆速越高，猛度越大。

爆力和猛度统称为炸药的威力。

(4) 氧平衡：炸药在爆炸分解时的氧化情况。如炸药本身的含氧量恰好等于其中可燃物完全氧化的需要量，炸药爆炸后，生成 CO_2 和 H_2O，并放出大量热，这种情况叫零氧平衡。如含氧量不足，可燃物不能完全氧化，则产生有毒的 CO 气体，称为负氧平衡。如含氧量过多，将炸药中放出的氮氧化成有毒的 NO_2，称为正氧平衡。无论是正氧平衡，还是负氧平衡，都会带来两大害处，一是热量减少，炸药威力降低，影响爆破效果；二是生成有毒气体。

(5) 敏感度：在外界能量作用下，炸药发生爆炸的难易程度称为炸药的敏感度。外界能量主要指撞击、火花、摩擦、热和爆轰。爆轰敏感度（起爆敏感度），是指炸药在另外的炸药爆炸时产生的爆轰能量作用下的敏感度。

(6) 安定性：指炸药在长期贮存中，保持其化学物理性能不变的能力。它包括物理安定性和化学安定性两个方面。物理性质包括吸湿、结块、挥发、渗油、老化、冻结、耐水等。化学性质是指其原有化学成分及爆炸能力。

(7) 殉爆：当一个药包爆炸时，能够引起距它一定距离的但是与它没有任何关联的另一个药包发生爆炸，两药包能互相引起爆炸的最大距离叫殉爆距离。殉爆距离的大小，取决于主动药包的重量，威力和密度，也决定于殉爆药包的爆轰敏感度。另外还与两药包间的介质有关。

2.1.2.2 工程炸药

1. 单质猛炸药

单质猛炸药指化学成分为单一化合物的猛性炸药。多用于制作起爆材料或作为混合猛炸药的敏化材料，如梯恩梯、黑索金、泰安及硝化甘油等，最常用的单质猛炸药是梯恩梯和硝化甘油。

(1) 梯恩梯（TNT）。化学名称为三硝基甲苯，是一种烈性炸药。呈淡黄色粉末或鱼鳞片状，难溶于水，可用于水下爆炸。但粉末状 TNT 浸水后不能爆炸。爆炸后呈负氧平衡，故不适用于地下工程爆破。

(2) 硝化甘油。即丙三醇三硝酸脂。为无色或微黄色油状液体。不溶于水，在水中不失去其爆炸性能。硝化甘油有毒，应避免与皮肤直接接触。它爆炸威力大，机械敏感度较高，受撞击，震动容易引爆，因此很少单独使用，而作为胶质甘化油类炸药的主要成分。硝化甘油在 13.2℃ 时凝固，冻结后稍有挤擦即发生爆炸，此时极为危险。

2. 混合猛炸药

混合猛炸药是由爆炸性成分和非爆炸性成分（一般为可燃物）按一定配比混合而成的炸药，是爆破工程中用量最大、最基本的一类工程炸药。

(1) 铵梯炸药。铵梯炸药的主要成分是硝酸铵，加少量的 TNT（敏化剂），木粉或油类（可燃物）和沥青与石蜡（防潮剂）混合而成。调整各种成分的百分比，可制成不同性能的铵梯类炸药，见表 2-1。铵梯炸药敏感度小，安全可靠，价格低廉，目前在国内工程中使用普遍。

表 2-1　　　　　　　　　　　岩石硝铵炸药的组成

组成		炸药名称					
		1号岩石硝铵炸药	2号岩石硝铵炸药	2号抗水岩石硝铵炸药	3号抗水岩石硝铵炸药	抗水岩石铵沥蜡炸药	4号抗水岩石硝铵炸药
组成 /%	硝酸铵	82±1.5	85±1.5	85±1.5	86±1.5	90±1.5	81.2±1.5
	梯恩梯	14±1.0	11±1.0	11±1.0	7±1.0		18±1.0
	木粉	4±0.5	4±0.5	3.2±0.5	6±0.5	8±0.5	
	沥青			0.4±0.1	0.5±0.1	1±0.1	0.4±0.1
	石蜡			0.4±0.1	0.5±0.1	1±0.1	0.4±0.1

硝酸铵中加入一定配比的松香、沥青、石蜡和木粉，可制成铵松蜡和铵沥表蜡炸药。改善吸湿性和结块性，可用于潮湿化有少量水的地方。

硝酸铵中加入一定量的柴油和木粉混合制成性能良好的铵油炸药。当柴油掺量为 2%（重量比）时，炸药敏感度最高；柴油掺 5%～6% 时，爆力最大，可用于中等坚硬岩石。掺量适当后，爆炸可呈零氧平衡，可用于地下爆破工程。普通铵油炸药配比为：硝酸铵 94%、柴油 6%；岩石铵油炸药配比为：硝酸铵 92%、木粉 4%、柴油 4%。铵油炸药价格低廉加工方便，使用安全，但相对起爆困难，吸潮结块后易引起拒爆。

(2) 胶质炸药（硝化甘油炸药）。胶质炸药是烈性炸药，其组成见表 2-2。它威力大，抗水性强，可用于水下和地下爆破工程。

表 2-2　　　　　　　　　　　国产胶质炸药的组成

组成		10% 硝化甘油炸药		62% 硝化甘油炸药	
		普通	耐冻	普通	耐冻
组成%	硝化甘油	10±1.0		62±1.0	
	硝化甘油与硝化乙二醇混合物		40±1.0		62±1.0
	硝化棉	1.7±0.3	1.7±0.3	3.0±0.3	3.5±0.3
	硝酸铵	52.3±0.5	52.3±1.5		
	硝酸钾（或硝酸钠）			27±1.0	26±1.0
	木粉	3.0±0.5	3.0±0.5	8.0±0.5	8.5±0.5
	淀粉	3.0±0.5	3.0±0.5		
	水分/%	≤1.0	≤1.0	≤0.75	≤0.75

(3) 浆状炸药。浆状炸药具有抗水性强、密度高、成本低、安全等优点；主要缺点是存贮期短（2～3 周），不能用 8 号雷管直接起爆。其组成成分见表 2-3。近年来我国已研制成可以用雷管直接起爆的高敏感度小直径浆状炸药，能在深孔中顺利起爆。

水胶炸药是浆状炸药的第二代（如国产 SHJ－K 水胶炸药）具有抗水性能好，威力大；不同药径能用 8 号雷管直接引爆；本身具有可塑性，用塑料袋可加工成所需要的药径，使用安全等优点。主要成分是：硝酸铵和硝酸钠作氧化剂，通常以甲基胺硝酸盐（MMAN）作可燃剂，古尔为胶结剂。由于水胶炸药优点多，在工程中使用日益广泛，正逐步取代胶质炸药和浆状炸药。

表 2-3 浆 状 炸 药 组 成

组成/%	成分	4 号浆状炸药	5 号浆状炸药	6 号浆状炸药	槐 1 号浆状炸药	槐 2 号浆状炸药	白云 1 号抗冻浆状炸药
	硝酸铵	60.2	70.2～71.5	73～75	67.9	54.0	45.0
	硝酸钾，硝酸钠				(Na) 10	(K) 10	(Na) 10
	梯恩梯	17.5	5.0			10.0	17.3
	水分	16.0	15.0	15.0	9.0	14.0	15.0
	柴油		4.0	4～5.5	3.5	2.5	
	胶结剂	(白) 2.0	(白) 2.4	(白) 2.4	(槐) 0.6	(槐) 0.5	(皂) 0.7
	亚硝酸钠		1.0	1.0	0.5	0.5	
	硼砂	1.3	1.4	1.4	2	2	2
	十二烷基苯磺酸钠		1.0	1.0	2.5	2.5	1.0
	硫磺粉				4.0	4.0	
	乙二醇						3.0
	尿素				3.0		3.0

(4) 黑火药。黑火药是一种缓性炸药，组成为硝石 60%～75%，硫黄 10%～75%，木炭粉 10%～25%，制作简单、成本低、易受潮、威力小，工程中主要用于做导火线。

2.1.2.3 起爆器材

(1) 雷管。雷管根据点火装置不同，分为电雷管和火雷管，如图 2-1 所示。火雷管按副起爆药的多少分十个序号，号数大的药量多，起爆能力大。工程中常用的有 6 号和 8 号雷管，电雷管有即发、延发和毫秒微差三种。国产的秒延发雷管分七段（每段延发间隔 1s）和五段（每段延发间隔 1.5s）两种，毫秒微差雷管一般延发时间为 25～200ms，国产毫秒雷管共有 20 段。

(2) 引火及传爆器材。

1) 导火线：用于引爆火雷管或点燃黑火药。它由压缩的黑火药做药芯，以棉线、塑料布、沥青等材料卷

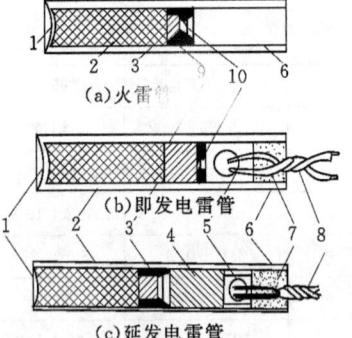

图 2-1 雷管构造图
1—聚能穴；2—副起爆药；3—正起爆药；4—缓燃剂；5—电气点火装置；6—雷管壳；7—密封胶；8—脚线；9—加强帽；10—帽孔

成的外径为 5.2~5.8mm 的图形索。正常燃速应为 1cm/s。导火线不得受潮、浸油、折断，燃烧过程中不得有断火、透火、外壳燃烧、速燃、缓燃、爆燃等现象发生。

2）传爆线：又称导爆索。以黑索金、泰安等单质猛炸药为药芯，用棉、麻、纤维等为被覆材料，能够传递爆轰的索状起爆器材。外涂红色或白红间色与导火线区别。传爆线难以点燃，必须用雷管或起爆枪引爆。传爆速度在 6000~7000m/s，它能直接引爆其他药包。传爆距离不远时可认为是即发引爆。

3）传爆管：又称导爆管。它是一个外径为 3mm、内径为 1.4mm 的塑料软管。内壁涂有薄层炸药，每米药量仅为 20mg（国产导火线每米药量 8g，传爆线每米药量为 12~14g）。需用雷管或起爆枪起爆，爆轰坡速度 2000m/s，塑料管并不破坏。它不能直接引爆药包，一般需通过雷管才使药包起爆。传爆管在爆破网络中仅用串联连接。

2.1.3 起爆方法

为了使用安全，一般使用敏感性较低的破坏炸药。使用时，要使炸药发生爆炸，必须用起爆炸药引爆。起爆方法有火花起爆、电力起爆和导爆索（或导爆管）起爆。

2.1.3.1 火花起爆

火花起爆是利用导火索在燃烧时的火花引爆雷管，先使药卷爆炸，从而使全部炸药发生爆炸。火花起爆器材有导火索、火雷管及起爆药卷。火花起爆同时点燃的导火索根数受到限制，因而同时爆破的药包也受到限制。

火雷管内装的都是烈性炸药，遇冲击、摩擦、加热、火花就会爆炸，因此在运输、保管和使用中要特别注意。制作起爆雷管时，根据所需要用的长度将导火索切下（不得小于1m），把插入雷管的一段切成直角，插到与雷管中的加强帽接触为止，不要转动也不要用力压。然后，用雷管钳将导火索夹紧于雷管壳上，夹紧部分为 3~5mm，此时称为火线雷管。

起爆药制作时，解开药卷的一端，使包皮敞开，将药卷捏松，用木棍轻轻地在药卷中插一个孔，然后将火线雷管插入孔内，收拢包皮纸，用细麻绳绑扎。起爆药卷只能在即将装炸药前制作这次需用数量，不得先做成成品使用。

2.1.3.2 电力起爆

电力起爆是利用电雷管中的电力引火剂发热燃烧使雷管爆炸，从而引起药包爆炸。大规模爆破及同时爆较多炮眼时，多采用电力起爆。电力起爆器材有电雷管、电线、电源及测量仪器。电线用来连接电雷管组成电爆网络。通常用胶皮绝缘线，禁止使用不带绝缘包皮的电线。电源可用照明和动力电源、电池组或专供电力起爆用的各类放炮器。

2.1.3.3 导爆索起爆

导爆索的外线和导火索相似，但它的药芯由烈性炸药组成。皮线绕红色条以与导火索区别。导爆索起爆不需雷管，但本身必须用雷管引爆。这种方法成本较高，主要用于深孔爆破和大规模的药室爆破，不宜用于一般的炮眼法爆破。

2.1.4 爆破施工

2.1.4.1 爆破的种类

当药包埋设较浅，爆破后将炸成以药包中心为顶点的倒圆锥形爆破坑，称为爆破漏斗

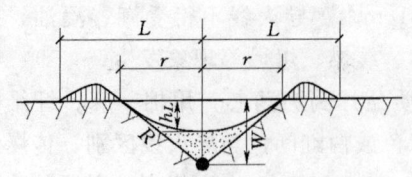

图 2-2 爆破漏斗

W——最小抵抗线：药包中心到临空面的最短距离；
r——爆破漏斗半径，即漏斗在临空面上的半径；
R——破坏作用半径，药包中心到漏斗底边缘的距离；h_L——漏斗可见深度；
n——爆破作用指数，即 $n=r/W$。

（图 2-2）。

根据 n 值，爆破可以分为以下几种（图 2-3）：

（1）标准抛掷爆破：$n=1$，$r=W$。
（2）加强抛掷爆破：$n>1$，$r>W$。
（3）减弱抛掷爆破：$0.75<n<1$，$r<W$。
（4）松动爆破：$0.33 \leqslant n \leqslant 0.75$。
（5）隐藏或内部爆破：临空面不能被破坏，只是药包周围岩石被炸碎，如药壶爆破。

抛掷爆破多用于定向筑坝及沟槽开挖，松动爆破用于基坑，隧洞开挖及石料开采。

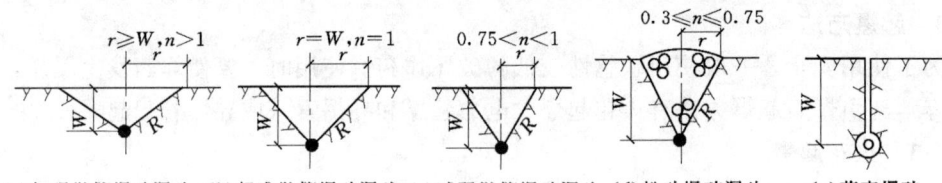

(a)加强抛掷爆破漏斗　(b)标准抛掷爆破漏斗　(c)减弱抛掷爆破漏斗　(d)松动爆破漏斗　(e)药壶爆破

图 2-3 各种爆破漏斗示意图

2.1.4.2 装药量计算

按形状不同有集中药包和延长药包两种。凡最长边不超过最短边 4 倍的药包，都属于集中药包，否则为延长药包。

1. 集中药包的药量计算

通过试验得知，炸药的用量与其所炸碎的岩石体积成正比。

对标准抛掷爆破： $$Q=kW^3 \tag{2-1}$$

对加强抛掷爆破： $$Q=(0.4+0.6n^3)kW^3 \tag{2-2}$$

对减弱抛掷爆破： $$Q=\left(\frac{4+3n}{7}\right)^3 kW^3 \tag{2-3}$$

对于松动爆破： $$Q=0.33kW^3 \tag{2-4}$$

式中　Q——装药量，kg；
　　　W——最小抵抗线，m；
　　　n——爆破作用指数；
　　　k——单位耗药量，kg/m³，见表 2-4。

表 2-4 为 2 号岩石铵梯炸药的单位耗药量。如用其他炸药时应乘以换算系数 e。e 值习惯上以爆力和猛度作为衡量标准。2 号岩石铵梯炸药以爆力 320cm³ 和猛度 12mm 为标准，$e=1.0$；如用其他炸药，可用爆力比或猛度比 $\left(\dfrac{320}{\text{所用炸药爆力}}\text{或}\dfrac{12}{\text{所用炸药猛度}}\right)$ 来求算 e 值。表 2-4 中所列药量就一个临空面而言的，如为两个临空面乘以 0.83，三个临空面乘以 0.67。

表 2-4　　　　　　　　　　　单位耗药量 k 值　　　　　　　　　单位：kg/m³

岩石种类	k	岩石种类	k
黏土	1.0～1.1	砾岩	1.4～1.8
坚实黏土、黄土	1.1～1.25	片麻岩	1.4～1.8
泥灰岩	1.2～1.4	花岗岩	1.4～2.0
页岩、板岩、凝灰岩	1.2～1.5	石英砂岩	1.5～1.8
石灰岩	1.2～1.7	闪长岩	1.5～2.1
石英斑岩	1.3～1.4	辉长岩	1.6～1.9
砂岩	1.3～1.6	安山岩、玄武岩	1.6～2.1
流纹岩	1.4～1.6	辉绿岩	1.7～1.9
白云岩	1.4～1.7	石英岩	1.7～2.0

2. 延长药包包装药量计算

(1) 与临空面垂直的延长药包（图 2-4）药包长度一般为炮孔深度的 1/3，其标准抛掷药包重量为：

$$Q = KW^3 = \frac{125}{216}Rh^3 \tag{2-5}$$

(2) 与临空面平行的延长药包（图 2-5），其标准抛掷药包重量为

$$Q = RW^3 L \tag{2-6}$$

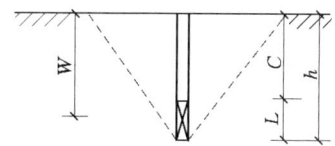

图 2-4　与临空面垂直的延长药包
h—炮眼深度；L—药包长度；C—药包堵塞长度；W—最小抵抗线

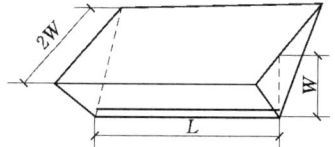

图 2-5　与临空面平行的延长药包
L—药包长度；W—最小抵抗线

2.1.4.3 爆破的基本方法

爆破的基本方法有浅孔法、深孔法、药壶法及洞室法等。

1. 浅孔爆破法

炮孔深度小于 5m，直径为 35～75mm 的炮孔称为浅孔。炮孔下部装药，上部堵塞。这种方法操作简单，爆破石块比较均匀，对基岩破坏较轻。常用于基坑、渠道、隧洞的开挖以及小型石料开采等。

(1) 布置时须注意下列原则：

1) 炮孔方向不要与最小抵抗线方向重合，以免产生冲天炮，降低爆破效果。

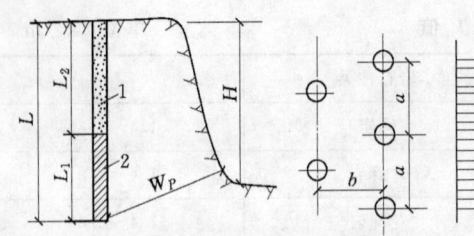

图 2-6 浅孔法阶梯开挖布置
1—堵塞物；2—药包；L_1—装药深度；
L_2—堵塞深度；L—炮孔深度
W_P—抵抗线长度

2) 充分利用地形，尽量利用和创造临空面以减小爆破阻力。

3) 炮孔应尽量垂直于岩石的层面、节理与裂隙，且不要穿过较宽的裂缝以免漏气。

浅孔法常采用阶梯开挖法，其炮孔布置参数如图 2-6 所示。

(2) 炮孔深度。

在坚硬岩石中： $L=(1.1\sim1.15)H$

在中等岩石中： $L=H$

在松软岩石中： $L=(0.85\sim0.95)H$

式中 H——阶梯的高度。

(3) 计算抵抗线长度 W_P。指由药包底至地面的最小距离，为

$$W_P=(0.6\sim0.8)H$$

(4) 炮孔间距 a。炮孔间距应使一个炮孔的爆炸不致炸伤另一炮孔，且爆后两孔间不留残石埂。

用火花起爆时： $a=(1.0\sim1.5)W_P$

用电气起爆时： $a=(1.2\sim2.0)W_P$

(5) 炮孔排距 b。

$$b=(0.8\sim1.2)W_P$$

当布置若干排炮孔时，炮孔应交错布置成梅花形，并依次爆破。

浅孔一般用于松动爆破，其药包重量可用前述公式 $Q=0.33kW^3$ 计算，计算时将 W 换为 W_P。

2. 深孔爆破法

深孔的炮孔深度大于 5m，直径大于 75mm，常用直径为 175～225mm。与浅孔法相比较，其优点是单位爆破体积的钻孔工作量少、炸药消耗量小、劳动生产率高，常用于大型采石场采石和深基坑开挖。其主要缺点是钻孔设备复杂。

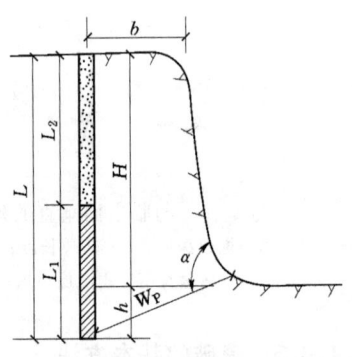

图 2-7 深孔爆破

深孔爆破法炮孔布置参数如图 2-7 所示。

(1) 炮孔深度 L。

$$L=H+h$$

$$h=(0.12\sim0.3)W_P$$

式中　H——阶梯高度，一般取 $10\sim 20\mathrm{m}$；
　　　h——超钻长度，m。

（2）抵抗线长度 W_P。

$$W_P = HD\eta d/150$$

式中　D——岩石硬度系数，一般为 $0.46\sim 0.56$；
　　　η——高度影响系数，参看表 2-5；
　　　d——炮孔直径，mm。

表 2-5　　　　　　　　　　高度影响系数表

阶梯高度 H/m	7	10	12	15	17	20	22	25	27	30
η	1.2	1.30	0.87	0.74	0.67	0.60	0.56	0.52	0.47	0.42

（3）炮孔间距 a。

$$a = W_P m$$

m 一般采用 $0.65\sim 0.80$。

（4）排距 b。

$$b = a\sin 60° = 0.87a$$

（5）药包重量 Q。

$$Q = 0.33kHW_P a$$

式中　k——单位岩石炸药用量，$\mathrm{kg/m^3}$。

3. 药壶爆破法

药壶爆破法系用少量炸药分几次将浅孔或深孔的底部扩成壶形，将炸药放置于壶内进行爆破（图 2-8）。药壶法容纳炸药较多且集中，爆破的方量较大。但所爆岩石块度不均，需要进行二次爆破。它适用于缺乏大直径钻孔机械、造孔力量薄弱、爆破量大的中等坚硬岩石。

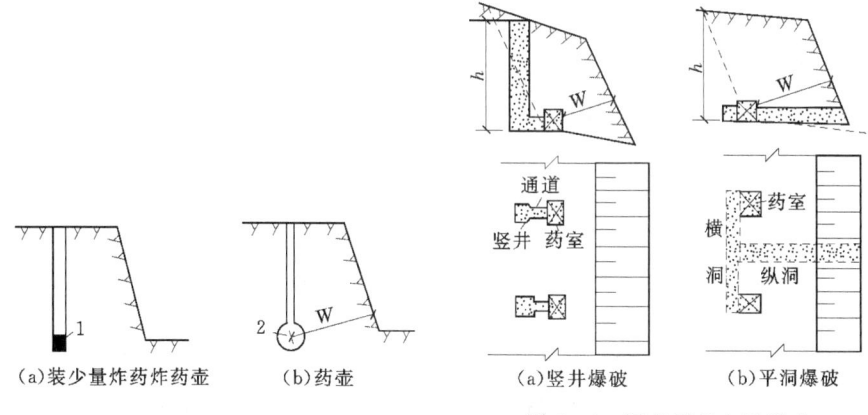

图 2-8　药壶爆破法
1—药包；2—药壶

图 2-9　洞室爆破布置形式

4. 洞室爆破法

洞室爆破法（图 2-9）通常也称为大爆破。它是先开挖导洞和药室，在药室中装入大量炸药组成的集中药包。一次可以爆破大量石方。洞室爆破法可以进行松动爆破或定向爆破。导洞有平洞及竖井两种形式，平洞的断面一般为1.0m×1.4m～1.2m×1.8m，竖井为1.0m×1.2m～1.5m×1.8m。平洞长度以不超过30m为宜，竖井以不超过20m为宜。平洞施工方便，利于通风、排水，应优先选用。药室的容积按装药量计算，一个导洞内往往有两个或三个药室，药室与药室间的距离为最小抵抗线的0.8～1.2倍。

洞室爆破的起爆一般采用混合联（即并串联或串并联）电气起爆，并另配以传爆线路，以保证起爆。起爆体是在方形木箱内装优质炸药10～25kg，炸药内设置雷管束，雷管束为若干电雷管用布带捆扎在一起。起爆体装在炸药中间，装好后立即用黄土和细石渣将导洞堵塞。

2.1.4.4 控制爆破

控制爆破就是控制爆破作用，使其达到某一预期目的爆破。

1. 光面爆破

光面爆破是一种用于洞挖作业的控制爆破，如图2-10所示。即能使爆裂面光滑平顺，超、欠挖均很少，能近似形成设计轮廓要求的爆破。光面爆破的特点是孔径小、孔距密、装药少、同时起爆。由于孔距很密而且同时起爆，相邻孔互相起聚能作用，开挖面即沿炮孔间连线出现。因孔径小、装药少，因此可获得较平顺的开挖面。

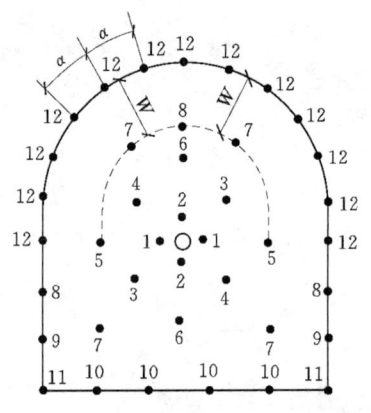

图2-10 光面爆破洞挖炮孔布置图
1～12—炮孔孔段

光面爆破主要技术措施如下：

（1）炮孔直径宜在50mm以下。

（2）炮孔间距约等于16倍炮孔直径。

（3）孔距与最小抵抗线W之比宜为0.75～0.95（W指由边孔至周边保护岩层面的最小距离），W值应控制在0.8m内。

（4）边孔的装药量与装药密度应加以限制，比一般爆破用药量少1/2以上。实现其限制，有以下方法：

1）用小直径（$\phi=25$mm）药卷。

2）采用空穴药包，即先在孔底装一节0.25kg药卷，然后每隔10～20cm装0.1kg小药卷，药卷可以分段绑在竹片上。

3）使用低威力炸药（可在2号岩石铵梯炸药内掺15%锯木屑）。

（5）边孔是在正常装药的松动药包爆破以后才起爆的，边孔应该使用传爆线或即发雷管，保证同时起爆。

与普通爆破方法比较，光面爆破的钻孔长度和炸药用量都有所增加，但由于开挖面平顺，裂缝小，故临时支撑、灌浆和衬砌工程量将相应减少，并可省掉对超、欠挖部分进行的回填和二次爆破，对工程质量、工期和造价都是有利的。

2. 预裂爆破

预裂爆破是一种常用于大劈坡和开挖深槽控制、设计边线的爆破，如图2-11所示。即沿设计的开挖边线，钻一排预裂炮孔，在开挖区未爆之前先行爆破，从而获得一条预裂缝。

2.1 石方爆破工程

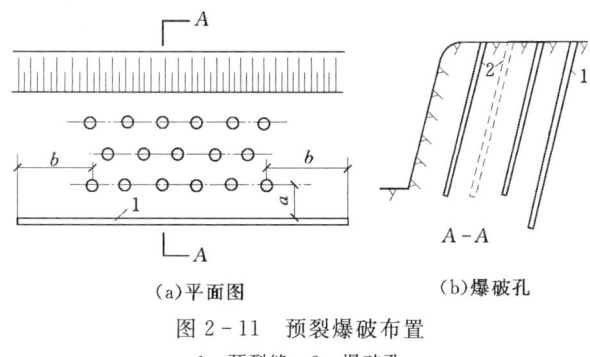

(a) 平面图　　　(b) 爆破孔

图 2-11　预裂爆破布置
1—预裂缝；2—爆破孔

预裂爆破孔的角度应与开挖坡度一致。为了防止爆破冲击波由预裂缝两端绕射至保留区，预裂缝还应向爆破区两端各伸出一定长度 b。

预裂爆破有以下特点：

(1) 预裂缝能起到反射应力波的作用，因而可以大幅度地削减应力波作用于保留区岩体上的能量。预裂缝还可以截断开挖区的爆破裂隙和层面破坏，使它们不能延伸到保留区。

(2) 预裂爆破后，边坡稳定性好，有利于施工期间的安全。

(3) 开挖坡面平整，减少岩石超挖量，节省混凝土工程量。

(4) 简化施工程序，扩大大口径深孔爆破的施工范围，有利于加快工程进度和降低工程造价。

预裂爆破主要技术措施如下：

1) 炮孔直径一般为 50～200mm，对深孔宜采用较大的孔径。

2) 炮孔间距宜为孔径的 8～12 倍，坚硬岩石取小值。

3) 不耦合系数（炮孔直径 d 与药卷直径 d_0 的比值）建议取 2～4，坚硬岩石取小值。

4) 线装药密度一般取 250～400g/m。

5) 药包结构形式，目前较多的是将药卷分散绑扎在传爆线上（图 2-12）。分散药卷的相邻间距不宜大于 50cm 和不大于药卷的殉爆距离。考虑到孔底的夹制作用较大，底部药包应加强，约为线装药密度的 2～5 倍。

6) 装药时距孔口 1m 左右的深度内不要装药，可用粗砂填塞，不必捣实。填塞段过短，容易形成漏斗，过长则不能出现裂缝。

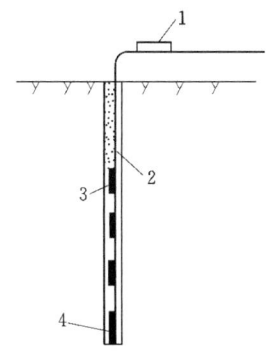

图 2-12　预裂爆破装药结构
1—雷管；2—传爆线；3—药包；
4—底部加强药包

2.1.4.5　爆破施工工艺

爆破施工的基本工艺过程有以下几个步骤：钻孔、药包现场加工、装药与起爆网络连接、堵塞、起爆。

(1) 钻孔。钻孔常用的有人工打眼（仅适于浅孔）、风钻打眼（目前应用最多）和潜孔钻成孔（大型水利工程中广泛采用）三种方法。

(2) 药包现场加工。在进行起爆药包现场加工前应对雷管进行检查，尤其是电雷管，除需进行外观检查外，还要用爆破电桥或小型欧姆表（输出电流不超过 50mA）进行电阻及稳定性检查。一般情况下，在一条起爆网络上的各雷管的电阻差不应超过 0.25Ω。

(3) 装药与起爆网络连接。装药前要清除孔内岩粉和水分，并把炮孔底部架空，装药时炸药要用木棍分层压实。电爆网络的连接可采用串联、并联、并串联、串并联等方法。无论是采用哪种方法，均要求各分支电路的电阻基本相同，并保证通入每个电雷管的电流（直流电源不小于 2A，交流电源不小于 2.5A）大于其最小发火电流（一般为 0.4～0.8A）。

(4) 堵塞。装药后立即进行堵塞，一般可用 1∶2 的黏土粗砂堵塞并用棍分层压实，不漏气。堵塞过程中要注意不要将导火线折断或破坏导线绝缘层。

2.1.5 爆破施工安全技术与验收
2.1.5.1 爆破安全技术

爆破工程应有具有相应爆破资质和安全生产许可证的企业承担。爆破作业人员应取得有关部门颁发的资格证书，做到持证上岗。爆破工程作业现场应由具有相应资格的技术人员负责指导施工。

爆破材料应贮存在干燥、通风的仓库中，库内温度应保持在 18～30℃之间，库房周围 5m 范围内要清除一切树木和杂草，库内应有消防设施。炸药和雷管应分别贮存，不同性质的炸药也应分别贮存。仓库与建筑物和构筑物应保持一定的安全距离。炸药和雷管、硝铵炸药和黑火药均要分别运送。要建立严格的保管、消防和领退制度。

爆破作业环境有下列情况时，严禁进行爆破作业。

爆破可能产生不稳定边坡、滑坡、崩塌的危险；爆破可能危及建（构）筑物、公共设施或人员的安全；恶劣天气条件下严禁进行爆破作业。

装药时只能用木棒把炸药轻轻压入炮孔，严禁冲捣和使用金属棒，装药现场严禁烟火或使用手机；炮眼深度超过 4m 时，须用两个雷管起爆，如深度超过 10m，则不得用火花起爆；放炮前必须划出警戒范围，立好标志，设专人警戒。作业时，人及建筑物的安全距离：炮眼爆破、药壶爆破时不小于 200m；裸露药包及洞室法爆破时不小于 400m。必要时，爆破前还需事先计算地震、空气冲击波和飞石等的安全距离。

1. 飞石对人员的安全距离 (R_f)

$$R_f = 20n^2 W K_f \quad (2-7)$$

式中　n——最大药包的爆破作用指数；

　　　W——最大药包的最小抵抗线，m；

　　　K_f——安全系数，通常可取 1.0～1.5；风大且顺风时，取 1.5～2.0，或更大些；当抛掷方向正对最小抵抗线方向时，应取 1.5；对于山谷或垭口地形，应取 1.5～2.0。

飞石对于机械设备的安全距离，按上式的计算值减半。且实际采用的飞石安全距离不得小于下列数值：裸露药包 300m；浅孔或深孔爆破 200m；洞室爆破 400m。

2. 地震波对建筑物的影响

在爆破工程中，多应用振动速度来判定建筑物的安全程度。距药包中心一定距离处的

振动速度 v，可按下列经验公式计算：

$$v = k\left(\frac{Q^{1/3}}{R}\right)^a \text{(cm/s)} \quad (2-8)$$

式中　Q——同时起爆的总装药量，延期爆破时取最大一段装药量，kg；
　　　R——药包中心到某一建筑物的距离，m；
　　　k——与岩土性质、地形和爆破条件有关的系数，见表 2-6；
　　　a——地震波随距离衰减的系数，见表 2-6。

大量观察结果表明，当 $v \geq 10 \sim 12 \text{cm/s}$ 时，一般砖木结构的建筑物便可能破坏。

表 2-6　　　　　　　　　　爆区不同岩性的 k、a 值

岩性	k	a
坚硬岩石	50～150	1.3～1.5
中硬岩石	150～250	1.5～2.0
软弱岩石	250～350	2.0～2.2

3. 冲击波的危害半径（R_k）

$$R_k = k_k Q^{1/3} \quad (2-9)$$

式中　Q——同时起爆的最大一次的总装药量，kg；
　　　k_k——系数，对作业人员取 25；对居民或其他人员取 60；对建筑物、构筑物取 70。

4. 瞎炮处理

由于爆破材料的缺陷，操作技术上的错误，起爆电流不足或电压不稳，岩石内部有较大裂缝、空隙，炮眼内有渗水或防水处理不当使药包或雷管受潮失效等原因，都会产生瞎炮。起爆后，浅孔爆破至少 5min（深孔爆破至少 15min）后方可进入爆破区检查。瞎炮应查明原因后再做处理。在处理前必须查明拒爆原因，然后根据具体情况慎重处理。瞎炮处理方法一般有以下几种：

（1）重爆法。通过爆破线路的电桥测定，证明药包内的电雷管的电阻正常，或通过观察发现导火线确系燃烧中断，可以重新接线进行引爆。或将炮泥掏出，另装入起爆药包重新引爆。

（2）诱爆法。对于裸露药包或埋深较浅的浅孔药包，可以用另设的裸露药包进行诱爆。

（3）掏爆法。将炮泥掏出，再用细管子接低压水将散装炸药冲出。对于深孔和洞室的瞎爆处理，尽可能采用重爆法。当有未爆药包与坍下石渣混合时，应将未爆药包浸泡后再清除。确保安全处理瞎炮。

2.1.5.2　爆破工程监测与验收

1. 爆破工程监测

爆破工程监测应由有资质的机构承担。进行爆破工程监测时，应先编制监测方案。监测方案应包含检测项目、监测目的、测点布置、监测仪器设备数量及性能、监测实施进度、预期成果等内容。

爆破工程监测项目一般有：质点振动监测、有害气体监测、冲击波及噪声测试、水击

波、动水压力及涌浪监测等。

质点振动监测包括质点振动速度监测和质点振动加速度的监测。

地下爆破作业应进行有害气体监测。施工单位应建立有害气体的记录档案，定期检测作业场所有害气体浓度。

爆破冲击波及噪声测试宜采用专用的爆破冲击波和噪声测试仪器。首先应确定监测点，距周围障碍物应大于1.0m，然后把传感器固定在三脚架上，应高出地面1.5m。应按时填写监测记录表。

水下爆破时，应对爆区附近需要保护对象进行水击波及动水压力监测。

2. 爆破工程验收

爆破工程验收资料应包括爆破工程设计、专项施工方案及评审报告、爆破工程监测方案、监测报告及监控记录，以及施工过程控制资料。其中，过程控制资料包括：施工日志、效果分析、技术经济指标及其他过程监测资料；监测报告应包括：监测时间、地点、部位、监测人员、监测目的与内容，监测数据含监测环境平面图、监测指标和爆破参数，结果分析与建议。

进行第三方监控时，监控单位应将监测结果在规定时间内报相关部门。依据监测频度的不同，以快报、日报、周报、旬报或者月报等形式发送报告。监测报表应按照《土方与爆破工程施工及验收规范》（GB 50201—2012）附录表的格式填写。

2.2 土 方 工 程

土方工程的施工过程包括土方开挖、运输、填筑与压实等。施工时，应尽量采用机械化与半机械化施工，以减轻繁重的劳动强度，加快施工进度。

2.2.1 土方开挖与运输

在土方开挖之前应根据工程结构形式、开挖深度、地质条件、气候条件、周围环境、施工方法、施工工期和地面荷载等有关资料，确定土方开挖和地下水控制施工方案。基坑（槽）及管沟开挖方案内容主要包括支护结构的龄期、土方机械选择、开挖时间、分层开挖深度及开挖顺序、坡道位置和车辆进出场道路、施工进度和劳动组织安排、降排水措施、监测方案、质量和安全措施，以及土方开挖对周围建筑物需采取的保护措施等。土方开挖常采用的挖土机械有推土机、铲运机、单斗挖土机、多斗挖土机、装载机等。

2.2.1.1 主要挖土机械的施工特点

1. 推土机施工

推土机由动力机械和工作部件两部分组成，其动力机械是拖拉机，工作部件是安装在动力机械前面的推土铲。推土机行走方式有轮胎式和履带式两种，铲刀的操纵机构有索式和油压式两种。索式推土机的铲刀是借本身自重切入土中，在硬土中切土深度较小；液压式推土机是采用油压操纵，能使铲刀强制切入土中，切入深度较大。

推土机的特点是操纵灵活、运转方便、所需工作面小、行驶速度快、易于转移、能爬30°左右的缓坡。它主要适用于挖土深度不大的场地平整，铲除腐殖土，并推到附近的弃土区；开挖深度不大于2.0m的基坑（槽）；回填基坑（槽）、管沟；推筑高度在1.5m内的堤坝、路基；平整其他机械卸置的土堆；推送松散的硬土、岩石和冻土；配合铲运机、挖土机工作等。卸下铲刀还可牵引其他无动力的土方机械。推土机可推掘一至四类土壤，为提高生产效率，对三类和四类土宜事先翻松。推运距离宜在100m以内，以40～60m效率最高。

推土机的生产效率主要取决于推土铲刀推移土壤的体积及切土、推土、回程等工作循环时间。为此可采用顺地面坡度下坡推土、2～3台推土机并列推土（两台并列可增加推土量15%～30%）、分批集中一次推送（多刀送土）、槽形推土（可增加10%～30%的推土量）等方法来提高生产效率。如推运较松的土壤且运距较大时，还可在铲刀两侧加挡土板。

2. 铲运机施工

铲运机由牵引机械和铲斗组成。按行走方式分为牵引式铲运机和自行式铲运机；按铲斗操纵系统分为液压操纵和机械操纵两种。

铲运机的特点是能综合完成挖土、运土、平土或填土等全部土方施工工序。对行驶道路要求较低，操纵简单灵活、运转方便，生产效率高。在土方工程中常应用于大面积场地平整，开挖大型基坑、沟槽以及填筑路基、堤坝等。最适于铲运场地地形起伏不大、坡度在20°以内的大面积场地，土的含水率不超过27%的松土和普通土，以及平均运距在1km以内特别是在600m以内的挖运土方；不适于在砾石层和冻土地带及沼泽区工作；当铲运三类、四类较坚硬的土壤时，宜用推土机助铲或选用松土机配合把土翻松0.2～0.4m，以减少机械磨损，提高生产率。

铲运机的开行路线对提高生产效率影响较大，应根据挖填区的分布情况，并结合具体条件，选择合理的开行路线。根据实践，铲运机的开行路线有以下几种：

（1）环行路线。施工地段较短，地形起伏不大的挖、填工程，适宜采用环形路线［图2-13（a）、（b）］。当挖土和填方交替，而挖填之间距离又较短时，则可采用大环形路线［图2-33（c）］，大环形路线的优点是一个循环能

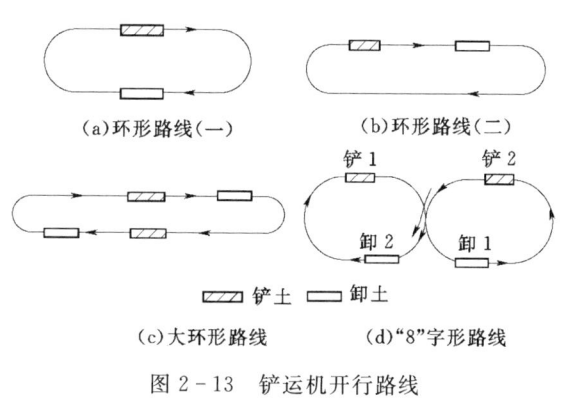

图2-13 铲运机开行路线

完成多次铲土和卸土，从而减少了铲运机的转弯次数，提高了工作效率。

（2）"8"字形路线。在地形起伏较大，施工地段狭长的情况下，宜采用"8"字形路线［图2-3（d）］。它适用于填筑路基、场地平整工程。

铲运机在坡地行走或工作时，上下纵坡不宜超过25°，横坡不宜超过6°，不能在陡坡上急转弯，工作时应避免转弯铲土，以免铲刀受力不均引起翻车事故。当铲运机铲土接近设计标高时，为了正确控制标高，宜沿平整场地区域每隔10m左右配合水准仪抄平，先铲出一条标准槽，以此为准使整个区域平整到设计要求。

3. 单斗挖土机施工

单斗挖土机是大型基坑（槽）或管沟开挖中最常用的一种土方机械。根据其工作装置的不同，分为正铲、反铲、抓铲和拉铲四种。常用斗容量为 $0.5\sim2.0\text{m}^3$。根据操纵方式，分为液压传动和机械传动两种。在建筑工程中，单斗挖土机更换装置后还可进行装卸、起重、打桩等作业，是土方工程施工中不可缺少的机械设备。

(1) 正铲挖土机。

1) 正铲挖土机的工作特点、性能及适用范围。正铲挖土机挖掘能力大，生产效率高。它的工作特点是"前进向上，强制切土"，适于开挖停机平面以上Ⅰ～Ⅳ类土壤。正铲挖土机需与汽车配合完成挖运任务。在开挖基坑（槽）及管沟时，要通过坡道进入地面以下挖土（坡道坡度为1:8左右），并要求停机面干燥，因此挖土前必须做好排水工作。其机身能回转360°，动臂可升降，斗柄可以伸缩，铲斗可以转动。图2-14所示为正铲液压挖土机的简图及其工作状态。

表2-7所示为国产两种正铲液压挖土机的主要技术性能。图2-15所示为其工作尺寸与开挖断面之间关系的示意。

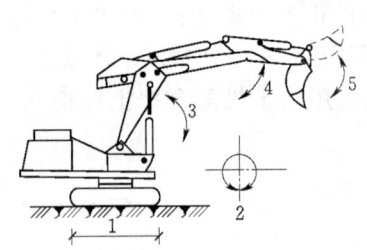

图2-14 单斗液压挖土机的主要工作状态
1—行走；2—回转；3—动臂升降；
4—斗柄伸缩；5—铲斗转动

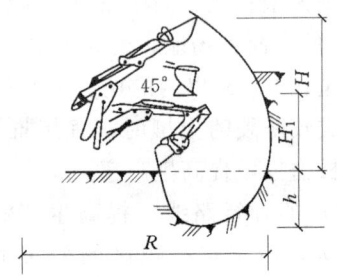

图2-15 液压正铲工作尺寸

表2-7 正铲挖土机的主要技术性能

技术参数	符号	单位	W2-200	W4-60
铲斗容量	Q	m^3	2.0	0.6
最大挖土半径	R	m	11.1	6.7
最大挖土深度	h	m	2.45	3.8
最大挖土高度	H	m	11.0	5.8
最大卸土高度	H_1	m	7.0	3.4

2) 正铲挖土机挖卸土方式。根据挖土机与运输工具的相对位置不同，正铲挖土机挖土和卸土的方式有以下两种：①正向挖土、侧向卸土：挖土机向前进方向挖土，运输工具在挖土机一侧开行、装土[图2-16(a)]，二者可不在同一工作面（运输工具可停在挖土机平面上或高于停机平面）。这种开挖方式，卸土时挖土机旋转角度小于90°，提高了挖土效率，可避免汽车倒开和转弯多的缺点，因而在施工中常采用此法；②正向挖土、后

方卸土：挖土机向前进方向挖土，运输工具停在挖土机的后面装土［图2-16（b）］，二者在同一工作面（即挖土机的工作空间）上。这种开挖方式挖土高度较大，但由于卸土时必须旋转较大角度，且运输车辆要倒车开入，影响挖土机生产率，故只适用于基坑（槽）宽度较小，而开挖深度较大的情况。

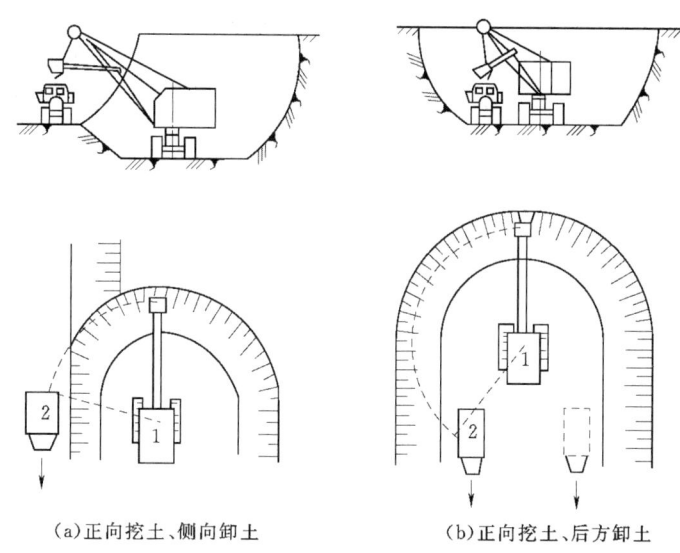

图2-16 正铲挖土机作业方式
1—正铲挖土机；2—自卸汽车

正铲挖土机的工作面及开行通道。挖土机在停机点所能开挖的土方面叫做工作面，一般称"掌子面"。其大小和形状取决于挖土机的机械性能、挖土和卸土方式以及土壤性质等因素。当开挖较大面积或深度超过挖土机工作面高度的基坑（槽）时，必须对挖土开行路线和进出口通道进行规划，绘出开挖平面和剖面图，以便于挖土机按计划开挖。如：当基坑（槽）开挖的深度小而面积大时，只需布置一层通道即可［图2-17（a）］，第一次开行采用正向挖土、后方卸土，第二、三次可用正向挖土、侧向卸土，一次挖到坑（槽）

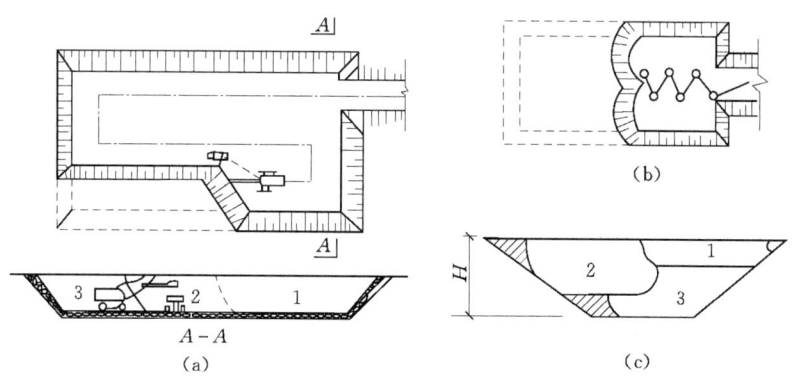

图2-17 正铲开挖基坑
1、2、3—A-A断面及开挖顺序

底标高。当基坑（槽）宽度稍大于工作面的宽度时，为了减少挖土机的开行通道，可采用加宽工作面的办法［图 2-17（b）］，这时挖土机按"之"字形路线开行。当基坑（槽）的深度较大时，通道可布置成多层［图 2-17（c）］，逐层下挖。

(2) 反铲挖土机。

1) 反铲挖土机的工作特点、性能及适用范围。反铲挖土机的工作特点是"后退向下，强制切土"，用于开挖停机平面以下的Ⅰ至Ⅲ类土，不需设置进出口通道。适用于开挖基坑、基槽和管沟，有地下水的土壤或泥泞土壤。一次开挖深度取决于挖土机的最大挖掘深度等技术参数。表 2-8 和图 2-18 所示为液压反铲挖土机的主要性能及工作尺寸。

表 2-8　　　　　　　　液压反铲挖土机的主要性能及工作尺寸

技术参数	符号	单位	W2-40	W4-60
铲斗容量	Q	m³	0.4	0.6
最大挖土半径	R	m	7.03	7.3
最大挖土深度	h	m	3.74	3.7
最大挖土高度	H	m	5.98	6.4
最大卸土高度	H_1	m	4.52	4.7

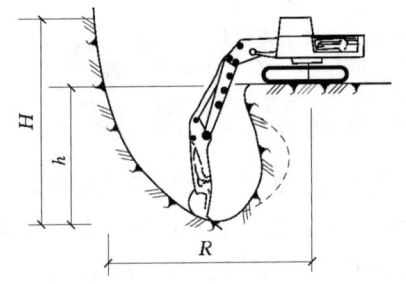

图 2-18　液压反铲挖土机工作尺寸

2) 反铲挖土机的开行方式。反铲挖土机的开行方式有沟端开行和沟侧开行两种。

沟端开行［图 2-19（a）］：挖土机在基坑（槽）或管沟的一端，向后倒退挖土，开行方向与开挖方向一致，汽车停在两侧装土。其优点是挖土方便，挖土宽度和深度较大，单面装土时宽度为 1.3R，两面装土时为 1.7R。深度可达最大挖土深度 h_0，当基坑（槽）宽度超过 1.7R 时，可分次开行开挖或之字形路线开挖。当开挖大面积的基坑时，可分段开挖或多机同挖。当开挖深槽时，可采用分段分层开挖。

沟侧开行［图 2-19（b）］：挖土机在基坑（槽）一侧挖土、开行。由于挖土机移动方向与挖土方向垂直，所以其稳定性较差，挖土宽度和深度也较小，且不能很好地控制边坡。此法土方可就近堆放，也可弃土于距坑（沟）较远的地方。

(3) 拉铲挖土机。拉铲挖土机用于开挖停机面以下的Ⅰ、Ⅱ类土。它工作装置简单，可直接由起重机改装。其特点是铲斗悬挂在钢丝绳下而不需刚性斗柄，土斗借自重使斗齿切入土中，开挖深度和宽度均较大，常用于开挖大型基坑、沟槽和水下开挖等。与反铲挖土机相比，拉铲的挖土深度、挖土半径和卸土半径均较大，但开挖的精确性差，且大多将土弃于土堆，如需卸土在运输工具上，则操作技术要求高，且效率降低。拉铲挖土机的开行路线与反铲挖土机开行路线相同。

(4) 抓铲挖土机。抓铲挖土机是在挖土机臂端用钢索装一抓斗，也可由履带式起重机改装。它可用以挖掘Ⅰ、Ⅱ类土，适用于挖掘独立柱基的基坑、沉井及开挖面积较小、深度较大的沟槽或基坑，特别适宜于水下挖土。

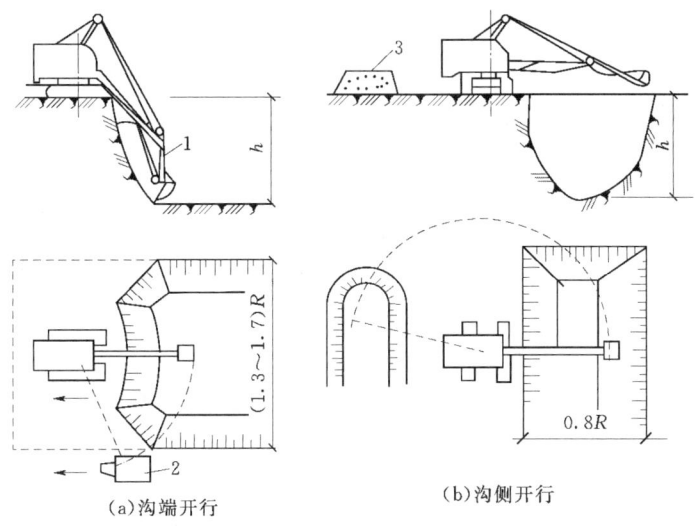

图 2-19 反铲挖土机开行方式与工作面
1—反铲挖土机；2—自卸汽车；3—弃土堆

2.2.1.2 土方开挖的一般要求

(1) 土方开挖时应防止附近已有建筑物、构筑物、道路、管线等发生下沉和变形。必要时应与设计单位或建设单位协商采取防护措施（如支护），并在施工中进行沉降和位移监测。

(2) 土方开挖之前，应检查龙门板（在基坑或沟槽外拐角处）、轴线、控制点有无位移现象，并根据设计图纸校核基础轴线的位置、尺寸及龙门板标高等。

(3) 在土方开挖前，应对原有地下管线情况进行调查，并事先进行妥善处理。

(4) 土方开挖应连续进行，尽快完成。施工时在基坑周围地面应进行防水、排水处理。

(5) 开挖基坑（槽）时，若土方量不大，应有计划地堆置在现场，满足基坑（槽）回填土及室内回填土的需要。若有余土则应考虑好弃土地点，并及时将土运走，避免二次倒运。开挖土方堆置，应距离坑（槽）边在 0.8m 以外，以免影响施工或造成坑（槽）土壁崩塌。

(6) 在开挖过程中，应对土质情况、地下水位和标高等的变化作定量测量，做好记录，以便随时分析、处理。

(7) 在开挖基坑（槽）和管沟时，不得扰动基土，破坏土壤结构，降低承载力。使用推土机、铲运机施工时，可在规定标高以上保留 200mm 土层不挖掘；使用拉铲、正铲、反铲挖土机施工时，可保留 300mm 原土层不挖。所保留土层将在基础施工前由人工铲除。

(8) 土方开挖过程中，若发现古墓及文物等，要保护好现场，并立即通知文物管理部门，经查看处理后方可继续施工。

(9) 在滑坡地段挖土时，不宜在雨期施工，尽量遵循先整治后开挖的施工程序，做好地面上、下的排水工作，严禁在滑坡体上部弃土或堆放材料。为了安全，尽量在旱季开挖，并加强支撑。

2.2.2 填土与压实

2.2.2.1 填筑要求

1. 土料的选择

填方土料应符合设计要求，如设计无要求时，应符合下列规定：

(1) 碎石类土、砂土和爆破石渣（粒径不大于每层铺厚的 2/3）可用于表层下的填料。

(2) 含水率符合压实要求的黏性土，可用作各层填料。

(3) 碎块草皮和有机质含量大于 8% 的土，仅用于无压实要求的填方。

(4) 淤泥和淤泥质土一般不能用作填料，但在软土或沼泽地区，经过处理使含水率符合压实要求后，可用于填方中的次要部位。

(5) 含水溶性硫酸盐大于 5% 的土，不能用作回填土，因为在地下水作用下，硫酸盐会逐渐溶解流失，形成孔洞，影响土的密实性。

(6) 冻土、膨胀性土等不应作为填方土料。

2. 填土方法

填土应分层进行，每层厚度应根据所采用的压实机具及土的种类而定。同一填方工程应尽量采用同类土填筑，如采用不同土填筑时，必须按类分层铺筑，应将透水性大的土层置于透水性较小的土层之下。若已将透水性较小的土填筑在下层，则在填筑上层透水性较大的土壤之前，应将两层结合面做成中央高、四周低的弧面排水坡度或设置盲沟，以免填土内形成水囊。决不能将各种土混杂在一起填筑。

当填方位于倾斜的地面时，应先将斜坡改成阶梯状，然后分层填土以防填土滑动。回填施工前，应清除填方区的积水和杂物，如遇软土、淤泥，必须进行换土回填。回填时，若分段进行，每层接缝处应做成斜坡形，辗迹重叠 0.5~1.0m，上、下层接缝应错开不小于 1.0m。应防止地面水流入，并应预留一定的下沉高度。回填基坑（槽）时，应从四周或两侧均匀地分层进行，以防止基础和管道在土压力作用下产生偏移或变形。

2.2.2.2 填土的压实方法

填土的压实方法一般有碾压（包括振动碾压）、夯实、振动压实等几种（图 2-20）。碾压法是由沿填筑面滚动的鼓筒或轮子的压力压实土壤，多用于大面积填土工程。

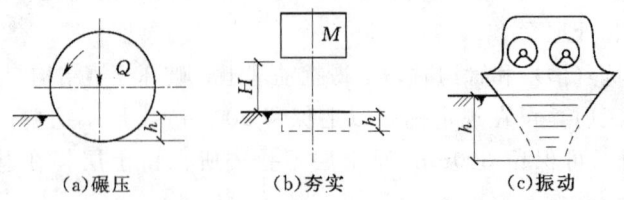

图 2-20 填土压实方法

碾压机械有平碾（压路机）、羊足碾和气胎碾等。平碾有静力作用平碾和振动作用平碾之分。平碾对砂土、黏性土均可压实，静力作用平碾适用于较薄填土或表面压实、平整场地、修筑堤坝及道路工程;振动作用平碾使土受振动和碾压两种作用,效率高,适用于填料为爆破石渣、碎石类土、杂填土或轻亚黏土的大型填方。羊足碾需要较大的牵引力,与土接触面积小,但单位面积的压力比较大,对土壤的压实效果好,适用于碾压黏性土。气胎碾在工作时是弹性体,其压力均匀,填土质量较好。

夯实方法是利用夯锤自由下落时的冲击力来夯实土壤,主要用于基坑(槽)及各种零星分散、边角部位的小型填方的夯实工作。优点是可以夯实较厚的土层,且可以夯实黏性土及非黏性土。夯实机械有冲击夯土机和蛙式打夯机等。

振动压实法是将振动压实机放在土层表面,借助振动机构使压实机械振动,土颗粒发生相对位移而达到紧密状态。这种方法主要用于非黏性土的压实。

2.2.2.2.3 影响填方压实效果的主要因素

影响土壤压实效果的因素有内因和外因两方面。内因是指土质和湿度;外因是指压实功能及压实时的外界自然和人为的其他因素等。归纳起来主要有以下几方面。

1. 含水率的影响

土中含水率对压实效果的影响比较显著。当含水率较小时,由于颗粒间引力(包括毛细管压力)使土保持着比较疏松的状态或凝聚结构,土中孔隙大都互相连通,水少而气多,在一定的外部压实功能作用下,虽然土孔隙中气体易被排出,密度可以增大,但由于水膜润滑作用不明显,土粒相对移动不容易,因此压实效果比较差;含水率逐渐增大时,水膜变厚,引力缩小,水膜又起着润滑作用,外部压实功能比较容易使土粒移动,压实效果渐佳。

当土中含水率增加到一定程度后,在外部压实功的作用下,土的压实效果达最佳,此时,土的含水率称为最佳含水率。土中含水率过大时,孔隙出现了自由水,压实作用不能使液体排出,压实功能的部分被自由水所抵消,减小了有效压力,压实效果反而降低。由图2-21中土的密度与含水率关系可以看出,对应于最佳含水率曲线有一峰值,此处的干密度为最大,称为最大干密度 ρ_{dmax}。然而含水率较小时土粒间引力较大,虽然干密度较小,但其强度比最佳含水率时土的强度还要高。此时因其密实度较低,孔隙多,一经泡水,其强度会急剧下降。因此,用干密度作为表征填方密实程度的技术指标,取干密度最大时的含水率为最佳含水率,而不取强度最大时的含水率为最佳含水率。土在最佳含水率时的最大干密度,可由击实试验取得,也可参考表2-9确定。

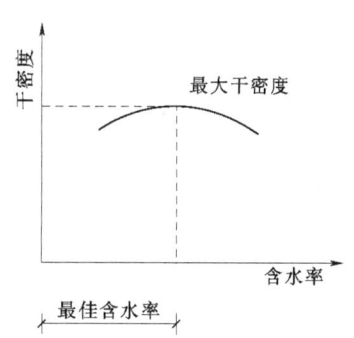

图 2-21 土的干密度与含水率的关系

表 2-9 土的最佳含水率和最大干密度参考值

项次	土的种类	最佳含水率/%	最大干密度/(g/cm³)
1	砂土	8~12	1.80~1.88
2	粉土	16~22	1.61~1.80
3	粉质黏土	18~21	1.65~1.74
4	黏土	19~23	1.58~1.70

2. 压实功能的影响

压实功能（指压实工具的重量、碾压遍数或锤落高度、作用时间等）对压实效果的影响，是除含水率以外的另一重要因素。当土偏干时，增加压实功能对提高土的干密度影响较大，偏湿时则收效甚微。因此，对偏湿的土企图用加大压实功能的办法来提高土的密实度是不经济的，若土的含水率过大，此时增大压实功能就会出现"弹簧"现象。另外，当压实功能加大到一定程度后，对干密度的提高就不明显了。所以，在实际施工时，应根据不同的土以及压实密度要求和不同的压实机械来决定压实的遍数（可参考表2-10）。此外，松土不宜用重型碾压机直接滚压，否则土层会有强烈起伏现象，效率不高，如先用轻碾压实，再用重碾就可取得较好效果。

表 2-10　　　　　　　不同压实机械分层填土虚铺厚度及压实遍数

压实方法或压实机械	黏性土		砂土	
	虚铺厚度/cm	压实遍数	虚铺厚度/cm	压实遍数
重型平碾（12t）	25～30	4～6	30～40	4～6
中型平碾（8～12t）	20～25	8～10	20～30	4～6
轻型平碾<8t	15	8～12	20	6～10
蛙夯（200kg）	25	3～4	30～40	8～10
人工夯（50～60kg）	18～22	4～5		

3. 铺土厚度的影响

压实厚度对压实效果有明显的影响。相同压实条件下（土质、湿度与功能不变），实测土层不同深度的密实度得知，密实度随深度递减，表层50cm最高。不同压实工具的有效压实深度有所差异，根据压实工具类型、土质及填方压实的基本要求，每层铺筑压实厚度有具体规定数值，见表2-4。铺土过厚，下部土体所受压实作用力小于土体本身的黏结力和摩擦力，土颗粒不能相互移动，无论压实多少遍，填方也不能被压实；铺土过薄，则下层土体压实次数过多，而受剪切破坏。所以，规定了一定的铺土厚度。最优的铺土厚度应能使填方压实而机械的功耗费最小。

4. 土质的影响

在一定压实功能作用下，含粗粒越多的土，其最大干密度越大，即随着粗粒土增多，其击实曲线的峰点越向左上方移动。施工时应根据不同土质，分别确定其最大干密度和最佳含水率。

2.2.2.4 填土压实的质量检查

填土压实后必须达到一定的密实度要求，填土密实度以设计规定的控制干密度 ρ_d 作为检查标准。土的控制干密度 ρ_d 与最大干密度 $\rho_{d\max}$ 之比称为压实系数 λ。不同的填方工程，设计要求的压实系数不同，一般场地平整，其压实系数为0.9左右；地基填土为0.91～0.97。具体取值视结构类型和填土部位而定。检查土的实际干密度 ρ_d，可采用环刀法取样测定。其取样组数为：基坑回填为每 20～50m³ 取样一组（每个基坑不少于一组）；基槽或管沟回填每层按长度 20～50m 取样一组；室内回填土每层按 100～500m² 取样一组；场地平整填方每层按 400～900m² 取样一组。取样部位一般应在每层压实后的下

半部。试样取出后,先称出土的密度并测出含水率,然后用下式计算土的实际干密度 ρ_d (g/cm³):

$$\rho_d = \frac{\rho}{1+0.01w} \qquad (2-10)$$

式中 ρ_d——土的天然密度,g/cm³;

w——土的含水率,%。

当土的最大干密度 $\rho_{d\max}$ 无试验资料时,可按下式计算:

$$\rho_{d\max} = \eta \frac{\rho_w d_s}{1+0.01w_{op}d_s} \qquad (2-11)$$

式中 η——经验系数,对于黏土取 0.95,粉质黏土取 0.96,粉土取 0.97;

ρ_w——水的密度,g/m³;

d_s——土粒相对密度(比重);

w_{op}——最佳含水率,%,可按当地经验或取 $w_{op} = w_p + 2\%$;

w_p——土的塑限。

2.3 基坑(槽)开挖与基底检验

2.3.1 基坑开挖

基坑土方开挖可以采用人工挖土或机械挖土。根据基坑深度、与原建筑物的距离可选择放坡开挖和支护开挖,以放坡开挖最经济。机械开挖可采用推土机、装载机、铲运机或挖掘机等土方机械设备,以及配套的运土自卸汽车等进行土方开挖和运输,具有操作机动灵活、运转方便、生产效率高、施工速度快等优点。

在基坑(槽)开挖施工中,现场不宜进行放坡开挖,当可能对邻近建(构)筑物、地下管线、永久性道路产生危害时,应对基坑(槽)、管沟进行支护后再开挖。

2.3.1.1 施工准备

1. 土方开挖机具选择

开挖Ⅰ、Ⅱ类浅基层土方,可以选择推土机、铲运机或挖掘机等土方机械设备直接开挖,Ⅲ、Ⅳ类土方应选择挖掘机直接开挖,Ⅴ、Ⅵ类土方应选择重型挖掘机直接开挖,Ⅶ、Ⅷ类土方应先爆破后开挖。主要土方机械应用范围及特点可参照表 2-11。

2. 作业条件

(1) 开挖前应清除或拆迁开挖区域内地面附属物和地下障碍物,如地上高压、照明、通信线路、电杆、树木、旧有建筑物及地下给排水、煤气、供热管道、电缆、基础等,或进行搬迁、改建、该线;对靠近基坑(槽)的原有建筑物、电杆、塔架等采取防护或加固措施。

(2) 根据场地的地质、水文资料及周围环境情况,结合施工具体条件,按照制定好的现场场地平整、基坑开挖施工方案,以及施工总平面布置图,绘制基坑土方开挖图,合理确定开挖路线、顺序,基底标高、边坡坡度、排水沟、集水井位置及土方堆放点,如涉及深基坑开挖,还应提出支护、边坡保护和排水方案。

表2-11　　　　　　　　　　土方机械应用范围及特点汇总表

机械名称		适用范围	最佳使用范围	优缺点
挖掘机	正铲	适用于开挖含水率≤27%的Ⅰ、Ⅱ类土，工作面的高度一般不应小于1.5m，可以开挖停机面以上的土，配备自卸汽车联合作业	(1) 0.5m³挖掘机最佳挖掘高度为1.5～5m；1m³挖掘机最佳挖掘高度为2～6m。 (2) 挖掘机配自卸汽车工作时，最适宜的运距为80～3000m	(1) 装车轻便灵活，回转速度快，移位方便，工作效率高。 (2) 易于控制挖掘边坡及外形尺寸。 (3) 能挖掘较坚硬的土
	反铲	多用于地面以下的挖土作业。适用于Ⅰ～Ⅲ类的砂土或黏土，开挖深度不大的基坑（槽），沟渠及含水率不大的泥泞土。通常配备推土机或自卸汽车进行联合作业	(1) 最大挖掘深度为4～6m。 (2) 最佳挖掘深度为1.5～3m	(1) 汽车和装土均在地面上操作，省去运输道。 (2) 工作效率比正铲低。 (3) 操作较灵活，不易于控制工作面尺寸
	拉铲	用于地面以下的挖土作业。适用于Ⅰ～Ⅲ类土，开挖较深的基坑（槽）、沟渠，挖取水中的泥土以及填筑路基、修筑堤坝等。通常配备推土机或自卸汽车进行联合作业	对松软土壤效率较高	(1) 挖掘半径比反铲大，但不及反铲灵活。 (2) 开挖较深的基坑时，汽车可在坑上装土，省去运输道路。 (3) 工作效率比反铲低
	抓铲	用于挖掘窄而深的地槽、基坑和水下挖土，也能装卸砂、卵石等散状材料	对散石、松散料的装卸很有效	工作效率低，操作最简单
装载机		装载机多用于装载松散土和短距离运土，也可用作松软土的表层剥离、地面的平整和松散材料的收集清理等工作。一台装载机能完成装土、运土、卸土等工序，并能配合运输车辆作装土使用	装运作业时间不大于3min时	(1) 轮胎式装载机行驶速度快，机动性能好，转移方便。 (2) 能在远距离工作场地自铲自运。 (3) 对松散土的装卸，工作高于挖掘机
推土机		能铲挖并移运土壤。例如，在道路建设施工中，推土机可完成路基基底的处理，路侧取土横向填筑高度不大于1m的路堤，沿道路中心线向铲挖移运土壤的路基挖填工程，傍山取土，修筑路基。此外，推土机还可用于平整场地，堆集松散材料，清除作业地段内的障碍物等。 多用于场地清理和平整、开挖深度1.5m以内的基坑，填平基坑和管沟，以及配合铲运机、挖土机工作等，从事平整、清理场地和维修道路等工作。此外，在推土机后面可安装松土装置，破、松硬土和冻土，也可拖挂羊足碾进行土方压实工作。推土机可以推挖Ⅰ～Ⅲ类土，Ⅳ类土以上需经预松后才能作业	推填距离（经济运距）宜在100m以内，效率最高的距离为50～60m	(1) 推土机操纵灵活，运转方便，所需工作面较小。 (2) 行驶速度快，易于转移，能爬30°左右的缓坡，因此应用范围较广

(3) 根据平面图进行测量放线，设置好控制定位轴线桩、龙门板或水平桩后，放出挖土灰线，经检查并办完预检手续。

(4) 完成必需的临时设施，包括生产设施和生活设施及机械进出和土方运输道路、临时供水供电线路及其他与工程施工有关的辅助设施。

(5) 机械设备运进现场，进行维护检查、试运转，使其处于良好的工作状态。

2.3.1.2 基坑开挖施工要点

基坑开挖程序一般是：测量放线—分层开挖—排降水—修坡—整平—留足预留土层等。

(1) 基坑开挖方式可根据现场条件及表2-12和表2-13的要求确定，如放坡开挖、直壁开挖或支护开挖。

表2-12　　　　　　　基坑和管沟不加支撑时的容许深度

项次	土 的 种 类	容许深度/m
1	中密的砂土和碎石类土（充填物为砂土）	1.00
2	硬塑、可塑的粉质黏土及粉土	1.25
3	硬塑、可塑的黏土和碎石类土（充填物为黏性土）	1.50
4	坚硬的黏土	2.00

按照《建筑地基基础工程施工质量验收规范》（GB 50202—2002）规定，临时性挖方的边坡值应符合表2-7的规定。

(2) 相邻基坑开挖时，应遵循先深后浅或同时进行的施工程序。挖土应自上而下水平分段分层进行，每层0.3m左右，边挖边检查坑底宽度，不够时及时修整，每3m左右修一次坡，至设计标高，再统一进行一次修坡清底，检查坑底宽和标高，要求坑底凹凸不超过2.0cm。在施工过程中基坑（槽）边堆置土方不应超过设计荷载，挖方时不应碰撞或损伤支护结构、降水设施。

表2-13　　　　　　　临时性挖方边坡值

土的类别		边坡坡度（高:宽）
砂土（不包括细砂、粉砂）		1:1.25～1:1.50
一般性黏土	硬	1:0.75～1:1.00
	硬、塑	1:1.00～1:1.25
	软	1:1.50 或更缓
碎石类土	充填坚硬、硬塑黏性土	1:0.50～1:1.00
	充填砂土	1:1.00～1:1.50

注　1. 设计有要求时，应符合设计标准。
　　2. 如采用降水或其他加固措施，可不受本表限制，但应计算复核。
　　3. 开挖深度，对软土不应超过4m，对硬土不应超过8m。

(3) 如开挖的基坑深于临近基础时，开挖应保持一定的距离和坡度（图2-22），一般应满足 $h/L \leqslant 0.5 \sim 1.0$ 的要求。如不能满足时，应采取在坡脚设挡墙或支撑进行加固处理。

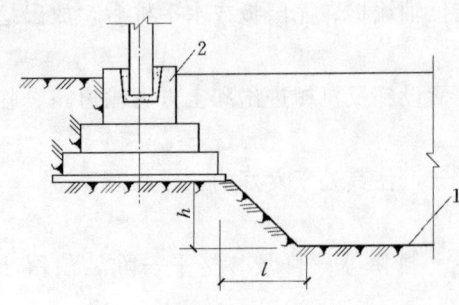

图 2-22 基坑与邻近基础应保持的距离
1—开挖深基坑底部；2—邻近基础

(4) 当开挖基坑的土壤含水率大而不稳定，或基坑较深，或受到周围场地限制而需用较陡的边坡或直立开挖而土质较差时，应采用临时性支护加固，坑、槽宽度应比基础宽每边加 10～15cm 支撑结构需要的尺寸。挖土时，土壁要求平直，挖好一层，支一层支护，挡土板要紧贴土面，并用小木桩或横撑木顶住挡板。开挖宽度较大的基坑，当在局部地段无法放坡，或下部土方受到尺寸限制不能放较大坡度时，则应在下部坡脚采取加固措施，如采用短桩或横隔板支撑或砌砖、毛石或用编织袋、草袋装土堆砌临时矮挡土墙保护坡脚；当开挖深基坑时，则须采取半永久性、安全、可靠的支护措施。

(5) 基坑开挖时，应对平面控制桩、水准点、基坑平面位置、水平标高、边坡坡度等经常复测检查。

(6) 基坑土方施工中应对支护结构、周围环境进行观察和监测，如出现异常情况应及时处理，待恢复正常后方可继续施工。

(7) 基坑开挖应尽量防止对地基土的扰动。基坑挖好后不能进行下道工序时，应预留 15～30cm 一层土不挖，待下道工序开始再挖至设计标高。开挖基坑不得超过基底标高，如个别部位超挖时，应用砂、碎石或低强度混凝土补填，重要部位超挖时的处理应取得设计单位同意。

(8) 在基坑挖土过程中，应随时注意土质变化情况，如地基土质与地质勘探报告、设计要求不符时，应与有关人员研究及时处理。基坑挖完后应立即进行验槽，做好记录。

(9) 平整场地的表面坡度应符合设计要求，如设计无要求时，排水沟方向的坡度不应少于 2‰，平整后的场地表面应逐点检查。检查点为每 100～400m² 取 1 点，但不应少于 10 点；长度、宽度和边坡均为每 20m 取 1 点，每边不应少于 1 点。

(10) 对雨季和冬季施工还应遵守国家现行有关标准。

2.3.2 基底检验

为了使建（构）筑物有一个比较均匀的下沉，即不允许建（构）筑物各部分间产生较大的不均匀沉降，对地基应进行严格的检验。当地基开挖至设计基底标高后，应对坑底进行保护，并由勘察设计、建设和施工等单位共同及时进行验槽，核对地质资料，检查地基土壤与工程地质勘查报告、设计图纸是否相符，有无破坏原状土壤结构或发生较大的扰动现象。经检查合格，填写基坑验收、隐蔽工程记录，及时办理交接手续，方可进行垫层施工。对特大型基坑，宜分区分块挖至设计标高，分区分块及时浇筑垫层。必要时，可加强垫层。验槽一般用表面检查验槽法，必要时采用钎探检查或洛阳铲探检查。

2.3.2.1 表面检验验槽法

(1) 根据槽壁土层分布情况及走向，初步判明全部基底是否已挖至设计所要求的土层。

(2) 检验槽底是否已挖至原（老）土，是否需要继续下挖或进行处理。

（3）检查整个槽底土的颜色是否均匀一致；土的坚硬程度是否一样，有否局部过松软或过坚硬的部分；有否局部含水率异常现象，走上去有没有颤动的感觉等。如有异常部位，要会同设计等单位进行处理。

2.3.2.2 钎探检查验槽法

（1）钢钎的规格和质量。钢钎用直径 22～25mm 的钢筋制成，钎尖呈 60°尖锥状，长度 1.8～2.0m。大锤用重量 3.6～4.5kg 铁锤。打锤时，举高离钎顶 50～70cm，将钢钎垂直打入土中，并记录每打入土层 30cm 的锤击数。

（2）钎孔布置和钎探深度。应根据地基土质的复杂情况和基槽宽度、形状而定，一般可参考表 2-14。

表 2-14　　　　　　　钎孔布置和钎探深度

槽宽/cm	排列方式及图示	间距/m	钎探深度/m
小于 80	中心一排	1～2	1.2
80～200	两排错开	1～2	1.5
大于 200	梅花形	1～2	2.0
柱基	梅花形	1～2	≥1.5m，并不浅于短边宽度

注　对于较软弱的新近沉积黏性土和人工杂填土的地基，钎孔间距应不大于 1.5m。

（3）钎探记录和结果分析，先绘制基槽平面图，在图上根据要求确定钎探点的平面位置，并依次编号制成钎探平面图。钎探时按钎探平面图标定的钎探点顺序教学，最后整理成钎探记录表。

全部钎探完后，逐层分析研究钎探记录，然后逐点进行比较，将锤击数显著过多或过少的钎孔在钎探平面图上做上记号，然后再在该部位进行重点检查，如有异常情况，要认真进行处理。

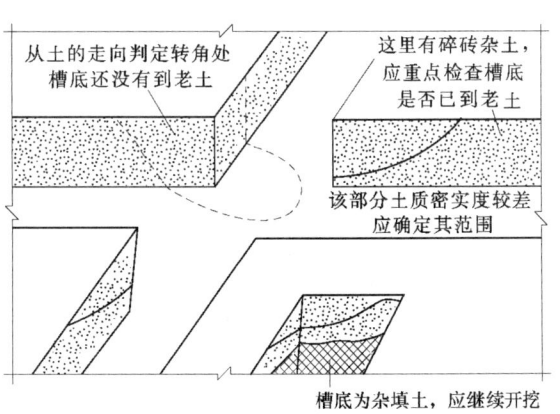

图 2-23　观察槽基土质变化情况

验槽内容包括基槽尺寸、定位轴线、基底标高及土层是否达到设计要求的持力层。观察基槽土层变化的内容见图 2-23 和表 2-15。

表 2-15　　　　　　　　　　　　观 察 验 槽

观 察 项 目		观 察 内 容
槽壁土层		土层分布情况及走向
重点部位		应选择在柱基、墙角、承重墙下或其他受力较大的部位
整个槽底	槽底土质	是否挖到老土层上
	土的颜色	是否均匀一致
	土的坚硬	是否坚硬一致、是否局部过松
	土层行走	有没有局部含水率异常现象，行走是否有颤动的感觉

2.3.2.3　基坑土方开挖质量检验

根据《建筑地基基础工程施工质量验收规范》（GB 50202—2002）要求，基坑土方开挖工程质量检验标准详见表 2-16。

表 2-16　　　　　　　　基坑土方开挖工程质量检验标准

项序		项 目	允许偏差或允许值/mm					检验方法
			柱基基坑基槽	挖方场地平整		管沟	地（路）面基层	
				人工	机械			
主控项目	1	标高	-50	±30	±50	-50	-50	水准仪
	2	长度、宽度（由设计中心线向两边量）	+200 -50	+300 -100	+500 -150	+100		经纬仪，用钢尺量
	3	边坡	设计要求					观察或用坡尺检查
一般项目	1	表面平整度	20	20	50	20	20	用2m靠尺和楔形塞尺检查
	2	基底土性	设计要求					观察或土样分析

注　1. 地（路）面基层的偏差只适用于直接在挖、填方上做地（路）面的基层。
　　2. 所列数值适用于附近无重要建筑物或重要公共设施，且基坑暴露时间不长的条件。

【复 习 与 思 考 题】

1. 简述炸药在无限介质中爆炸时的作用原理。
2. 炸药的基本性能有哪些？衡量炸药的威力指标是什么？
3. 常用的工程炸药有哪些种类？
4. 常用的起爆方法有哪些？它们各适用于何种爆破工程中？
5. 什么是爆破漏斗？根据其形状不同，爆破可分为哪些种类？
6. 爆破的基本方法有哪几种？它们各适用于何种工程条件？
7. 简述爆破施工的基本工艺过程。
8. 瞎炮处理方法一般哪几种，适用于何种工程情况？
9. 爆破工程监测项目有哪些？爆破工程验收应包括哪些资料？
10. 常用的土方机械有哪些？试述其工作特点及适用范围。

11. 如何提高推土机、铲运机和单斗挖土机的生产率？如何组织土方工程综合机械化施工？

12. 土的含水率及其与土方开挖、填筑有何关系？

13. 影响填土压实的主要因素有哪些？如何检查填土压实的质量？

14. 什么是土的最佳含水率和最大干密度，它们与填土压实的质量有何关系？

15. 简述验槽的重要意义。验槽的基本方法和具体内容是什么？

第3章 土方边坡与支护

【学习目标】
通过本章的学习,要求学生达到以下学习目标:
1. 了解土方边坡的概念、应用与形式。
2. 熟悉土方边坡坡度和边坡系数的概念与公式。
3. 了解边坡系数的确定因素。
4. 掌握防止边坡坍塌的措施。
5. 掌握常用支护结构形式。
6. 熟悉常用支护结构施工技术。
7. 了解边坡支护施工安全技术。

3.1 土 方 边 坡

在建筑物的地下工程施工时,需要进行基坑开挖,为保证基坑开挖的顺利,防止土壁坍塌,确保施工安全,当挖土超过一定深度时,基坑边沿应做出足够的边坡。当施工现场受到限制不能放坡,或者为了减少土方开挖量而不采用放坡时,则应对基坑设置支护结构。如图3-1所示。

(a)

(b)

图3-1 基坑放坡

3.1.1 边坡形式
3.1.1.1 边坡概念
当基坑所处的场地比较开阔,并且周围环境比较简单时,基坑开挖可以采用放坡形

3.1 土方边坡

式,这样施工比较简单,而且也比较经济。土方边坡就是操作面一边有坡度的地方,是土方开挖的边坡,有一定的坡度,不是垂直的。边坡坡度指的是边坡的高度与宽度之比,即高度 H 除以水平长度 B。计算公式如下:

$$边坡坡度 = \frac{H}{B} = \frac{1}{\frac{B}{H}} = \frac{1}{m} \tag{3-1}$$

3.1.1.2 边坡

为了防止塌方,保证安全施工,在挖方或填方的开挖深度或填筑高度超过一定限度时,要在其边沿做成具有一定坡度的边坡。如果坡度过小,增加开支;如果坡度过大又不安全。所以边坡坡度应根据挖方深度、土质、施工方法、施工工期、地下水水位、坡顶荷载和气候条件以及相邻建筑物的实际情况来决定。

土方放坡开挖时的边坡可以做成直线形、折线形、台阶形,如图 3-2 所示。

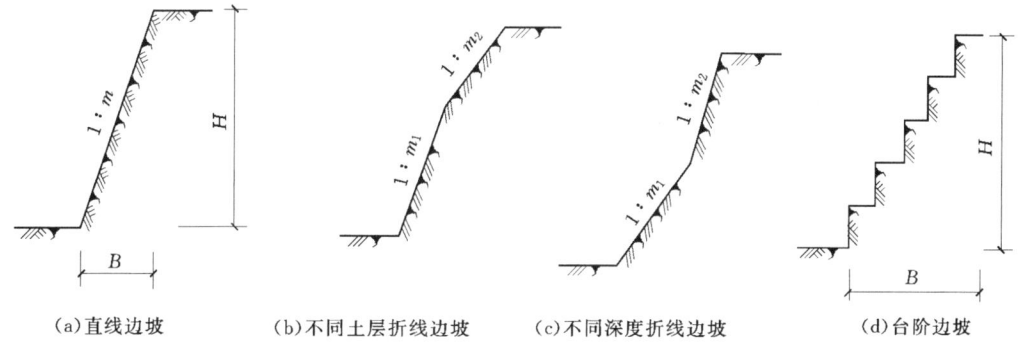

图 3-2 土方边坡形式

具体工程实例如图 3-3 所示。

图 3-3 基坑土方边坡实例

3.1.2 边坡系数

3.1.2.1 边坡系数的计算公式

由式(3-1)得

$$m = \frac{B}{H} \tag{3-2}$$

式中 m——边坡系数。

3.1.2.2 边坡系数的确定因素

土方边坡坡度可以按照《建筑地基基础工程施工施工质量验收规范》(GB 50202—2002)的规定或者设计文件规定确定。具体情况如下:

(1) 当土质均匀且地下水位低于基坑(槽)或管沟底面标高时,挖方深度不超过表 3-1 规定时,基坑坑壁可做成直立壁,不加支撑不放坡。

表 3-1　　　　　　　　　　直立壁不加支撑挖方深度

土 的 类 别	挖方深度/m
密实、中密的砂土和碎石(填充物为砂土)	1.00
硬塑、可塑的粉土及粉质黏土	1.25
硬塑、可塑的黏土和碎石类土(填充物为黏土类)	1.50
坚硬的黏土	2.00

(2) 当地质条件良好、土质均匀且地下水位低于基坑(槽)或管沟底面标高时,挖方深度在 5m 以内,不加支撑的边坡最陡坡度规定如表 3-2 所示。

表 3-2　　　深度在 5m 以内的基坑(槽)、管沟边坡的最陡坡度(不加支撑)

土 的 类 别	边坡坡度(高:宽)		
	坡顶无荷载	坡顶有静载	坡顶有动载
中密的砂土	1:1.00	1:1.25	1:1.50
中密的碎石类土(充填物为砂土)	1:0.75	1:1.00	1:1.25
硬塑的粉土	1:0.67	1:0.75	1:1.00
中密的碎石类土(充填物为黏性土)	1:0.50	1:0.67	1:0.75
硬塑的粉质黏土、黏土	1:0.33	1:0.50	1:0.67
老黄土	1:0.10	1:0.25	1:0.33
软土(经井点降水后)	1:1.00	—	—

注　静载指堆土或材料等,动载指机械挖土或汽车运输作业等。

3.1.3 边坡防止坍塌的措施

基坑(槽)或管沟挖好后,应及时进行基础工程或地下结构工程施工。在施工过程中,应经常检查坑壁的稳定情况。防止土坡失稳的措施如下:

(1) 为了保证边坡和直立壁的稳定性,在挖方边坡上侧堆土方或材料以及有施工机械行驶时,应与挖方边缘保持一定距离。

1) 当土质良好时,堆土或材料应距挖方边缘 0.8m 以外,高度不宜超过 1.5m。

2) 在软土地区开挖时,挖出的土方应随挖随运走,不得堆在边坡顶上,坡顶也不得堆放材料,更不得有动载,以避免由于地面上加荷载引起边坡塌方的事故。土坡的稳定性较差,严禁在边坡顶部堆土或堆放材料。

(2) 应该遵循先加固治理、后进行开挖的施工程序。

(3) 必须遵循自上而下的开挖顺序,严禁先切除坡脚;若先切除坡脚,则会使上部土体失去支承而容易产生土坡失稳。

(4) 保证边坡坡顶荷载符合规定要求，安全支护。

(5) 为了防止基坑边坡坍塌，在施工中必须做好地面水的排除，做好地面和地下排水设施，将地面水和地下水引走，合理施工。不宜在雨期施工，如果在雨期施工时，更应该注意检查基坑边坡的稳定性，必要时可适当放缓边坡坡度，或设置支护结构，以防止塌方。

(6) 基坑内的降水工作，应该持续到地下结构施工完成，坑内回填土完成为止。

(7) 当基坑开挖较深或晾槽时间较长时，边坡开挖完成后，应根据实行情况采取护面措施，常用的坡面保护方法有帆布、塑料薄膜覆盖法，水泥砂浆抹面法，坡面拉网法或挂网法，喷浆等方法进行土坡坡面防护，可有效防止土坡失稳。

3.2 边 坡 支 护

开挖基坑（槽）时，如果地质条件以及周围环境条件许可，采用放坡开挖是比较经济的。但是在建筑比较密集的地区施工，或者有地下水渗入基坑（槽）时，往往不可能按要求的坡度开挖放坡，此时就需要进行基坑（槽）支护，来保证开挖施工的顺利和安全进行，并且减少对相邻建筑和管线等的不利影响。

3.2.1 常用支护结构的作用和形式

3.2.1.1 支护结构的作用

基坑（槽）支护结构的主要作用是支撑基坑土壁，并且对基坑开挖卸荷时所产生的土压力和水压力，起到挡土和止水的作用，是基坑施工过程中的一种临时性设施，如钢板桩、混凝土板桩及水泥土搅拌桩等。

3.2.1.2 支护结构形式

基坑（槽）支护结构的形式有许多种，根据受力情况可分为横撑式支撑、板桩式支护结构、重力式支护结构、锚桩式支撑、排桩式支撑、土层锚杆式支护、土钉支护和地下连续墙支护等等，其中板桩式支护结构又分为悬臂式和支撑式。

3.2.2 常用支护结构施工技术

3.2.2.1 基槽支护结构施工

开挖较窄的沟槽时，多采用横撑式支撑，根据挡土板的情况，分为水平挡土板式和垂直挡土板式，如图3-4所示。水平挡土板式又分为间断式和连续式两种。湿度小的黏性土的挖土深度小于3m时，可采用间断式水平挡土板支撑；对松散、湿度大的土可采用连续式水平挡土板支撑，挖土深度可达到5m。对松散和湿度很大的土可采用垂直挡土板支撑，其挖土深度不受限制。

采用横撑式支撑时，应随挖随撑，支撑要牢固。施工中应经常检查，如有松动、变形等现象时，应及时加固或更换。支撑的拆除应按回填顺序依次进行，多层支撑应自下而上逐层拆除，随拆随填。拆除支撑时，应防止附近建筑物和构筑物等产生下沉和破坏，必要时应采取妥善的保护措施。

3.2.2.2 基坑支护

基坑支护结构一般根据地质条件、基坑挖土深度以及周边环境保护要求选择适宜的形

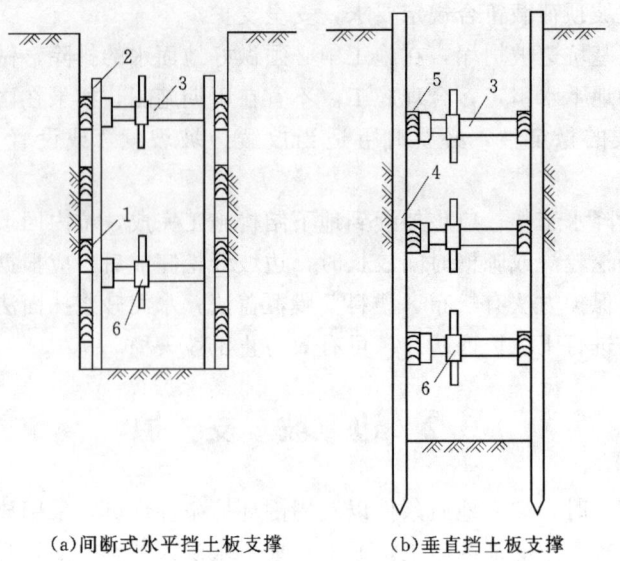

(a)间断式水平挡土板支撑　　　(b)垂直挡土板支撑

图3-4　横撑式支撑

1—水平挡土板；2—立柱；3—工具式横撑；4—垂直挡土板；
5—横楞木；6—调节螺栓

式。在支护结构的选用中首先要考虑对周边环境的保护，其次考虑要满足本工程地下结构施工的要求，此外还应尽可能降低造价、方便施工。

1. 重力式挡墙支护结构

重力式支护结构是通过加固基坑侧壁形成一定厚度的重力式挡墙，达到挡土的效果。常用的有深层搅拌水泥桩、土钉墙等形式。

（1）深层搅拌水泥桩。深层搅拌水泥土挡土桩利用水泥作固化剂，将地基土与水泥强制拌和，使土硬结形成具有一定强度和遇水稳定的水泥土加固桩，如图3-5所示。若将

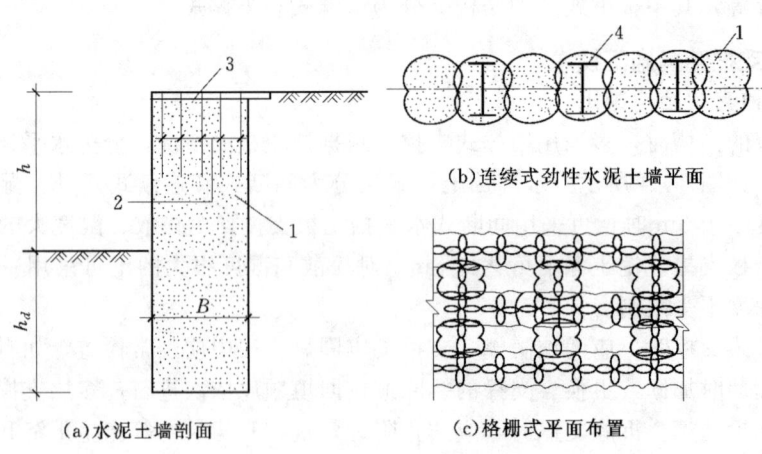

(a)水泥土墙剖面　　(b)连续式劲性水泥土墙平面　　(c)格栅式平面布置

图3-5　水泥土墙的一般构造

1—搅拌桩；2—插筋；3—面板；4—H型钢

深层水泥土单桩相互搭接施工,即形成连续整体的重力式挡土墙。常见的布置形式有：连续壁状挡土墙、块式和格栅式等挡土墙。深层搅拌水泥土挡土桩施工流程如图3-6所示。

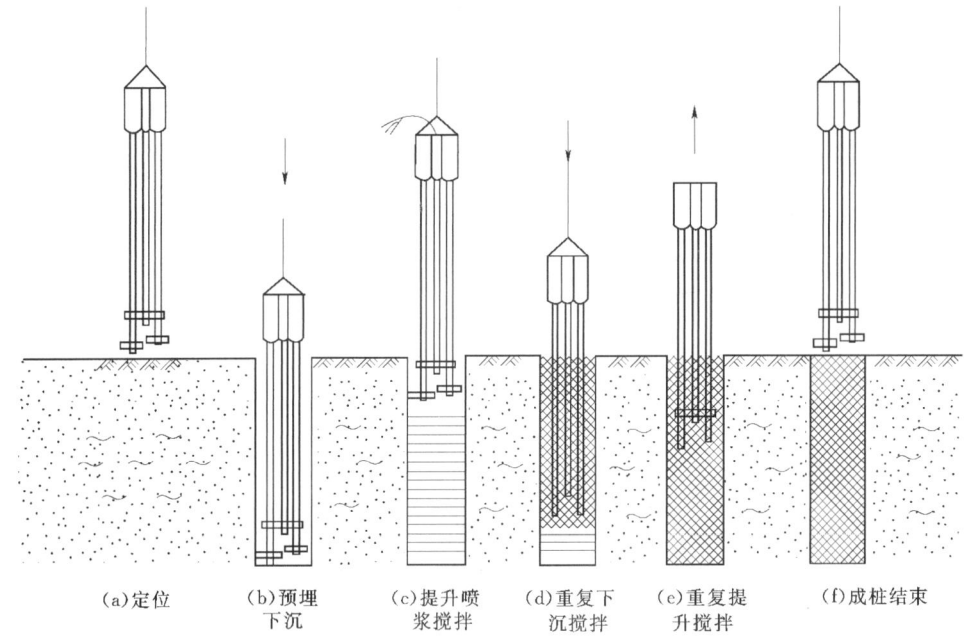

图3-6 深层搅拌水泥土挡土桩施工流程

(2) 土钉墙。土钉墙是近年发展起来的一种新型挡土结构。它是在坑壁内设置一定长度的钢筋或型钢,称为土钉,将土钉与坡面的钢丝网喷混凝土面板相结合而形成加筋原土重力式挡墙,起到挡土作用,提高了原土体的整体稳定性,如图3-7所示。

图3-7 土钉墙支护

土钉墙支护构造如图3-8所示。土钉墙高度由基坑开挖深度决定。土钉墙斜面坡度一般为70°~80°。土钉直径为16~32mm(常用25mm)的HRB335级钢筋,长度为开挖深度的0.5~1.2倍。钻孔直径为20~120mm。按梅花式方格布置,间距1~2m。土钉与水平面夹角一般为5°~20°。混凝土面板厚度为100mm。混凝土强度等级不低于C20,面板配筋直径为6~8mm、间距150~300mm的钢筋网。为了使土钉与面板连成整体，在土钉与钢筋网交接面上加一块钢垫板，用螺母固定。

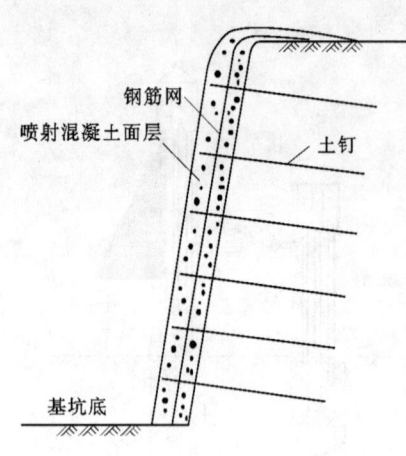

图3-8 土钉墙支护构造

土钉墙是随工作面开挖而分层分段施工的，上层土钉砂浆及喷射混凝土面层达到设计强度的70%后，方可开挖下层土方，进行下层土钉施工。每层的最大开挖高度取决于该土体可以直立而不坍塌的地方，一般取与土钉竖向间距相同，便于土钉施工。纵向分段开挖长度取决于施工流程的相互衔接，一般为10m左右。

土钉墙施工流程是：工作面开挖并修整坡面，埋设混凝土厚度控制标志，喷射第一层混凝土，钻孔、安设土钉、注浆，安装钢筋网、连接件，喷射第二层混凝土，预置坡顶、坡面及坡脚的排水系统。

2. 非重力式挡墙支护结构

由板桩（钢板桩、混凝土板桩），排桩（型钢桩、混凝土预制桩、钻孔浇注桩），地下连续墙等作为挡墙的支护结构，均属非重力式挡墙支护结构。

这类结构依靠挡墙本身的入土深度和刚度来维持坑壁整体稳定，也称为悬臂式支护结构。为了增强挡墙的抗弯能力，可增加大挡墙深度，或设置一道或多道内支撑或坑外拉锚支撑。

（1）钢板桩支护结构。采用钢板桩作坑壁支护结构适用于开挖深度不大于5m的软土地基，当开挖深度在4~5m时需设置支撑（拉锚）系统。

常用钢板截面形式如图3-9所示。平板桩防水和承受轴向压力性能良好，易打入地下，但长轴方向抗弯强度较小，如图3-9（a）所示。波浪式板桩的防水和抗弯性能都较好，施工中较多采用，如图3-9（b）所示。钢板桩施工现场如图3-10所示。

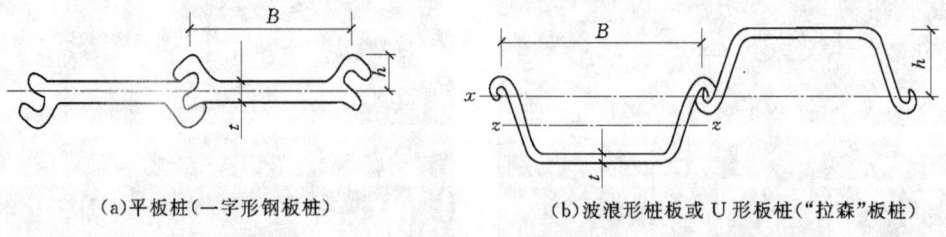

（a）平板桩（一字形钢板桩）　　　　　（b）波浪形桩板或U形板桩（"拉森"板桩）

图3-9 常用钢板桩截面形式

钢板桩施工要选择正确的打桩方法、打桩机械和流水段划分，以保证打设后的板桩墙有足够的刚度和防水作用。

1) 打桩方法的选择。钢板桩打入法一般分为：单独打入法和屏风式打入法。

钢板桩单独打入法是最普通的施工方法，该方法是从板桩墙的一角开始，逐块或逐组打设，直至打桩结束。这种方法操作简便、施工速度较快，不需要其他辅助支架。但是钢

3.2 边坡支护

图 3-10 钢板桩施工现场

板桩易向一侧倾斜,并且误差积累后不易纠正。适用于桩长小于 10m,且工程要求不高的钢板桩支撑施工情况。

2) 合理划分流水段。施工流水段的划分应使板桩墙面垂直,满足墙面支撑安装要求,有利于封闭合拢,使行车路线短。

3) 钢板桩打设准备工作。钢板桩、围檩支架的矫正修理;按施工图放板桩的轴线测标高,作为控制板桩入土深度的依据;桩锤不宜过重,以防桩头因过大锤击而产生纵向弯曲;准确安装好围檩支架。

4) 钢板桩的打设。先用吊车将钢板桩吊至插桩点处进行插桩,插桩时锁口要对准,每插入一块即套上桩帽轻轻加以锤击。钢板桩应该分几次打入。

5) 钢板桩的拔除。钢板桩的拔除方法根据采用的机械不同,分为静力拔桩、振动拔桩和冲击拔桩三种。

钢板桩拔除施工前应详细了解土质及板桩打入情况、基坑开挖后板桩的变形情况、周边环境情况等。拔桩作业过程中要保持机械设备处于良好的工作状态,拔桩时用拔桩机卡头卡紧桩头,使起拔线与桩中心线重合。

(2) 型钢桩支护结构。用于基坑侧壁支护的型钢有 H 型钢、工字钢、槽钢等。它适用于地下水位低于基坑底面的黏土等稳定性较好的土层。桩距根据土质和挖土深度而定。对松散土质在型钢之间应加挡土板。当地下水位高于基坑底面时,应先采取降水措施,如图 3-11 所示。

(3) 钻孔浇注排桩支护结构。钻孔浇注排桩是目前深基坑支护结构中应用较多的一种挡墙支护形式。

钻孔浇注桩常用直径为 600~1000mm,在排桩顶部浇筑钢筋混凝土圈梁,称为腰梁。随着基坑开挖深度加大,在露出的排桩壁上设置一道或几道内支撑。在土质较好的坑壁可以做成深度 7~8m 悬臂无撑无锚的支护。

1) 钻孔浇注排桩支护结构平面布置形式。根据有无挡水要求,通常采用连续式排列、间隔式排列和交错式排列三种,如图 3-12 所示。还可以根据土质条件、土压力大小以及

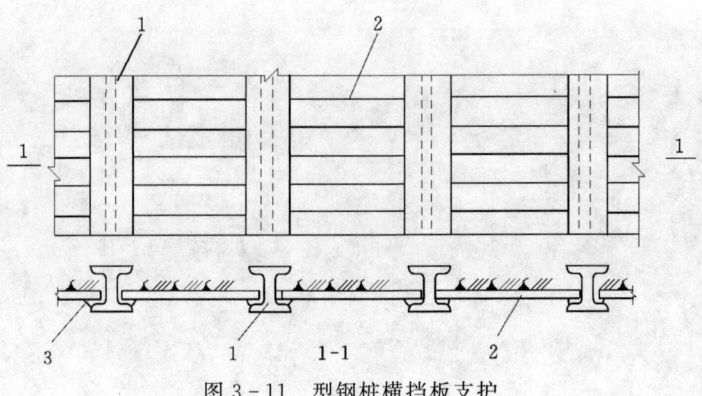

图 3-11 型钢桩横挡板支护
1—型钢桩;2—横向挡土板;3—木楔

地下水位情况选用。连续式排列桩在目前施工中还难以做到桩间紧密结合,桩之间仍然会有间隙,因此挡水效果差。间隔式排列桩挡墙也只能挡土不能挡水。常用于已经采取降水措施的基坑支护。当对挡墙有挡水要求,又没有采取降水措施的基坑支护可采用交错式排列,或采用两种以上方法的组合方法,挡水效果很好,如图 3-13 所示。

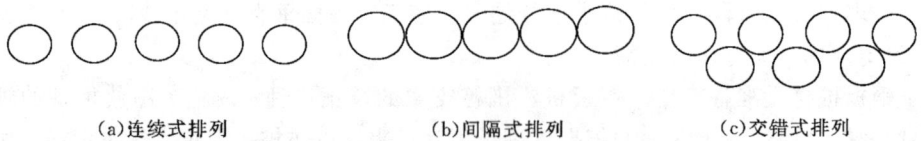

(a)连续式排列　　　(b)间隔式排列　　　(c)交错式排列

图 3-12　钻孔浇注桩挡墙平面布置形式

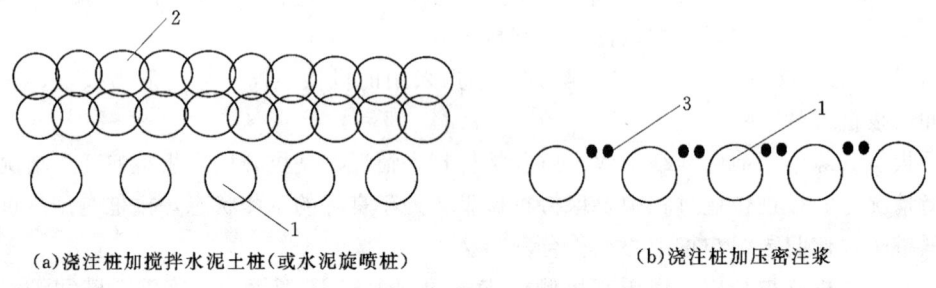

(a)浇注桩加搅拌水泥土桩(或水泥旋喷桩)　　　(b)浇注桩加压密注浆

图 3-13　挡土兼止水挡墙形式
1—浇注桩;2—水泥土桩(或旋喷桩);3—压密注浆

2) 钻孔浇注排桩施工。排桩式挡墙多用于软弱土层的两层地下室及其以下深基坑支护。具有平面布置灵活、施工工艺简单、无噪声、无挤土、成本低、对周围环境影响小等优点。浇注排桩支护结构常用直径为 800~1200mm 的人工挖孔桩,如图 3-14 所示。

钻孔浇注排桩施工时要采取间隔跳打,隔桩施工,并应在灌注混凝土 24h 后进行邻桩成孔施工,防止由于土体扰动对已浇筑的桩带来影响,排桩施工顺序,如图 3-15 所示。对于砂质土,可采用套打排桩的形式,如图 3-16 所示。对于有严重液化砂土地基先进行搅拌桩加固,然后在加固土中施工排桩以保证成孔质量,这就需要在搅拌桩结束后不久即进行排桩施工。

(a)　　　　　　　　　　　　　　(b)

图 3-14　钻孔浇注排桩施工现场

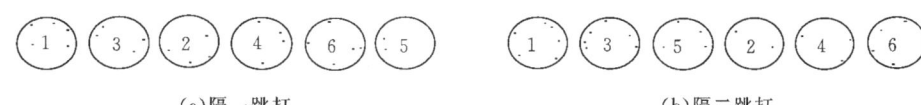

(a)隔一跳打　　　　　　　　　　(b)隔二跳打

图 3-15　排桩施工顺序

（4）地下连续墙。地下连续墙施工是在地面上采用专用挖槽机械设备，沿支护轴线，在泥浆护壁条件下，开挖出一条狭长深槽，清槽后在槽内吊放钢筋笼，然后用导管法浇筑水下混凝土，筑成一个单元槽段，如此逐段进行，在地下筑成一道连续的钢筋混凝土墙，作为截水、防渗、承重、挡土结构。

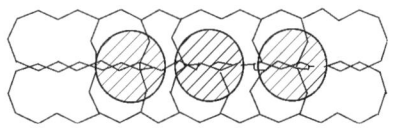

图 3-16　套打排桩

例如可按一个单元槽段长度（一般 6~8m），沿着深基础或地下构筑物周边轴线，利用膨润土泥浆护壁开挖深槽。

地下连续墙的优点是墙体刚度大、整体性好，基坑开挖过程安全性好，支护结构变形较小；施工振动小，噪声低，对环境影响小，墙身具有良好的抗渗能力，坑内降水时对坑外的影响较小；适用于密集建筑群中深基坑支护；可作为地下结构的外墙；可用于多种地质条件。由于地下连续墙施工机械的因素，其厚度具有固定的模数，不能像灌注桩一样对桩径和刚度进行灵活调整，并且地下连续墙的成本较高，因此，地下连续墙只应用于一定深度的基坑工程或其他特殊条件下，如图 3-17 所示。

1）地下连续墙挖槽机械设备。挖槽机械设备主要是深槽挖掘机、泥浆制备搅拌机及处理机具。地下连续墙挖掘机械有多头钻挖掘机及抓斗式挖掘机等。

2）地下连续墙施工过程。地下连续墙施工过程主要划分为三个阶段：准备工作阶段、成槽阶段和浇筑混凝土阶段。地下连续墙按单元槽段逐段施工。

地下连续墙施工过程如图 3-18 所示。

3. 支护结构撑锚体系

当基坑深度较大，悬臂的挡墙在强度和变形方面不能满足要求时，为了改善深基坑支护结构挡墙的受力状态，减少挡墙的变形和位移，需要设置支撑系统。支撑系统根据工作

图 3-17 地下连续墙施工现场

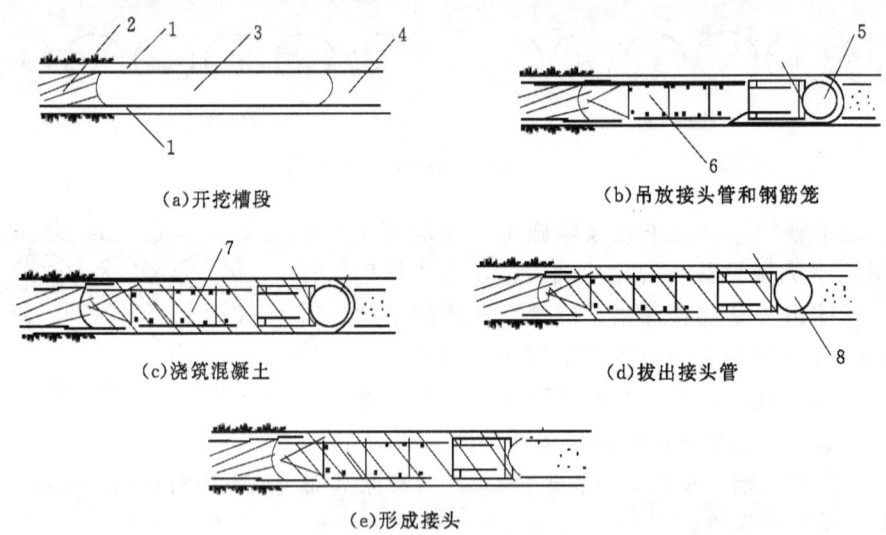

图 3-18 地下连续墙施工过程示意图

1—导墙；2—已浇筑混凝土的单元槽段；3—开挖的槽段；4—未开挖的槽段；5—接头管；
6—钢筋笼；7—正浇筑混凝土的单元槽段；8—接头管拔出后的孔洞

特点和设置部位，一般分为：基坑内支撑体系，如图 3-19（a）、(b) 所示，以及基坑外拉锚，如图 3-19（c）、(d) 所示。

(1) 基坑内支撑体系。坑内支撑体系是内撑式支护结构的重要组成部分。它由支撑、腰梁和立柱等构件组成，是承受挡墙所传递的土压力、水压力的结构体系。

坑内支撑体系可根据基坑宽度和深度的不同，采用无中间立柱的对撑，如图 3-20 (a) 所示，以及有中间立柱的单层或多层水平支撑，如图 3-20 (b) 所示；当基坑平面尺寸很大而开挖深度不太大时，可采用斜撑，如图 3-20（c）所示。坑内支撑体系可根据通常采用的材料分为钢结构支撑和钢筋混凝土结构支撑两类。

钢筋混凝土支撑通常为现场浇筑形成，其布置形式可随基坑形状而变化，因而有多种，如正交支撑、对撑、角撑、桁架式支撑、圆环形、拱形和椭圆形等多种形状支撑，如

图3-19 基坑撑锚体系施工现场

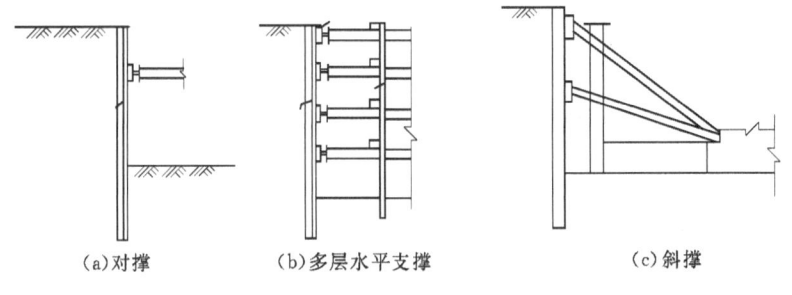

图3-20 内支撑形式

图3-21所示。

(2)坑外拉锚体系。坑外拉锚体系由受拉杆件与锚固体组成。根据拉锚体系的设置方式及位置不同,通常分为两种类型:

1)水平拉杆锚碇。它是沿基坑外地表水平设置的,如图3-22所示。水平拉杆一端与挡墙顶部连接,另一端锚固在锚碇上,用于承受挡墙所传递的土压力、水压力和附加荷载所产生的侧向压力。拉杆通过开沟浅埋于地表下,以免影响地面交通,锚碇位置应处于地层滑动面之外,以防止坑壁土体整体滑动时,引起支护结构整体失稳。拉杆通常采用粗钢筋或钢绞线。这种方法施工简便、经济可行,适用于土质条件较好、开挖深度不大、基坑周边有较开阔施工场地时的基坑支护。

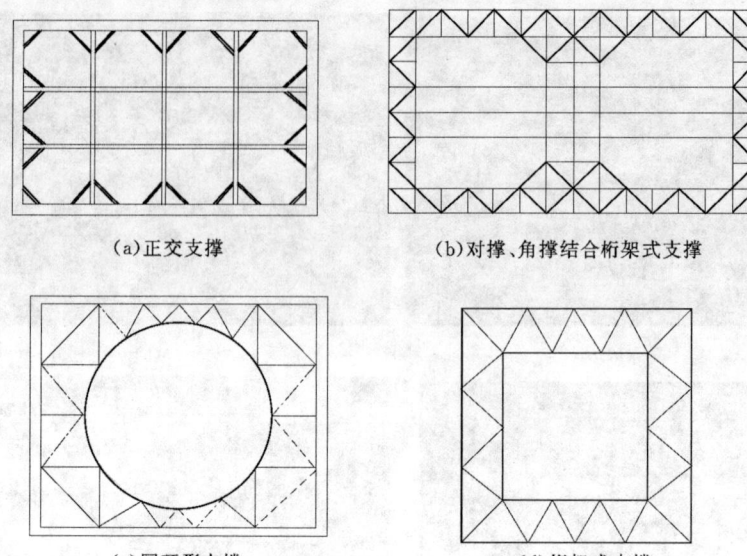

图 3-21 钢筋混凝土支撑布置形式

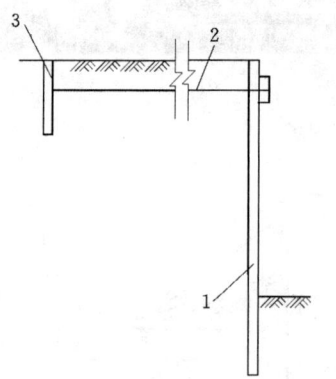

图 3-22 锚碇式支护结构
1—挡墙；2—拉杆；3—锚碇桩

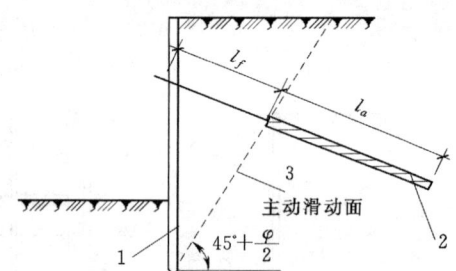

图 3-23 锚杆式支护结构
1—挡墙；2—拉杆；3—主动滑动面；
l_f—非锚固段长度；l_a—锚固段长度

2）土层锚杆。它是沿基坑外地层设置的，如图 3-23 所示。锚杆的一端与挡墙连接，另一端则为锚固体，锚固在坑外的稳定地层中。挡墙所承受的荷载通过锚固体传递给周围土层，从而发挥地层的自承能力。

土层锚杆适用于基坑开挖深度大，地质条件为砂土或黏性土地层的深基坑支护，当地质太差或环境不允许时（建筑红线外的地下空间不允许侵占或锚杆范围内存在着深基础、沟管等障碍物）不宜采用。

3.2.3 边坡支护施工安全技术

1. 土方开挖安全技术措施

（1）基坑开挖前，应在顶部四周设排水沟，并保持畅通，防止集水灌入而引发坍塌事故，基坑四周底部设置集水坑；放坡开挖时，应对坡顶、坡面、坡脚采取降排水措施。

（2）基坑开挖临边及栈桥两侧应设置防护栏杆，并且坑边严禁超堆荷载。

（3）机械挖土严禁无关人员进入场地内，挖掘机工作半径范围内不得站人或进行其他作业。应采取措施防止机械碰撞支护结构、工程桩、降水设备等。

（4）采用人工挖土时，两个人操作间距应大于3m，不得对头挖土；挖土面积较大时，每人工作面不小于$6m^2$。

（5）土方开挖后，应及时设置支撑，并观察支撑的变形情况，发现异常及时处理。

（6）夜间土方开挖施工应配备足够的照明设施，主干道交通不留盲点。

（7）土方回填应按要求由深到浅分层进行，填好一层拆除一层支撑。

2. 支撑施工安全技术措施

（1）吊装钢支撑时，严禁人员进入起重设备回转半径内。

（2）吊装长构件时必须加强指挥，避免因惯性等原因发生碰撞事故。

（3）经常检查起吊钢丝绳损坏情况，如断丝超出要求立即更换。

（4）吊车司机、指挥、电焊工、电工必须持证上岗。严格遵守吊装"十不吊"规定。

（5）拆除钢筋混凝土支撑下模板时，应搭设排架进行拆除作业，下方严禁站人。

（6）钢筋混凝土支撑拆除时，应分段、分块逐步拆除，并且注意对已有结构的保护。

3. 施工用电安全技术措施

（1）施工现场的电气设备设施必须制定有效的安全管理制度，现场电线、电气设备设施必须应该由专业电工定期检查整理，发现问题必须立即解决。

（2）现场施工用电采用三相五线制。照明与动力用电分开，插座上标明设备使用名称。

（3）配电箱的电缆应有套管，电线进出不许混乱。

（4）照明导线应用绝缘子固定。严禁使用花线或塑料胶质线。导线不得随地拖拉或绑在脚手架上。

（5）电箱内开关电器必须完整无损，接线正确。

【复习与思考题】

1. 什么是土方边坡？边坡的计算公式内容是怎样的？
2. 边坡的形式有哪些？
3. 什么是边坡系数？边坡坡度与边坡系数之间是什么关系？
4. 边坡系数确定有哪些影响因素？
5. 如何防止边坡坍塌？
6. 常用支护结构形式有哪些？
7. 基槽支护结构有哪些形式？
8. 深层搅拌水泥桩的工作原理是什么？
9. 什么是土钉墙？土钉墙的构造有哪些？
10. 钢板桩支护结构的工作原理是什么？

11. 钢板桩支护结构的打桩方法有哪些?
12. 钻孔浇筑排桩的工作原理是什么?
13. 钻孔浇筑排桩平面布置形式有哪些?
14. 钻孔浇筑排桩的施工过程是怎样的?
15. 地下连续墙的工作原理是什么?
16. 地下连续墙的施工有哪几个阶段?
17. 支撑系统有哪几种类型?
18. 基坑内支撑体系有哪几种形式?
19. 坑外拉锚体系有哪几种形式?
20. 简要说明边坡支护施工的安全技术。

第4章 基坑（槽）降水与排水

【学习目标】

通过本章的学习，要求学生达到以下学习目标：

1. 了解流砂产生的条件及防止措施。
2. 熟悉集水井降水法工艺要求。
3. 掌握轻型井点降水井点布置、施工工艺，能进行轻型井点降水计算。
4. 了解其他常用的井点降水方法，掌握工艺要求。

基坑的排水降水方法很多，一般常用的有明排水法和井点降水法两类。

（1）明排水法是在基坑开挖过程中，在坑底设置集水井，并沿坑底的周围或中央开挖排水沟，使水流入集水井内，然后用水泵抽出坑外。明排水法包括普通明沟排水法和分层明沟排水法。

（2）井点降水法是在基坑的周围埋下深于基坑底的井点或管井，以总管连接抽水，使地下水位下降形成一个降落漏斗，并降低到坑底以下 0.5～1.0m，从而保证可在干燥无水的状态下挖土，不但可防止流沙、基坑边坡失稳等问题，而且便于施工。井点降水方法的种类有单层轻型井点、多层轻型井点、喷射井点、电渗井点、管井井点、深井井点等。

井点降水法可根据土的种类、透水层位置、厚度、土的渗透系数；水的补给源、井点布置形式、要求降水深度、邻近建筑、管线情况、工程特点、场地及设备条件以及施工技术水平等情况，作出技术经济和节能比较后确定，选用一种或两种，或井点与明沟排水综合使用，可参照表 4-1 选用。

表 4-1　　　　　　　　　　各类井点的适用范围

井点类型	土层渗透系数 /(m/d)	降低水位深度/m	适用土层种类
单层轻型井点	0.1～80	3～6	粉砂、砂质粉土、黏质粉土、含薄层粉砂层的粉质黏土
多层轻型井点	0.1～80	6～12（由井点级数决定）	粉砂、砂质粉土、黏质粉土、含薄层粉砂层的粉质黏土
喷射井点	0.1～50	8～20	粉砂、砂质粉土、黏质粉土、粉质黏土、含薄层粉砂层的淤泥质粉质黏土
电渗井点	≤0.1	根据阴极井点确定（宜配合其他形式降水使用）	淤泥质粉质黏土、淤泥质黏土
管井井点	20～200	3～5	各种砂土、砂质粉土
深井井点	10～80	≥10 或降低深部地层承压水头	各种砂土、砂质粉土

一般讲，当土质情况良好，土的降水深度不大时，可采用单层轻型井点；当降水深度超过6m，且土层垂直渗透系数较小时，宜用二级轻型井点或多层轻型井点，或在坑中另布置井点，以分别降低上层土及下层土的水位。当土的渗透系数小于0.1m/d时，可在一侧增加电极，改用电渗井点降水；如土质较差，降水深度较大，采用多层轻型井点设备增多，土方量增大，经济上不合算时，可采用喷射井点降水较为适宜；如果降水深度不大，土的渗透系数大，涌水量大，降水时间长，可选用管井井点；如果降水很深，涌水量大，土层复杂多变，降水时间很长，此时宜选用深井井点降水，最为有效而经济。当各种井点降水方法影响邻近建筑物产生不均匀沉降和使用安全，应采用回灌井点或在基坑有建筑物一侧采用旋喷桩加固土壤和防渗，对侧壁和坑底进行加固处理。

4.1 明沟和集水井降（排）水

4.1.1 施工布置

4.1.1.1 普通明沟排水法

普通明沟排水法是采用截、疏、抽的方法进行排水，即在开挖基坑时，沿坑底周围或中央开挖排水沟，再在沟底设置集水井，使基坑内的水经排水沟流入集水井内，然后用水泵抽出坑外，如图4-1所示。

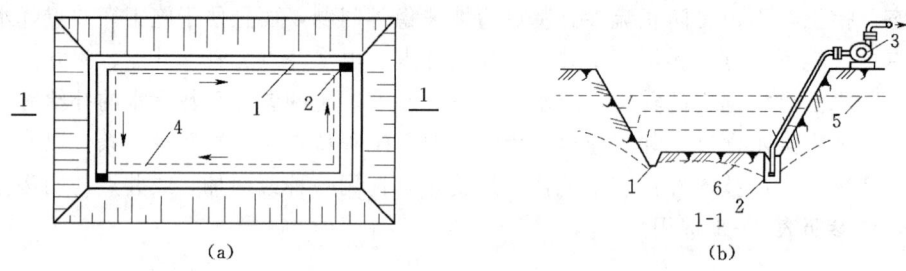

图4-1 明沟、集水井排水方法
1—排水明沟；2—集水井；3—离心式水泵；4—设备基础含建筑物基础边线；
5—原地下水位线；6—降低后地下水位线

根据地下水量、基坑平面形状及水泵的抽水能力，每隔30～40m设置一个集水井。集水井的截面一般为0.6m×0.6m～0.8m×0.8m，其深度随着挖土的加深而加深，并保持低于挖土面0.8～1.0m，井壁可用竹笼、砖圈、木枋或钢筋笼等做简易加固；当基坑挖至设计标高后，井底应低于坑底1～2m，并铺设0.3m碎石滤水层，以免由于抽水时间较长而将泥砂抽出，并防止井底的土被扰动。一般基坑排水沟深0.3～0.6m，底宽应不小于0.3m，排水沟的边坡为1.1～1.5m，沟底设有0.2%～0.5%的纵坡，其深度随着挖土的加深而加深，并保持水流的畅通。基坑四周的排水沟及集水井必须设置在基础范围以外，以及地下水流的上游。

4.1.1.2 分层明沟排水法

如果基坑较深，开挖土层由多种土壤组成，中部夹有透水性强的砂类土壤时，为避免上层地下水冲刷下部边坡，造成塌方，可在基坑边坡上设置2～3层明沟及相应的集水井，分层阻截土层中的地下水，如图4-2所示。这样一层一层地加深排水沟和集水井，逐步达到设计要求的基坑断面和坑底标高，其排水沟与集水井的设置及基本构造，基本与普通明沟排水法相同。

4.1.2 施工机具及选用

集水明排水是用水泵从集水井中排水，常用的水泵有潜水泵、离心式水泵和泥浆泵，其技术性能见表4-2～表4-5。排水所需水泵的功率按下式计算：

$$N=\frac{K_1 QH}{75\eta_1 \eta_2} \quad (4-1)$$

式中 K_1——安全系数，一般取2；
Q——基坑涌水量，m^3/d；
H——包括扬水、吸水及各种阻力造成的水头损失在内的总高度，m；
η_1——水泵效率，取0.4～0.5；
η_2——动力机械效率，取0.75～0.85。

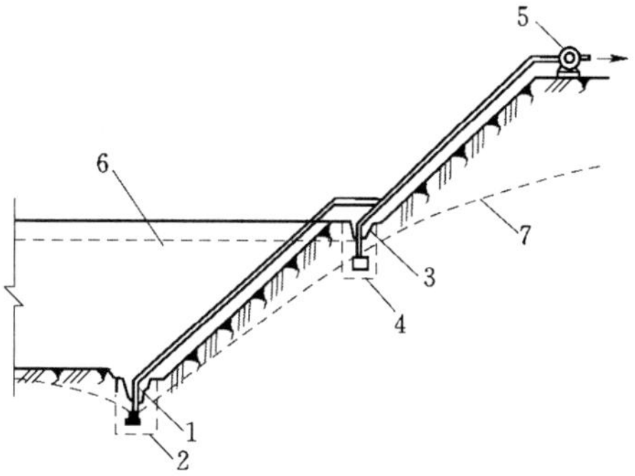

图4-2 分层明沟、集水井排水法
1—底层排水沟；2—底层集水井；3—二层排水沟；4—二层集水井；5—水泵；6—原地下水位线；7—降低后地下水位线

一般所选用水泵的排水量为基坑涌水量的1.5～2.0倍。

表4-2　　　　　　　　　　　　潜水泵技术性能

型　号	流量/(m³/d)	扬程/m	电机功率/kW	转速/(r/min)	电流/A	质量/kg
QY-3.5	100	3.5	2.2	2800	6.5	380
QY-1	65	7	2.2	2800	6.5	380
QY-15	25	15	2.2	2800	6.5	380
QY-25	15	25	2.2	2800	7.5	380
JQB-1.5-6	10～22.5	28～20	2.2	2800	7.5	380
JQB-2-10	15～32.5	21～12	2.2	2800	7.5	380
JQB-4-31	50～90	8.2～4.7	2.2	2800	7.5	380
JQB-5-69	80～120	5.1～3.1	2.2	2800	7.5	380
7.5JQB8-97	288	4.5	7.5	—	—	380
1.5JQB2-10	18	14	1.5	—	—	380
2Z6	15	25	4.0	—	—	380
JTS2-10	25	15	2.2	2800	5.4	380

表 4-3　　　　　　　　　　　　B 型离心水泵主要技术性能

水泵型号	流量/(m³/d)	扬程/m	吸程/m	电机功率/kW	质量/kg
$1\frac{1}{2}$B-17	6～14	20.3～14.0	6.6～6.0	1.5	17.0
2B-31	10～30	34.5～24.0	8.2～5.7	4.0	37.0
2B-19	11～25	21.0～16.0	8.0～6.0	2.2	19.0
3B-19	32.4～52.2	21.5～15.6	6.2～5.0	4.0	23.0
3B-33	30～55	35.5～28.8	6.7～3.0	7.5	40.0
3B-57	30～70	62.0～44.5	7.7～4.7	17.0	70.0
4B-15	54～99	17.6～10.0	5.0	5.5	27.0
4B-20	65～110	22.6～17.1	5.0	10.0	51.6
4B-35	65～120	37.7～28.0	6.7～3.3	17.0	48.0
4B-51	70～120	59.0～43.0	5.0～3.5	30.0	78.0
4B-91	65～135	98.0～72.5	7.1～40.0	55.0	89.0
6B-13	126～187	14.3～9.6	5.9～5.0	10.0	88.0
6B-20	110～200	22.7～17.1	8.5～7.0	17.0	104.0
6B-33	110～200	36.5～29.2	6.6～5.2	30.0	117.0
8B-13	216～324	14.5～11.0	5.5～4.5	17.0	111.0
8B-18	220～360	20.0～14.0	6.2～5.0	22.0	—
8B-29	220～340	32.0～25.4	6.5～4.7	40.0	139.0

表 4-4　　　　　　　　　　　　BA 型离心水泵主要技术性能

水泵型号	流量/(m³/d)	扬程/m	吸程/m	电机功率/kW	外形尺寸(长×宽×高)/(mm×mm×mm)	质量/kg
$1\frac{1}{2}$BA-6	11.0	17.4	6.7	1.5	370×225×240	30
2BA-6	20.0	38.0	7.2	4.0	524×337×295	35
2BA-9	20.0	18.5	6.8	2.2	534×319×270	36
3BA-6	60.0	50.0	5.6	17.0	714×368×410	116
3BA-9	45.0	32.6	5.5	7.5	623×350×310	60
3BA-13	45.0	18.8	5.5	4.0	554×344×275	41
4BA-6	115.0	81.0	5.5	55.0	730×430×440	138
4BA-8	109.0	47.6	3.8	30.0	722×402×425	116
4BA-12	90.0	34.6	5.5	17.0	725×387×400	108
4BA-18	90.0	20.0	5.0	10.0	631×365×310	65
4BA-25	79.0	14.8	5.0	5.5	571×301×295	44
6BA-8	170.0	32.5	5.9	30.0	759×528×480	166
6BA-12	160.0	20.1	7.9	17.0	747×490×450	146
6BA-18	162.0	12.5	5.5	10.0	748×470×420	134
8BA-12	280.0	29.1	5.6	40.0	809×584×490	191
8BA-18	285.0	18.0	5.5	22.0	786×560×480	180
8BA-25	270.0	12.7	5.0	17.0	779×512×480	143

表 4-5　　　泥浆泵主要技术性能

泥浆泵型号	流量/(m³/d)	扬程/m	电机功率/kW	泵口径/mm 吸入口	泵口径/mm 出口	外形尺寸（长×宽×高）/(mm×mm×mm)	质量/kg
3PN	108	21	22	125	75	0.76×0.59×0.52	450
3PNL	108	21	22	160	90	1.27×5.1×1.63	300
4PN	100	50	75	75	150	1.49×0.84×1.085	1000
$2\frac{1}{2}$NWL	25～45	5.8～3.6	1.5	70	60	1.247（长）	61.5
3NWL	55～95	9.8～7.9	3	90	70	1.677（长）	63
BW600/30	(600)	300	38	102	64	2.106×1.051×1.36	1450
BW200/30	(200)	300	13	75	45	1.79×0.695×0.865	578
BW200/40	(200)	400	18	89	38	1.67×0.89×1.6	680

注　表中带括号的数量单位为 L/min。

4.2　轻型井点降水

4.2.1　工作原理与设备组成

轻型井点降低地下水位是沿基坑周围以一定的间距埋入井点管（下端为滤管），在地面上用水平铺设的集水总管将各井点管连接起来，在一定位置设置离心泵和水力喷射器，离心泵驱动工作水，当水流通过喷嘴时形成局部真空，地下水在真空吸力的作用下经滤管进入井管，然后经集水总管排出，从而降低了水位。

轻型井点系统由井点管、连接管、集水总管及抽水设备等组成，如图 4-3 所示。

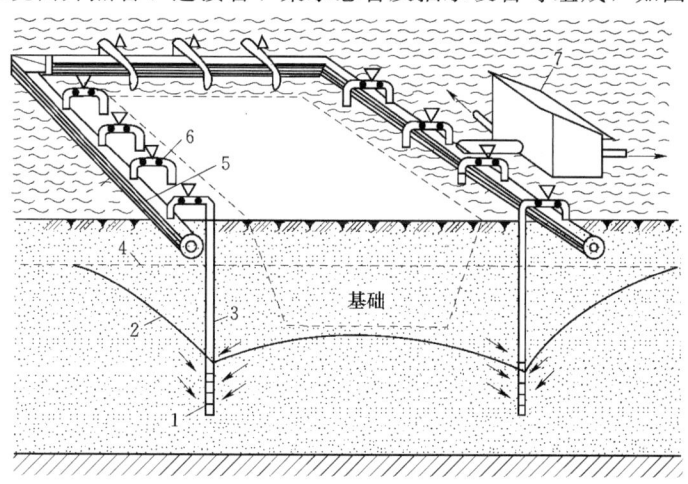

图 4-3　轻型井点降低地下水位全貌示意图
1—滤管；2—降低各地下水位线；3—井点管；4—原有地下水位线；
5—总管；6—弯联管；7—水泵房

(1) 井点管。井点管多用无缝钢管，长度一般为 5～7m，用直径为 38～55mm 的钢管。井点管的下端装有滤管和管尖。滤管直径常与井点管直径相同，长度为 1.0～1.7m，管壁上钻有直径为 12～18mm 的星棋状排列滤孔。管壁外包两层滤网，内层为细滤网，采用 30～50 孔/cm 的黄铜丝布或生丝布，外层为粗滤网，采用 8～10 孔/cm 的铁丝布或尼龙丝布。常用的滤网类型有方织网、斜织网和平织网。一般在细砂中适宜采用平织网，中砂中宜采用斜织网，粗砂、砾石中则用方织网。为避免滤孔淤塞，在管壁与滤网间用铁丝绕成螺旋形隔开，滤网外面再围一层 8 号粗铁丝保护网。滤管下端放一个锥形铸铁头以利于井管插埋。井点管的上端用弯管接头与总管相连。

(2) 连接管与集水总管。连接管用胶皮管、塑料透明管或钢管弯头制成，直径为 38～55mm。每个连接管均宜装设阀门，以便检修井点。集水总管一般用直径为 100～127mm 的钢管分布连接，每节长约 4m，其上装有与井点管相连接的短接头，间距 0.8m 或 1.2m 或 1.6m。

(3) 抽水设备。现在多使用射流泵井点。它采用离心泵驱动工作水运转，当水流通过喷嘴时，由于截面收缩，流速突然增大而在周围产生真空，把地下水吸出，而水箱内的水呈一个大气压的天然状态。射流泵能产生较高真空度，但排气量小，稍有漏气则真空度易下降，因此它带动的井点管根数较少。但它耗电少、重量轻、体积小、机动灵活。

4.2.2 轻型井点布置和计算
4.2.2.1 轻型井点布置形式

轻型井点系统的布置，应根据基坑平面形状及尺寸、基坑的深度、土质、地下水位及流向、降水深度等因素确定。设计时主要考虑平面和高程两个方面。

1. 平面布置

当基坑或沟槽宽度小于 6m，降水深度不超过 5m 时，可采用单排井点，将井点管布置在地下水流的上游一侧，两端延伸长度不小于坑槽宽度，如图 4-4 所示。反之，则应采用双排井点，位于地下水流上游一排井点管的间距应小些，下游一排井点管的间距可大些。当基坑面积较大时，则应采用环形井点，如图 4-5 所示。井点管距离基坑壁不应小于 1～1.5m，间距一般为 0.8～1.6m。

2. 高程布置

轻型井点的降水深度从理论上讲可达 10m 左右，但由于抽水设备的水头损失，实际降水深度一般不大于 6m。井点管的埋设深度 H（不包括滤管）可按下式计算：

$$H \geqslant H_1 + h + iL$$

式中　H_1——井点管埋设面到基坑底面的距离，m；

　　　　h——基坑底面至降低后的地下水位线的距离，一般取 0.5～1.0m（人工开挖取下限，机械开挖取上限）；

　　　　i——降水曲线坡度，可取实测值或按经验，单排井点取 1/4，环形井点取 1/10～1/15；

　　　　L——井点管中心至基坑中心的水平距离，m。

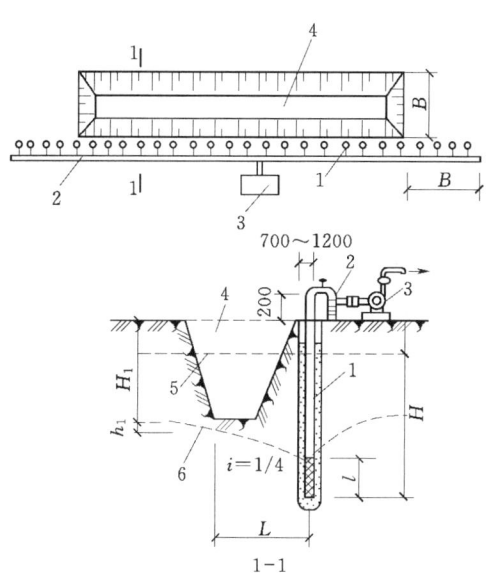

图 4-4 单排线状井点布置（单位：mm）
1—井点管；2—集水总管；3—抽水设备；4—基槽；
5—原地下水位线；6—降低后地下水位线

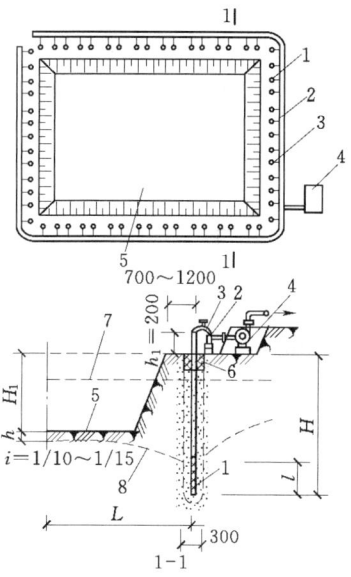

图 4-5 环形井点布置图（单位：mm）
1—井点管；2—集水总管；3—弯联管；4—抽水设备；
5—基坑底；6—黏土封口；7—原地下水位线；
8—降低后地下水位线

如 H 值小于降水深度 6m 时，可用一级井点；H 值稍大于 6m 时，若降低井点管的埋设面后，可满足降水深度要求时，仍可采用一级井点；当一级井点达不到降水深度要求时，可采用二级井点或多级井点，即先挖去第一级井点所疏干的土，然后在其底部埋设第二级井点，如图 4-6 所示。

此外，在确定井点管埋置深度时，还需要考虑井点管露出地面 0.2~0.3m，滤管必须埋在透水层内等。

4.2.2.2 轻型井点计算

1. 基坑总涌水量计算

根据水井理论，水井分为潜水（无压）完整井、潜水（无压）非完整井、承压完整井、承压非完整井。这几种井的涌水量计算各不相同。

（1）均质含水层潜水完整井基坑涌水量计算。

1）基坑远离地面水源时，如图 4-7（a）所示。

$$Q=1.366K\frac{(2H-S)S}{\lg\left(1+\dfrac{R}{r_0}\right)} \quad (4-2)$$

式中 K——土的渗透系数，m/d；
H——潜水含水层厚度，m；

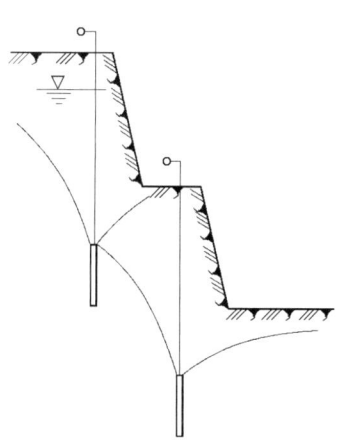

图 4-6 二级井点

S——基坑水位降深，m；
R——降水影响半径，m；
r_0——基坑等效半径，m；
Q——基坑总涌水量，m³/d。

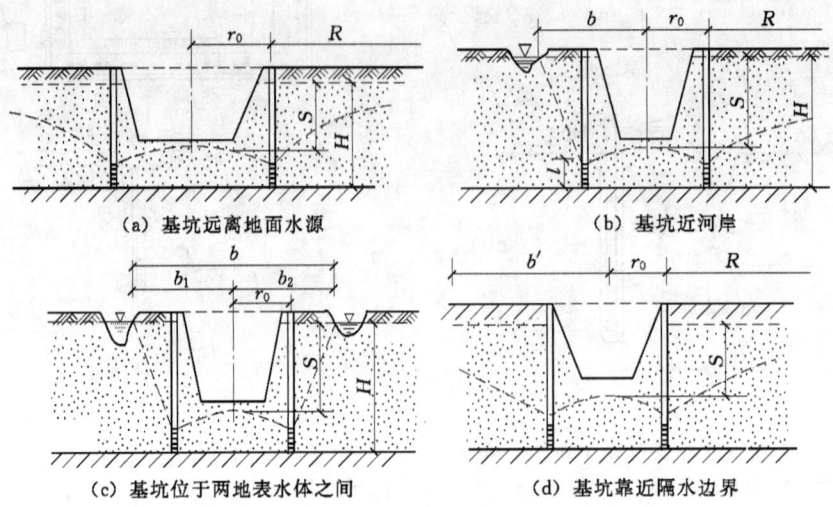

图 4-7 均质含水层潜水完整井基坑涌水量计算简图

降水影响半径宜根据试验确定，基坑安全等级为二级、三级，当为潜水含水层时：

$$R = 2S\sqrt{kH} \tag{4-3}$$

当为承压水时：

$$R = 10S\sqrt{kH} \tag{4-4}$$

基坑等效半径当基坑为圆形时就是基坑半径，当基坑为矩形时：

$$r_0 = 0.29(a+b) \tag{4-5}$$

当基坑为不规则形状时：

$$r_0 = \sqrt{\frac{A}{\pi}} \tag{4-6}$$

2）基坑近河岸时，如图 4-7（b）所示。

$$Q = 1.366K \frac{(2H-S)S}{\lg \frac{2b}{r_0}} \tag{4-7}$$

式中 b——基坑中心到河岸的距离，$b < 0.5R$，m；
Q——基坑总涌水量，m³/d。

3）基坑位于两地表水体之间或位于补给区与排泄区之间时，如图 4-7（c）所示，计算公式为

$$Q = 1.366K \frac{(2H-S)S}{\lg\left[\frac{2(b_1+b_2)}{\pi r_0}\cos\frac{\pi}{2}\frac{(b_1-b_2)}{(b_1+b_2)}\right]} \tag{4-8}$$

4）当基坑靠近隔水边界时，如图 4-7（d）所示，计算公式为

4.2 轻型井点降水

$$Q=1.366K\frac{(2H-S)S}{2\lg(R+r_0)-\lg r_0(2b'+r_0)} \qquad (4-9)$$

(2) 均质含水层潜水非完整井基坑涌水量计算。

1) 基坑远离地面水源时，如图 4-8 (a) 所示。

$$Q=1.366K\frac{H^2-h^2}{\lg\left(1+\frac{R}{r_0}\right)+\frac{h_m-l}{l}\lg\left(1+0.2\frac{h_m}{r_0}\right)} \qquad (4-10)$$

其中
$$h_m=\frac{H+h}{2}$$

式中　l——过滤器长度，m；
　　　R——降水影响半径，m；
　　　r_0——基坑等效半径，m；
　　　Q——基坑总涌水量，m^3/d。

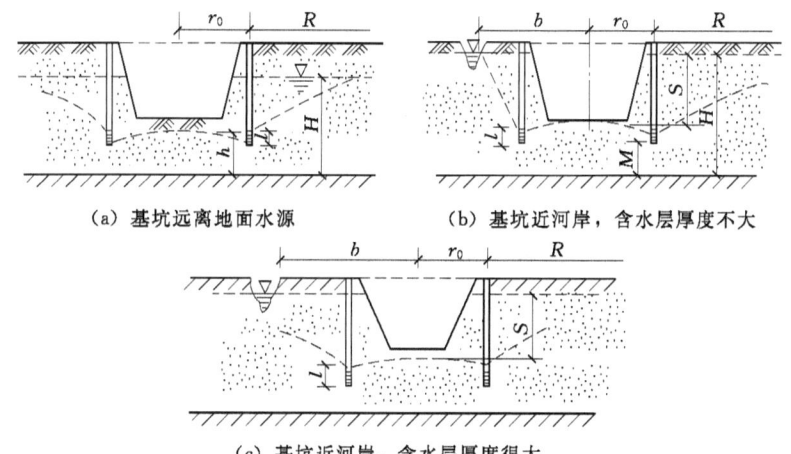

图 4-8　均质含水层潜水非完整井涌水量计算简图

2) 基坑近河岸（含水层厚度不大时，即 $b>\frac{M}{2}$）时，如图 4-8 (b) 所示。

$$Q=1.366K\left(\frac{l+S}{\lg\frac{2b}{r_0}}+\frac{l}{\lg\frac{0.66l}{r_0}+0.25\frac{l}{M}\lg\frac{b^2}{M^2-0.14l^2}}\right) \qquad (4-11)$$

式中　b——基坑中心至河岸的距离，$b>\frac{M}{2}$；
　　　M——过滤器向下至不透水土层的深度，m。

3) 基坑靠近河岸，含水层厚度很大时，如图 4-8 (c) 所示，计算公式如下：

$$Q=1.366KS\left(\frac{l+S}{\lg\frac{2b}{r_0}}+\frac{l}{\lg\frac{0.66l}{r_0}-0.22\text{arsh}\frac{0.44l}{b}}\right) \qquad (4-12)$$

式中　$b>l$。

(3) 均质含水层承压水完整井基坑涌水量计算。

1) 基坑远离地面水源时,如图4-9(a)所示,计算公式如下:

$$Q = 2.73K \frac{MS}{\lg\left(1+\dfrac{R}{r_0}\right)} \tag{4-13}$$

式中 M——承压水厚度,m。

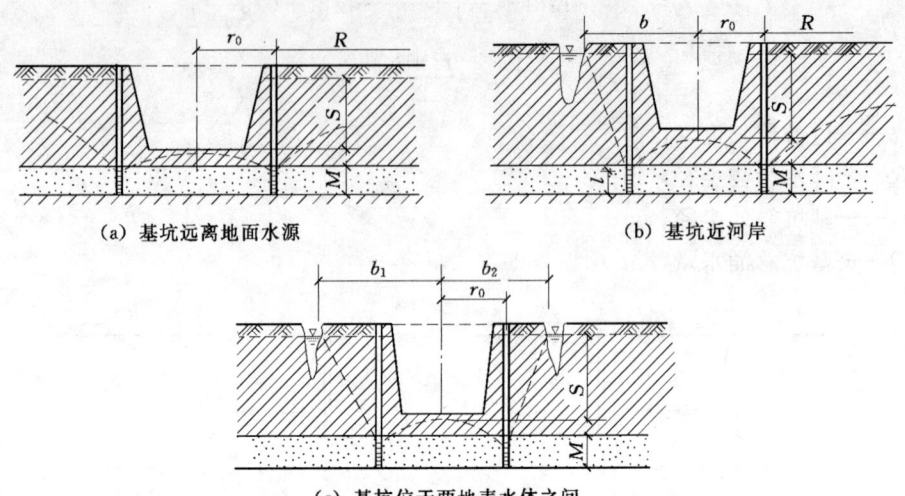

(a) 基坑远离地面水源   (b) 基坑近河岸

(c) 基抗位于两地表水体之间

图4-9 均质含水层承压水完整井涌水量计算简图

2) 基坑近河岸时,如图4-9(b)所示,计算公式如下:

$$Q = 2.73K \frac{MS}{\lg\dfrac{2b}{r_0}} \tag{4-14}$$

式中 b——基坑中心至河岸的距离,$b < 0.5 r_0$。

3) 基坑位于两地表水体之间或位于补给区或位于补结区与排泄区之间时,如图4-9(c)所示,计算公式如下:

$$Q = 2.73K \frac{(2M-S)S}{\lg\left[\dfrac{2(b_1+b_2)}{\pi r_0}\cos\dfrac{\pi}{2}\dfrac{(b_1-b_2)}{(b_1+b_2)}\right]} \tag{4-15}$$

(4) 均质含水层承压水非完整井基坑涌水量计算,如图4-10所示。

$$Q = 2.73k \frac{MS}{\lg\left(1+\dfrac{R}{r_0}\right)+\dfrac{M-l}{l}\lg\left(1+0.2\dfrac{M}{r_0}\right)} \tag{4-16}$$

(5) 均质含水层承压-潜水非完整井基坑涌水量计算,如图4-11所示。

$$Q = 1.366K \frac{(2H-M)M - h_2}{\lg\left(1+\dfrac{R}{r_0}\right)} \tag{4-17}$$

4.2 轻型井点降水

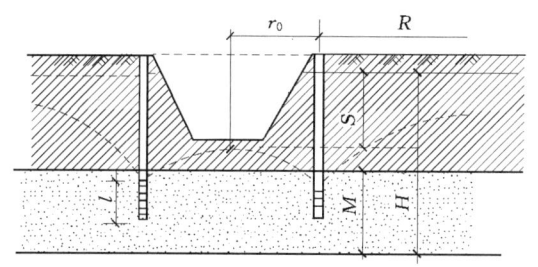

图 4-10 均质含水层承压水非完整井
基坑涌水量计算简图

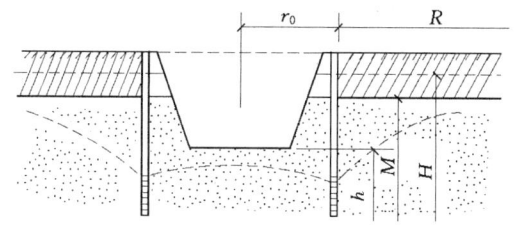

图 4-11 均质含水层承压-潜水非完整井
基坑涌水量计算简图

2. 降水井（井点和管井）数量

$$n = 1.1 \frac{Q}{q} \quad (4-18)$$

其中

$$q = 120\pi r_s l \sqrt[3]{k} \quad (4-19)$$

式中 Q——基坑总涌水量；

q——设计单井出水量，真空井点出水量可按 $36 \sim 60 \mathrm{m}^3/\mathrm{d}$ 确定；管井的出水量 q（m^3/d）按式（4-19）确定；

r_s——过滤器半径，m；

l——过滤器进水部分长度，m；

k——含水层的渗透系数，m/d。

3. 过滤器长度计算

真空井点和喷射井点的过滤器长度，不宜小于含水层厚度的 $\frac{1}{3}$。管井过滤器长度宜与含水层厚度一致。

群井抽水时，各井点单井过滤器进水部分长度应符合下述条件：

$$y_0 > l \quad (4-20)$$

式中 y_0——单井井管进水长度，按式（4-21）和式（4-22）计算。

（1）潜水完整井。

$$y_0 = \sqrt{H^2 - \frac{0.732Q}{k}\left(\lg R_0 - \frac{1}{n}\lg n r_0^{n-1} r_w\right)} \quad (4-21)$$

$$R_0 = r_0 + R$$

式中 r_0——基坑等效半径；

r_w——管井半径；

H——潜水含水层厚度；

R_0——基坑等效半径与降水影响半径之和；

R——降水井影响半径。

（2）承压完整井。

$$y_0 = \sqrt{H' - \frac{0.366Q}{kM}\left(\lg R_0 - \frac{1}{n}\lg n r_0^{n-1} r_w\right)} \quad (4-22)$$

式中 H'——承压水位至该承压含水层底板的距离;

M——承压含水层厚度。

当滤管工作部分长度小于 2/3 含水层厚度时,应采用非完整井公式计算。若不满足上式条件,应调整井点数量和井点间距,再进行验算。当井距足够小仍不能满足要求时,应考虑基坑内布井。

4. 基坑中心点水位降低深度计算

(1) 块状基坑降水深度计算。

1) 潜水完整井稳定流时:

$$S=H-\sqrt{H^2-\frac{Q}{0.366k}\left[\lg R_0-\frac{1}{n}\lg(r_1r_2\cdots r_n)\right]} \qquad (4-23)$$

2) 承压完整井稳定流时:

$$S=\frac{0.366Q}{Mk}\left[\lg R_0-\frac{1}{n}\lg(r_1r_2\cdots r_n)\right] \qquad (4-24)$$

式中 S——基坑中心处地下水位降低深度;

$r_1r_2\cdots r_n$——各井距基坑中心或井点中心处的距离。

(2) 对非完整井或非稳定流,应根据具体情况采用相应的计算方法。

(3) 当计算出的降深不能满足降水设计要求时,应重新调整井数、布井方式。

4.2.3 轻型井点施工

轻型井点的施工工艺流程:定位放线—铺设总管—冲孔—安装井点管—填砂砾滤料、黏土封口—用弯联管接通井点管与总管—安装抽水设备并与总管接通—安装集水箱和排水管—真空泵排气—离心水泵抽水—测量观测井中地下水位变化。

1. 准备工作

根据工程情况与地质条件,确定降水方案,进行轻型井点的设计计算。根据设计准备所需的井点设备、动力装置、井点管、滤管、集水总管及必要的材料。施工现场准备工作包括排水沟的开挖、泵站处的处理等。对于在抽水影响半径范围内的建筑物及地下管线应设置监测标点,并准备好防止沉降的措施。

2. 井点管的埋设

井点管的埋设一般用水冲法进行,并分为冲孔与埋管填料两个过程。冲孔时先用起重设备将直径为 50~70mm 的冲管吊起,并插在井点埋设位置上,然后开动高压水泵(一般压力为 0.6~1.2MPa),将土冲松,如图 4-12 所示。冲孔时冲管应垂直插入土中,并作上下左右摆动,以加速土体松动,边冲边沉。冲孔直径一般为 250~300mm,以保证井管周围有一定厚度的砂滤层。冲孔深度宜比滤管底深 0.5~1.0m,以防冲管拔出时,部分土颗粒沉淀于孔底而触及滤管底部。

在埋设井点时,冲孔是重要的一环,冲水压力不宜过大或过小。当冲孔达到设计深度时,须尽快减低水压。

井孔冲成后,应立即拔出冲管,插入井点管,并在井点管与孔壁之间迅速填灌砂滤层,以防孔壁塌土 [图 4-12 (b)]。砂滤层一般选用干净粗砂,填灌均匀,并填至滤管顶上部 1.0~1.5m,以保证水流通畅。井点填好砂滤料后,须用黏土封好井点管与孔壁间的上部空间,以防漏气。

3. 连接与试抽

将井点管、集水总管与水泵连接起来,形成完整的井点系统。安装完毕,需进行试抽,以检查是否有漏气现象。开始正式抽水后,一般不宜停抽,时抽时止,滤网易堵塞,也易抽出土颗粒,使水混浊,并引起附近建筑物由于土颗粒流失而沉降开裂。正常的降水是细水长流、出水澄清。

4. 井点运转与监测

(1) 井点运转管理:井点运行后要连续工作,应准备双电源以保证连续抽水。真空度是判断井点系统是否良好的尺度,一般应不低于 55.3~66.7kPa。如真空度不够,通常是由于管路漏气,应及时修复。如果通过检查发现淤塞的井点管太多,严重影响降水效果时,应逐个用高压水反冲洗或拔出重新埋设。

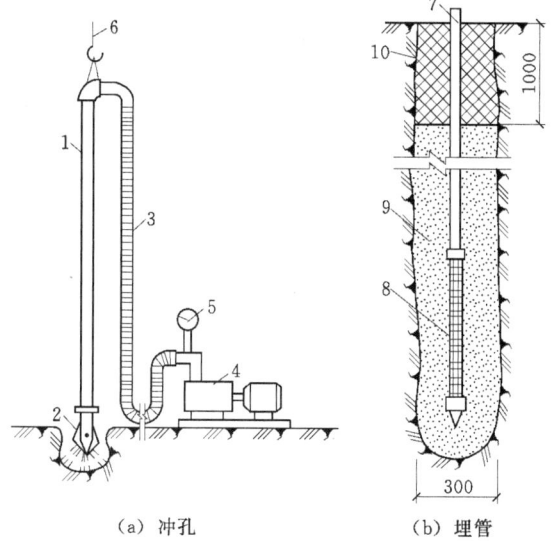

图 4-12 水冲法井点管
1—冲管;2—冲嘴;3—胶管;4—高压水泵;5—压力表;
6—起重机吊钩;7—井点管;8—滤管;9—填砂;
10—黏土封口

(2) 井点监测:井点监测包括流量观测、地下水位观测、沉降观测三方面。

4.3 其他类型基坑降水

4.3.1 管井

管井井点由滤水井管、吸水管和抽水机械等组成。管井井点设备较简单,排水量大,降水较深,较轻型井点具有更大的降水效果,可代替多组轻型井点作用,水泵设在地面,易维护。管井埋设的深度和距离根据需降水面积、深度及渗透系数确定,一般间距 10~50m,最大埋深可达 10m。适用于渗透系数较大、地下水丰富的土层、砂层,含水层厚度大于 5.0m。但管井属于重力排水范畴,吸程高度受到一定限制,要求土的渗透系数较大 (1~200m/d)。

1. 井点构造与设备

(1) 滤水井管。下部滤水井管的过滤部分用钢筋焊接骨架,外包孔眼直径 1~2mm 的滤网,长度 2~3m,上部井管部分用直径 200mm 以上的钢管、塑料管或混凝土管。

(2) 吸水管。将直径为 50~100mm 的钢管或橡胶管插入滤水井管内部,其底端应沉到管井吸水时的最低地下水位以下,并装逆止阀,上端装设一节带法兰盘的短钢管。

(3) 水泵。采用 BA 型或 B 型,流量为 10~25m³/h 的离心泵。每个井管配一台,当水泵排水量大于单孔滤水井涌水量时,可另加设集水总管将相邻的相应数量的吸水管连成一体,共用一台水泵。

2. 管井的布置

管井沿基坑外围四周呈环形布置或沿基坑（或沟槽）两侧或单侧呈直线形布置，井中心距基坑（槽）边缘的距离根据所用钻机的钻孔方法而定，当用冲击钻时为 0.5～1.5m，当用钻孔法成孔时不小于 3m。管井埋设深度和距离，根据需降水面积和深度以及含水层的渗透系数等而定，最大埋深可达 10m，间距为 10～50m。

3. 井管的埋设

埋设井管时可采用泥浆护壁冲击钻成孔或泥浆护壁钻孔方法成孔。钻孔底部应比滤水井管深 200mm 以上。井管下沉前应对滤井进行清洗，冲除沉渣，可通过灌入稀泥浆用吸水泵抽出置换或用空压机洗井法将泥渣清出井外，并保持滤网的畅通，然后下管。滤水井管应置于孔中心，下端用圆木堵塞管口，井管与孔壁之间用粒径为 3～15mm 的砾石填充作过滤层，地面下 0.5m 内用黏土填充夯实。

水泵的设置标高需根据要求的降水深度和所选用的水泵最大真空吸水高度而定，当吸程不够时，可将水泵设在基坑内。

4. 管井的使用

在使用管井之前，应进行试抽水，检查出水是否正常，有无淤塞现象。抽水过程中应经常对抽水设备的电动机、传动机械、电流、电压等进行检查，并对井内水位下降和流量进行观测和记录。井管使用完毕后，可用倒链或卷扬机将其徐徐拔起，将滤水井管中的泥沙洗去后储存备用，所留空洞用砂砾填实，上部 50cm 用黏性土填充夯实。

4.3.2 深井

深井井点降水的工作原理是利用深井进行重力集水，在井内用长轴深井泵或井内用潜水泵进行排水以达到降水或降低承压水压力的目的。它适用于渗透系数较大（$k \geqslant 200 \text{m/d}$）、涌水量大、降水较深（可达 50m）的砂土、砂质粉土，以及用其他井点降水不易解决的深层降水，可采用深井井点系统。深井井点的降水深度不受吸程限制，由水泵扬程决定，在要求水位降低 5m 以上，或要求降低承压水压力时，排水效果好。井距大，对施工平面布置干扰小。

1. 深井井点系统的组成

深井井点系统由深井、井管和深井泵（或潜水泵）组成，如图 4-13 所示。

2. 布置形式

对于采用坑外降水的方法，深井井点的布置根据基坑的平面形状及所需降水深度，沿基坑四周呈环形或直线型布置，井点一般沿工程基坑周围离开边坡上缘 0.5～1.5m，井距一般为 30m 左右。当采用坑内降水

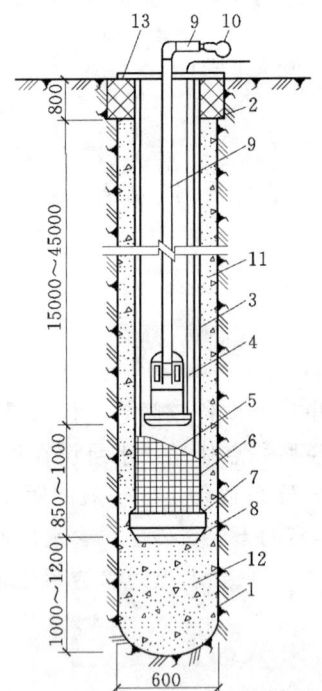

图 4-13 深井井点构造示意图
1—井孔；2—井口（黏土封口）；3—井管；
4—潜水泵；5—过滤段（内填碎石）；
6—滤网；7—导向架；8—开孔底板
（下铺滤网）；9—出水管；
10—出水口；11—小砂石
或中粗砂；12—中粗砂；
13—钢板井盖

时,同样可按图 4-14 所示呈棋盘状点状方式布置,并根据单井涌水量、降水深度及影响半径等确定井距,在坑内呈棋盘形点状布置。一般井距为 10~30m。井点宜深入到透水层 6~9m,通常还应比所应降水深度深 6~8m。

3. 深井井点施工程序及要点
(1) 井位放样、定位。
(2) 做井口,安放护筒。井管直径应大于深井泵最大外径 50mm 以上,钻孔孔径应大于井管直径 300mm 以上。安放护筒以防孔口塌方,并为钻孔起到导向作用。做好泥浆沟与泥浆坑。

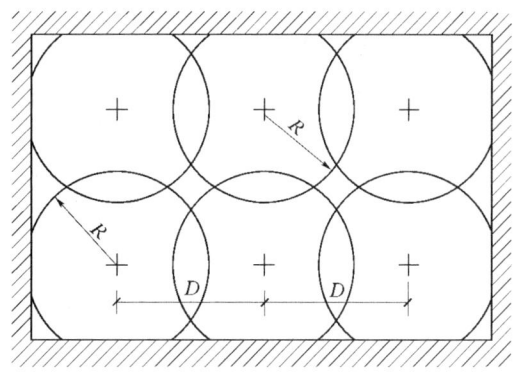

图 4-14 坑内降水井点布置示意图
R—抽水影响半径;D—井点间距

(3) 钻机就位、钻孔。深井的成孔方法可采用冲击钻、回转钻、潜水电钻等,用泥浆护壁或清水护壁法成孔。清孔后回填井底砂垫层。
(4) 吊放深井管与填滤料。井管应安放垂直,过滤部分应放在含水层范围内。井管与土壁间填充粒径大于滤网孔径的砂滤料。填滤料要一次连续完成,从底填到井口下 1m 左右,上部采用黏土封口。
(5) 洗井。若水较混浊,含有泥砂、杂物,会增加泵的磨损、减少寿命或使泵堵塞,可用空压机或旧的深井泵来洗井,使抽出的井水清洁后,再安装新泵。
(6) 安装抽水设备及控制电路。安装前应先检查井管内径、垂直度是否符合要求。安放深井泵时,用麻绳吊入滤水层部位,并安放平稳,然后接电动机电缆及控制电路。
(7) 试抽水。深井泵在运转前,应用清水预润(清水通入泵座润滑水孔,以保证轴与轴承的预润)。检查电气装置及各种机械装置,测量深井的静、动水位。达到要求后,即可试抽,一切满足要求后,再转入正常抽水。

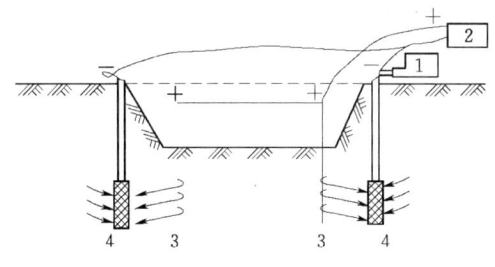

图 4-15 电渗井点排水示意图
1—水泵;2—直流发电机;3—钢管;4—井点

(8) 降水完毕拆除水泵、拔井管、封井。降水完毕,即可拆除水泵,用起重设备拔除井管。拔出井管所留的孔洞用砂砾填实。

4.3.3 电渗井点

在渗透系数小于 0.1m/d 的黏土或淤泥中降低地下水位时,比较有效的方法是电渗井点排水。

电渗井点排水的原理如图 4-15 所示,以井点管作负极,以打入的钢筋或钢管作正极,当通以直流电后,土颗粒即自负极向正极移动,水则自正极向负极移动而被集中排出。土颗粒的移动称电泳现象,水的移动称电渗现象,故名电渗井点。

电渗井点的施工要点如下:

(1) 电渗井点埋设程序，一般是先埋设轻型井点或喷射井点管，预留出布置电渗井点阳极的位置，待轻型井点或喷射井点降水不能满足降水要求时，再埋设电渗阳极，以改善降水效果。阳极埋设可用 75mm 旋叶式电钻钻孔埋设，钻进时加水和高压空气循环排泥，阳极就位后，利用下一钻孔排出泥浆倒灌填孔，使阳极与土接触良好，减少电阻，以利电渗。如深度不大，也可用锤击法打入。阳极埋设必须垂直，严禁与相邻阴极相碰，以免造成短路，损坏设备。

(2) 通电时，工作电压不宜大于 60V，电压梯度可采用 50V/m，土中通电的电流密度宜为 $0.5\sim1.0A/m^2$。为避免大部分电流从土表面通过，降低电渗效果，通电前应清除井点管与阳极间地面上的导电物质，使地面保持干燥，如涂一层沥青绝缘效果更好。

(3) 通电时，为消除由于电解作用产生的气体积聚于电极附近，使土体电阻增大，而增加电能的消耗，宜采用间隔通电法，每通电 22h，停电 2h，再通电，依次类推。

(4) 在降水过程中，应对电压、电流密度、耗电量及观测孔水位等进行量测记录。

4.3.4 喷射井点

当基坑开挖所需降水深度超过 8m 时，一层轻型井点就难以收到预期的降水效果，这时如果场地许可，可以采用二层甚至多层轻型井点的增加降水深度，达到设计要求。但是这样会增加基坑土方施工工程量、增加降水设备用量并延长工期，也扩大了井点降水的影响范围而对环境保护不利。因此，当降水深度超过 8m 时，宜采用喷射井点。

1. 喷射井点设备

根据工作流体的不同，喷射井点可分为喷水井点和喷气井点两种。两者的工作原理

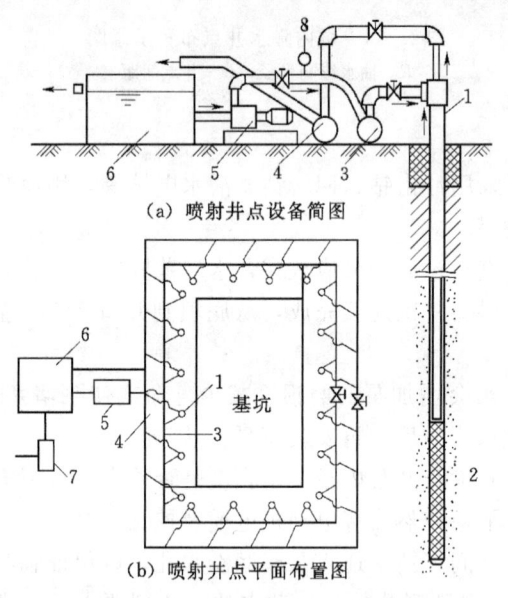

图 4-16 喷射井点布置图
1—喷射井管；2—滤管；3—供水总管；4—排水总管；
5—高压离心水泵；6—水池；7—排水泵；8—压力表

是相同的。喷射井点系统主要由喷射井点管、高压水泵（或空气压缩机）和管路系统组成，如图 4-16 所示。

(1) 喷射井点管：喷射井管由内管和外管组成，在内管的下端装有喷射扬水器与滤管相连。当喷射井点工作时，由地面高压离心水泵供应的高压工作水经过内外管之间的环形空间直达底端，在此处工作流体由特制内管的两侧进水孔至喷嘴喷出，在喷嘴处由于断面突然收缩变小，使工作流体具有极高的流速，在喷口附近造成负压，将地下水经过滤管吸入，吸入的地下水在混合室与工作水混合，然后进入扩散室，水流在强大压力的作用下把地下水同工作水一同扬升出地面，经排水管道系统排至集水池或水箱，一部分用低压泵排走；另一部分供高压水泵压入井管外管内作为工作水流。如此循环作业，将地下水不断从井点管中抽走，使地下水逐渐下降，达到设计要求的降水深度。

(2) 高压水泵：高压水泵一般可采用流量为 50~80m³/h、压力为 0.7~0.8MPa 的多级高压水泵，每套约能带动 20~30 根井管。

(3) 管路系统：管路系统包括进水、排水总管（直径 150mm，每套长度 60m）、接头、阀门、水表、溢流管、调压管等管件、零件及仪表。

喷射井点用作深层降水，应用在渗透系数在 0.1~20m/s 的粉土、极细砂和粉砂中较为适用。在较粗的砂粒中，由于出水量较大，循环水流就显得不经济，这时宜采用深井泵。一般一级喷射井点可降低地下水位 8~20m，甚至 20m 以上。

2. 喷射井点施工工艺及要点

(1) 喷射井点施工工艺：泵房设置—安装进、排水总管—水冲或钻孔成井—安装喷射井点管，填滤管—接通进、排水总管，并与高压水泵或空气压缩机接通—将各井点管的外管管口与排水管接通，并通过循环水箱—启动高压水泵或空气压缩机抽水—离心水泵排除循环水箱中多余的水—测量观测井中地下水位变化。

(2) 喷射井点施工要点。

1) 喷射井点井点管埋设方法与轻型井点相同，其成孔直径为 400~600mm。为保证埋设质量，宜用套管法冲孔加水及压缩空气排泥，当套管内含泥量经测定小于 5% 时，下井管及灌砂，然后再拔套管。对于 10m 以上喷射井点管，宜用吊车下管。下井管时，水泵应先开始运转，以便每下好一根井点管，立即与总管接通，然后及时进行单根试抽排泥，让井管内出来的泥浆从水沟排出。

2) 全部井点管埋设完毕后，再接通回水总管全面试抽，然后使工作水循环，进行正式工作。各套进水总管均应用阀门隔开，各套回水管应分开。

3) 为防止喷射器损坏，安装前应对喷射井管逐根冲洗，开泵压力要小些（≤0.3MPa），以后再将其逐步开足。如果发现井点管周围有翻砂、冒水现象，应立即关闭井管并检修。

4) 工作水应保持清洁，试抽 2d 后，应更换清水，此后视水质污浊程度定期更换清水，以减轻对喷嘴及水泵叶轮的磨损。

(3) 喷射井点的运转和保养：喷射井点比较复杂，在井点安装完成后，必须及时试抽，及时发现和消除漏气和"死井"。在其运转期间，需进行监测以了解装置性能，及时观测地下水位变化；测定井点抽水量，通过地下水量的变化，分析降水效果及降水过程中出现的问题；测定井点管真空度，检查井点工作是否正常。此外，还可通过听、摸、看等方法来检查：

听——有上水声是好井点，无声则可能井点已被堵塞。

摸——手摸管壁感到振动。另外，冬天热而夏天凉为好井点，反之则为坏井点。

看——夏天湿、冬天干的井点为好井点。

4.3.5 防止或减少降水影响周围环境的技术措施

在降水过程中，由于会随水流带出部分细微土粒，再加上降水后土体的含水率降低，使土壤产生固结，因而会引起周围地面的沉降。在建筑物密集地区进行降水施工，如因长时间降水引起过大的地面沉降，会带来较严重的后果，在软土地区曾发生过不少事故例子。

为防止或减少降水对周围环境的影响，避免产生过大的地面沉降，可采取下列一些技术措施：

(1) 采用回灌技术：降水对周围环境的影响，是由于土壤内地下水流失造成的。回灌技术即在降水井点和要保护的建（构）筑物之间打设一排井点，在降水井点抽水的同时，通过回灌井点向土层内灌入一定数量的水（即降水井点抽出的水），形成一道隔水帷幕，从而阻止或减少回灌井点外侧被保护的建（构）筑物地下的地下水流失，使地下水位基本保持不变，这样就不会因降水使地基自重应力增加而引起地面沉降。

回灌井点可采用一般真空井点降水的设备和技术，仅增加回灌水箱、闸阀和水表等少量设备，一般施工单位皆易掌握。

采用回灌井点时，回灌井点与降水井点的距离不宜小于6m。回灌井点的间距应根据降水井点的间距和被保护建（构）筑物的平面位置确定。

回灌井点宜进入稳定降水曲面下1m，且位于渗透性较好的土层中。回灌井点滤管的长度应大于降水井点滤管的长度。

回灌水量可通过水位观测孔中水位变化进行控制和调节，通过回灌宜不超过原水位标高。回灌水箱的高度可根据灌入水量决定。回灌水宜用清水。实际施工时应协调控制降水井点与回灌井点。

许多工程实例证明，用回灌井点回灌水能产生与降水井点相反的地下水降落漏斗，能有效地阻止被保护建（构）筑物下的地下水流失。防止产生有害的地面沉降。

回灌水量要适当，过小无效，过大会从边坡或钢板桩缝隙流入基坑。

(2) 采用砂沟、砂井回灌：在降水井点与被保护建（构）筑物之间设置砂井作为回灌井，沿砂井布置一道砂沟，将降水井点抽出的水。适时、适量排入砂沟、再经砂井回灌到地下，实践证明也能收到良好效果。

回灌砂井的灌砂量，应取井孔体积的95%，填料宜采用含泥量不大于3%、不均匀系数为3~5的纯净中粗砂。

(3) 使降水速度减缓：在砂质粉土中降水影响范围可达80m以上，降水曲线较平缓，为此可将井点管加长，减缓降水速度，防止产生过大的沉降。也可在井点系统降水过程中，调小离心泵阀，减缓抽水速度。还可在邻近被保护建（构）筑物一侧，将井点管间距加大，需要时甚至暂停抽水。

为防止抽水过程中将细微土粒带出，可根据土的粒径选择滤网。另外确保井点管周围砂滤层的厚度和施工质量，也能有效防止降水引起的地面沉降。

在基坑内部降水，掌握好滤管的埋设深度，如支护结构有可靠的隔水性能，一方面能疏干土壤、降低地下水位，便于挖土施工；另一方面又不使降水影响到基坑外面，造成基坑周围产生沉降。上海等地在深基坑工程中降水，采用该方案取得较好效果。

4.4 施工质量控制与质量验收

4.4.1 施工质量控制
4.4.1.1 轻型井点质量控制

(1) 对井点管的定位须进行复核、检查井点管位置、间距是否符合设计要求。

(2) 监控井点管的埋设，检查井点管的长度，管底是否有滤管和管口井点管与孔壁之间地面下1m是否有填塞料（可用黏性土），检查井点管埋设后渗水性能，井点管与孔壁之间填砂滤料时，管口应有泥浆水冒出或向管内灌水很快下渗。

(3) 检查集水总管、滤管和泵的位置和标高是否正确，井点系统各部件安装是否严密，防止漏气，查看真空度。严格控制一组井点管在30根井点管以内。

(4) 督促施工方在降水过程中，加强井点降水系统的检查和维护，确保降水系统正常运转，保证不间断抽水。发现井管失效，应采取措施使其恢复正常，如无可能恢复则应报废，另行设置新的井管。

(5) 严格控制井点管降水系统拆除日期和顺序，并做好记录。

(6) 基坑内明排水应设置排水沟和集水井排水沟，纵坡宜控制在1‰～2‰。

4.4.1.2 管井井点质量控制要点

(1) 打井点前准备工作：井点管下部滤管采用60目尼龙布包扎，并要将所有孔眼全部包进、扎牢。

(2) 潜水钻机的钻进时不宜太快，边钻孔边向钻机加入压力水，同时加入压缩空气，促使泥浆顺利翻出孔口被排走。

(3) 钻孔到位后，继续向孔内加入清水，将孔内泥浆加以稀释，拔出钻杆，要立即居中下入井点管，在下井点管过程中，井管可能会浮在某一标高上而下不去，要及时向井管内加入清水，增加井管自重，使井管下沉到位，严禁在坍孔的情况下插入井管，凡遇到坍孔，要拔出井管重新钻孔。

(4) 砂滤层所用砂选用人工制石英砂，中粗偏粗。

(5) 抽水清孔是井管加砂后立即抽水，同时向孔内不断加入清水，利用井管内外水位差，使夹在砂里的泥浆不断被井点抽出，提高滤层的透水性能。

(6) 正式抽水应在开挖前一个星期进行，通过群井持续抽水，测定观测孔水位是否下降到设计要求，而后才能正式开挖。

(7) 需要注意的事项：

1) 成孔、下管、回填应连续进行，不可中断。

2) 沉井和下管应保证深度到位。

3) 为确保成孔质量，钻机钻孔时，进深速度不宜过快。

4) 在特殊土层的井位，沉井要做到快速。

5) 钻孔前井点管的滤砂及有关工具等都必须到位，拔钻机下井管及滤砂要及时、快速。

6) 钻孔中凡发现水压力不足以将泥浆翻出地面时，须及时增加工作水压力和压缩空气用量。

(8) 降水管理。

1) 根据水位观测情况，控制降水井排水时间和时间间隔，控制真空抽吸力度，应保证系统有足够的真空度。

2) 安排三班人员日夜值班，进行排水降水控制操作、水位观测和数据记录。

3) 在基坑开挖过程中，须密切注意真空效果，做好密封工作。

4) 降水结束达到自身结构抗浮条件后（在地下室结构施工完毕及基坑外侧回填后），拆除降水井，拆除管路。

4.4.2 施工质量验收

降水与排水施工质量检验标准见表 4-6。

表 4-6　　　　　　　降水与排水施工质量检验标准

序号	检查项目		允许值或允许偏差		检查方法
			单位	数值	
1	排水沟坡度		‰	1～2	目测：沟内不积水，沟内排水畅通
2	井管（点）垂直度		%	1	插管时目测
3	井管（点）间距（与设计相比）		mm	≤150	钢尺量
4	井管（点）插入深度（与设计相比）		mm	≤200	水准仪
5	过滤砂砾料填灌（与设计值相比）		%	≤5	检查回填料用量
6	井点真空度	真空井点	kPa	>60	真空度表
		喷射井点	kPa	>93	真空度表
7	电渗井点阴阳极距离	真空井点	mm	80～100	钢尺量
		喷射井点	mm	120～150	钢尺量

【复习与思考题】

1. 井点降水方法的种类有哪些？选择井点降水方法应考虑哪些因素？
2. 什么是普通明沟排水法？一般情况下，集水井与排水沟应如何布置？
3. 明沟排水法常用的水泵有哪些种类？其主要技术性能有哪些？
4. 轻型井点降水的原理是什么？简述轻型井点系统的组成。
5. 进行轻型井点系统布置时，应考虑哪些主要因素？简述其高程布置方法。

第5章 地 基 处 理

【学习目标】
通过本章的学习，要求学生达到以下学习目标：
1. 掌握碾压夯实法、换土垫层法、排水固结法、振密挤密法、置换、拌入法、加筋法等常用的地基处理事故方法。
2. 熟悉各种地基处理方法的质量控制要点。
3. 掌握各种地基处理方法的施工。
4. 掌握各种地基处理方法的质量检测方法与验收。

5.1 建 筑 地 基

建筑地基是指根据用地性质和使用权属确定的建筑工程项目的使用场地。作为建筑地基的土层分为岩石、碎石土、砂土、粉土、黏性土和人工填土。地基有天然地基和人工地基两类。天然地基是不需要对地基进行处理就可以直接放置基础的天然土层。人工地基是因天然土层的土质过于软弱或存在不良的地质条件，需要人工加固或处理后才能修建基础的地基。当土层的地质状况较好，承载力较强时可以采用天然地基；而在地质状况不佳的条件下，如坡地、沙地或淤泥地质，或虽然土层质地较好，但上部荷载过大时，为使地基具有足够的承载能力，则要采用人工加固地基，即人工地基。

5.1.1 建筑物对地基基础的要求

任何建筑物都建在地层上，建筑物的全部荷载都是由它下面的地层来承担，建筑物向地基传递荷载的下部结构部分称为基础；而受建筑物影响的那一部分地层则称为地基。地基的功能决定了地基必须满足以下几个基本要求：

（1）地基强度要求：通过基础而作用在地基上的荷载不能超过地基的承载力，才能保证地基不因地基土中的剪应力超过地基土的强度而破坏，而且还应有足够的安全储备。建筑物的建造地址尽可能选在地基土的地耐力较高且分布均匀的地段，如岩石、碎石类等，应优先考虑采用天然地基。淤泥不宜作天然地基，因为它会产生不均匀沉降，使建筑物产生裂缝、倾斜、影响正常使用。在淤泥上进行建筑时必须采取人工加固措施。如压密、夯实，用垂直砂井排水，加速淤泥固结。有时可采用桩基，或在建筑物上部采用适应于不均匀沉降的刚性圈梁、沉降缝等结构措施，以保证建筑物的稳定安全。

（2）地基变形要求：基础的设计还应该保证基础沉降或其他特征变形不超过建筑物的允许值，才能保证上部结构不因沉降或其他特征变形过大而受损或影响建筑物正常的使用。要求地基有均匀的压缩量，以保证有均匀的下沉。若地基土质不均匀，会给基础设计增加困难。若地基处理不当将会使建筑物发生不均匀沉降，从而引起墙身开裂，甚至影响建筑物的使用。

（3）地基稳定方面的要求：要求地基有防止产生滑坡、倾斜方面的能力。必要时应加设挡土墙，以防止滑坡变形的出现。

（4）基础强度与耐久性的要求：基础是建筑物的重要承重构件，对整个建筑的安全起保证作用。因此，基础所用的材料必须具有足够强度，才能保证基础能够承担建筑物的荷载并传递给地基。

（5）其他要求：地基除了满足上面的要求外，还应满足造价要求。基础工程约占建筑总造价的 10%～40%，降低基础工程的投资是降低工程总投资的重要重要一环。因此，在设计中应该选择较好的土质地段，对需要特殊处理的地基和基础尽量选用地方材料，并采用恰当形式及构造方法，从而节约工程投资。

5.1.2 建筑地基分类

5.1.2.1 按材料及受力特点分类

1. 刚性基础

由刚性材料制作的基础称为刚性基础如图 5-1 所示。一般抗压强度高，而抗拉、抗剪强度较低的材料称为刚性材料。常用的有砖、灰土、混凝土、三合土、毛石等。为满足地基容许承载力的要求，基底宽 B 一般大于上部墙宽，为了保证基础不被拉力、剪力而破坏，基础必须具有相应的高度。通常按刚性材料的受力状况，基础在传力时只能在材料的允许范围内控制，这个控制范围的夹角称为刚性角，用 α 表示。砖、石基础的刚性角控制在 1:1.25～1:1.50（26°～33°）以内，混凝土基础刚性角控制在 1:1（45°）以内。

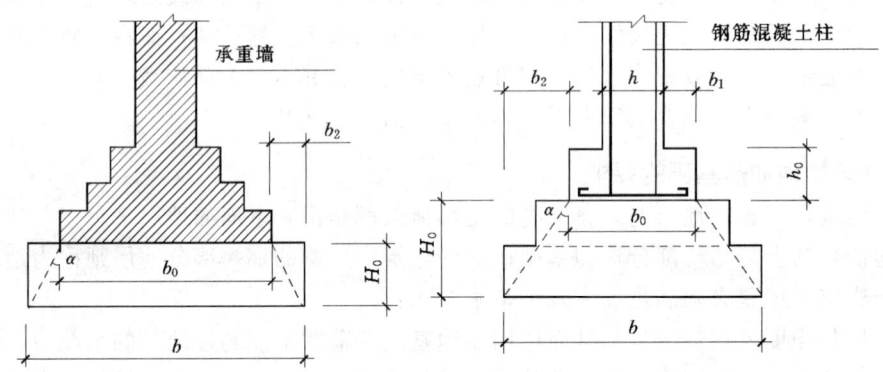

图 5-1 刚性基础受力特点

2. 柔性基础

当建筑物的荷载较大而地基承载能力较小时，基础底面必须加宽，如果仍采用混凝土材料做基础，势必加大基础的深度，这样很不经济。如果在混凝土基础的底部配以钢筋，利用钢筋来承受拉应力，使基础底部能够承受较大的弯矩，这时，基础宽度不受刚性角的限制，故称钢筋混凝土基础为非刚性基础或柔性基础，如图 5-2 所示。

5.1.2.2 按构造型式分类

1. 条形基础

当建筑物上部结构采用墙承重时，基础沿墙身设置，多做成长条形，这类基础称为条形基础或带形基础,如图5-3所示,是墙承式建筑基础的基本形式。

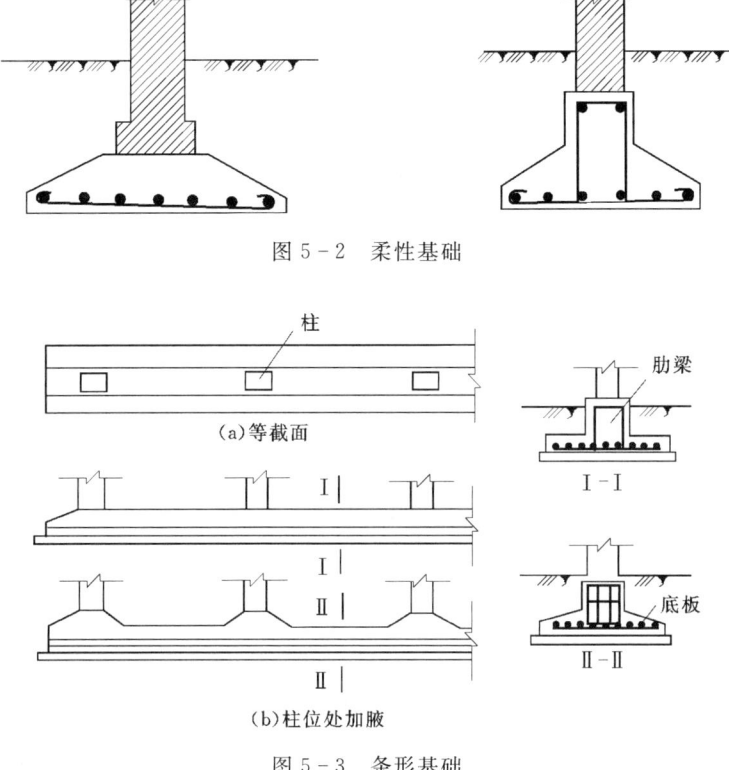

图5-2 柔性基础

图5-3 条形基础

2. 独立式基础

当建筑物上部结构采用框架结构或单层排架结构承重时,基础常采用方形或矩形的独立式基础,这类基础称为独立式基础或柱式基础。独立式基础是柱下基础的基本形式,如图5-4所示。当柱采用预制构件时,则基础做成杯口形,然后将柱子插入并嵌固在杯口内,故称为杯形基础。

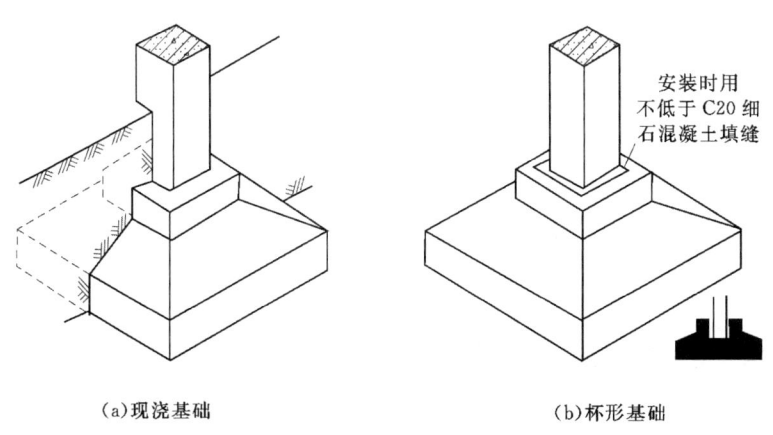

(a)现浇基础　　　　　　　　(b)杯形基础

图5-4 独立式基础

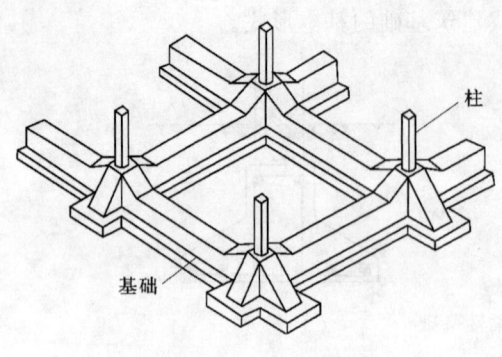

图5-5 井格式基础

3. 井格式基础

当地基条件较差，为了提高建筑物的整体性，防止柱子之间产生不均匀沉降，常将柱下基础沿纵横两个方向扩展连接起来，做成十字交叉的井格基础，如图5-5所示。

4. 筏板基础

当建筑物上部荷载大，而地基又较弱时，采用简单的条形基础或井格基础已不能适应地基变形的需要，通常将墙或柱下基础连成一片，使建筑物的荷载承受在一块整板上成为片筏基础。片筏基础有平板式和梁板式两种，如图5-6所示。

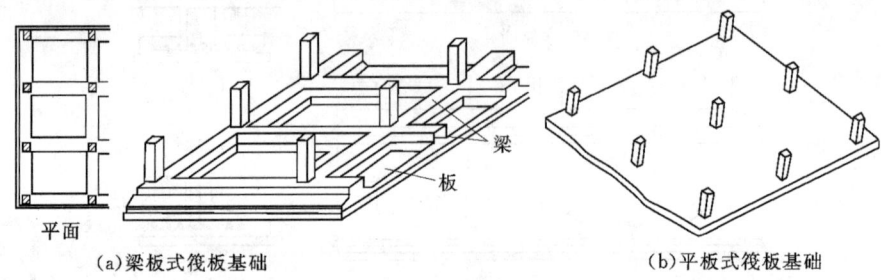

图5-6 筏板基础

5. 箱形基础

当板式基础做得很深时，常将基础改做成箱形基础如图5-7所示。箱形基础是由钢筋混凝土底板、顶板和若干纵、横隔墙组成的整体结构，基础的中空部分可用作地下室（单层或多层的）或地下停车库。箱形基础整体空间刚度大，整体性强，能抵抗地基的不均匀沉降，较适用于高层建筑或在软弱地基上建造的重型建筑物。

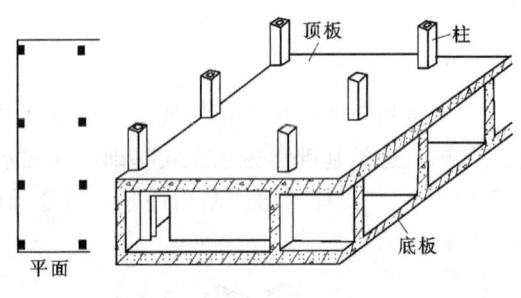

图5-7 箱形基础

6. 桩基础

当建造比较大的工业与民用建筑时，若地基的软弱土层较厚，采用浅埋基础不能满足地基强度和变形要求，常采用桩基如图5-8所示。桩基的作用是将荷载通过桩传给埋藏较深的坚硬土层，或通过桩周围的摩擦力传给地基。按照施工方法可分为钢筋混凝土预制桩和灌注桩。

5.1.2.3 根据埋置深度及施工工艺特点分类

一般将埋置深度较浅（通常在5m以内），只需经过开挖、排水等普通施工程序就可以建造起来的基础称为浅基础；由于浅层土质不良或建筑物荷载过大需将基础底面置于较深的（通常在5m以上）良好的土层上，且施工较为复杂的基础称为深基础。实际上，浅

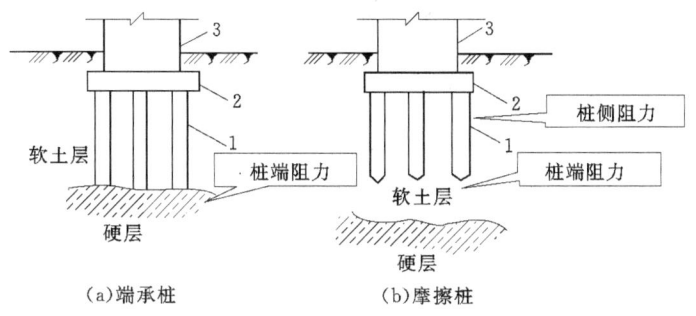

图 5-8 桩基础
1—桩；2—承台；3—上部结构

基础和深基础没有绝对明确的尺寸界线，因此，对大多数情况埋深较浅、一般可用较简便的方法来修建的均属于浅基础，而采用桩基、沉井、地下连续墙等某些特殊施工方法修建且利用较深土层承载的基础则称为深基础。对于某些特定情况，基础在土层内深度较低，但在水下部分较深，如深水中的桥墩基础，称为深水基础，在设计施工中应作为深基础考虑。

5.1.3 地基处理方法分类

地基处理的对象是软弱地基和特殊土地基。《建筑地基基础设计规范》（GB 50007—2011）明确规定："软弱地基是指主要由淤泥、淤泥质土、冲填土、杂填土或其他高压缩性土层构成的地基"。特殊土地基带有地区性的特点，它包括软土、湿陷性黄土、膨胀土、红黏土和冻土等地基。

1. 地基的主要改善措施

（1）改善剪切特性。地基的剪切破坏表现在建筑物的地基承载力不够，使结构失稳或土方开挖时边坡失稳，使临近地基产生隆起或基坑开挖时坑底隆起。因此，为了防止剪切破坏，就需要采取增加地基土的抗剪强度的措施。

（2）改善压缩特性。地基的高压缩性表现在建筑物的沉降和差异沉降大，因此需要采取措施提高地基土的压缩模量。

（3）改善透水特性。地基的透水性表现在堤坝、房屋等基础产生的地基渗漏，基坑开挖过程中产生流沙和管涌。因此需要研究和采取使地基土变成不透水或减少其水压力的措施。

（4）改善动力特性。地基的动力特性表现在地震时粉土、砂土将会产生液化；由于交通荷载或打桩等原因，使邻近地基产生振动下沉。因此需要研究和采取防止地基土液化，并改善振动特性以提高地基抗震性能的措施。

（5）改善特殊土的不良地基的特性。主要是指消除或减少黄土的湿陷性和膨胀土的胀缩性等地基处理的措施。

这些是基本的改善措施，如果要有坚固的地基就必须根据实际情况来选择合适的处理方法。

2. 常用地基的处理方法

（1）换填法：当建筑物基础下的持力层比较软弱、不能满足上部结构荷载对地基的要求时，常采用换土垫层来处理软弱地基。即将基础下一定范围内的土层挖去，然后回填以强度较大的砂、碎石或灰土等，并夯实至密实。

（2）预压法：预压法是一种有效的软土地基处理方法。该方法的实质是，在建筑物或构筑物建造前，先在拟建场地上施加或分级施加与其相当的荷载，使土体中孔隙水排出，孔隙体积变小，土体密实，提高地基承载力和稳定性。堆载预压法处理深度一般达10m左右，真空预压法处理深度可达15m左右。

（3）强夯法：强夯法是法国 L. 梅纳（Menard）1969年首创的一种地基加固方法，即用几十吨重锤从高处落下，反复多次夯击地面，对地基进行强力夯实。实践证明，经夯击后的地基承载力可提高2～5倍，压缩性可降低200～500%，影响深度在10m以上。

（4）振冲法：振冲法是振动水冲击法的简称，按不同土类可分为振冲置换法和振冲密实法两类。振冲法在黏性土中主要起振冲置换作用，置换后填料形成的桩体与土组成复合地基；在砂土中主要起振动挤密和振动液化作用。振冲法的处理深度可达10m左右。

（5）深层搅拌法：深层搅拌法系利用水泥或其他固化剂通过特制的搅拌机械，在地基中将水泥和土体强制拌和，使软弱土硬结成整体，形成具有水稳性和足够强度的水泥土桩或地下连续墙，处理深度可达8～12m。施工过程：定位—沉入到底部—喷浆搅拌（上升）—重复搅拌（下沉）—重复搅拌（上升）—完毕。

（6）砂石桩法：振动沉管砂石桩是振动沉管砂桩和振动沉管碎石桩的简称。振动沉管砂石桩就是在振动机的振动作用下，把套管打入规定的设计深度，夯管入土后，挤密了套管周围土体，然后投入砂石，再排砂石于土中，振动密实成桩，多次循环后就成为砂石桩。也可采用锤击沉管方法。桩与桩间土形成复合地基，从而提高地基的承载力和防止砂土振动液化，也可用于增大软弱黏性土的整体稳定性。其处理深度达10m左右。

（7）土或灰土挤密桩法：土桩及灰土桩是利用沉管、冲击或爆扩等方法在地基中挤土成孔，然后向孔内夯填素土或灰土成桩。成孔时，桩孔部位的土被侧向挤出，从而使桩周土得以加密。土桩及灰土桩挤密地基，是由土桩或灰土桩与桩间挤密土一起组成复合地基。土桩及灰土桩法的特点是：就地取材，以土治土，原位处理、深层加密和费用较低。

用这些方法可以使地基比较坚固，但并没有什么是完美的，同样地基处理技术也在不断地完善与改进中。近40年来，国外在地基处理技术方面发展十分迅速，老方法得到改进，新方法不断涌现。在20世纪60年代中期，从如何提高土的抗拉强度这一思路中，发展了土的"加筋法"；从如何有利于土的排水和排水固结这一基本观点出发，发展了土工合成材料、砂井预压和塑料排水带；从如何进行深层密实处理的方法考虑，采用加大击实功的措施，发展了"强夯法"和"振动水冲击法"等。另外，现代工业的发展对地基工程提供了强大的生产手段，如能制造重达几十吨的强夯起重机械；潜水电机的出现，带来了振动水冲法中振冲器的施工机械；大型真空泵的问世，才能建立真空预压法；大于200个大气压的压缩空气机的生产，带来了"高压喷射注浆法"。常用的地基处理方法见表5-1。

5.1 建筑地基

表 5-1　　　　　　　　　　　常用地基处理方法

分类	处理方法	原理及作用	适用范围	优点及局限性
换土垫层法	机械碾压法	挖除浅层软弱土或不良土，分层碾压或夯实土，按回填的材料可分为砂（石）垫层、碎石垫层、粉煤灰垫层、干渣垫层、土（灰土、二灰）垫层等。	常用于基坑面积宽大、开挖土方量较大的回填土方工程，适用于处理浅层非饱和和软弱地基、湿陷性黄土地基、膨胀土地基、季节性冻土地基、素填土和杂填土地基	可提高持力层的承载力，减小沉降量，消除或部分消除土的湿陷性和胀缩性，防止土的冻胀作用及改善土的抗液化性
	重锤夯实法		适用于地下水位以上稍湿的黏性土、砂土、湿陷性黄土、杂填土以及分层填土地基	
	平板振动法		适用于处理非饱和无黏性土或黏粒含量少和透水性好的杂填土地基	
	强夯挤淤法	采用边强夯、边填碎石、边挤淤的方法，在地基中形成碎石墩体	适用于厚度较小的淤泥和淤泥质土地基。应通过现场实验才能确定其适用性	它可提高地基承载力和减小沉降
	爆破法	由于振动而使土体产生液化和变形，从而达到较大密实度，用以提高地基承载力和减小沉降	适用于饱和净砂，非饱和但经常灌水饱和的砂土、粉土和湿陷性黄土	
深层密实法	强夯法	利用强大的夯击能，迫使深层土液化和动力固结，使土体密实，用以提高地基承载力，减小沉降，消除土的湿陷性、胀缩性和液化性强夯置换是指将厚度小于8m的软弱土层，边夯边填碎石，形成深度为3～6m、直径为2m左右的碎石柱体，与周围土体形成复合基础	适用于碎石土、砂土、素填土、杂填土、低饱和度的粉土和黏性土、湿陷性黄土	施工速度快，施工质量容易保证，经处理后土性质较为均匀，造价经济，适用于处理大面积场地施工时对周围有很大振动和噪音，不宜在闹市区施工，需要有一套强夯设备（重锤、起重机）
	挤密法（碎石、砂砾石桩挤密法）（土、灰土、二灰桩挤密法）（石灰桩挤密法）	利用挤密或振动使深层土密实，并在振动或挤密过程中，回填砂、砾石、碎石、土、灰土、二灰或石灰等，形成砂桩、碎石桩、土桩、灰土桩、二灰桩或石灰桩，与桩间土一起组成复合基础，从而提高地基承载力，减小沉降，消除或部分消除土的湿陷性或液化性	砂（砂石）桩挤密法、振动水冲法、干振碎石桩法，一般适用于杂填土和松散砂土，对于软弱地基经试验证明加固有效时方可使用土桩、灰土、二灰桩挤密法一般适用于地下水位以上深度为5～10m的湿陷性黄土和人工填土石灰桩适用于软弱黏性土和杂填土	经振冲处理后地基土较为均匀、施工速度快，施工质量容易保证，经处理后土性质较为均匀，造价经济
排水固结法	堆载预压法真空预压法降水预压法电渗排水法	通过布置垂直排水井，改善地基的排水条件，及采取加压、抽气、抽水和电渗等措施，以加速地基土的固结和强度增长，提高地基土的稳定性，并使沉降提前完成	适用于处理厚度较大的饱和软土和冲积土地基，但对于厚的泥炭层要慎重对待	需要有预压的时间和荷载条件，及土石方搬运机械。对于真空预压，预压压力达 80kPa 不够时，可同时加上土石方堆载，真空泵需长时间抽气，耗电较大。降水预压法无需堆载，效果取决于降低水位的深度，需长时间抽水，耗电较大

续表

分类	处理方法	原理及作用	适用范围	优点及局限性
加筋法	加筋土、土锚、土钉、锚定板	在人工填土的路堤或挡墙内铺设土工合成材料、钢带、钢条、尼龙绳或玻璃纤维作为拉筋，或在软弱土层上设置树根桩或碎石桩等，使这种人工复合土体，可承受抗拉、抗压、抗剪和抗弯作用，用以提高地基承载力，减小沉降和增加地基稳定性	加筋土适用于人工填土的路堤和挡墙结构，土锚、土钉、锚定板适用于土坡稳定	
	土工合成材料		适用于砂土、黏性土和软土	
	树根桩		适用于各类土，可用于稳定土坡支挡结构，或用于对经试验证明施工有效时方可采用	
	砂桩、砂石桩、碎石桩		适用于黏性土、疏松砂性土、人工填土。对于软土，经试验证明施工有效时方可采用	
热学法	热加固法	热加固法是通过渗入压缩的热空气和燃烧物，并依靠热传导，而将细颗粒土加热到适当温度（在100℃以上），则土的强度就会增加，压缩性随之降低	适用于非饱和黏性土、粉土和湿陷性黄土	
	冻结法	采用液态氮或二氧化碳膨胀的方法，或采用普通的机械制冷设备与一个封闭式液压系统相连接，而使冷却液在内流动，从而使软而湿的土进行冻结，以提高土的强度和降低土的压缩性	适用于各类土，特别在软土地质条件，开挖深度大于7~8m，以及低于地下水位的情况下是一种普遍而有效的施工措施	
胶结法	注浆法（或灌浆法）	通过注入水泥浆液或化学浆液的措施，使土粒胶结，用以提高地基承载力，减小沉降，增加稳定性，防止渗漏	适用于处理岩基、砂土、粉土、淤泥质黏土、粉质黏土、黏土和一般人工填土层，也可加固暗浜和用于托换工程中	
	高压喷射注浆法	将带有特殊喷嘴的注浆管，通过钻孔置入到处理土层的预定深度，然后将浆液（常用水泥浆）以高压冲切土体。在喷射浆液的同时，以一定的速度旋转提升，即形成水泥土圆柱体；若喷嘴提升而不旋转，则形成墙状固结体。加固后可用以提高地基承载力，减小沉降，防止砂土液化、管涌和基坑隆起，建成防渗帷幕	适用于处理淤泥、淤泥质黏土、黏性土、粉土、黄土、砂土、人工填土等地基。当土中含有较多的大粒径块石、坚硬黏性土、大量植物根系或有过多的有机质时，应根据现场试验结果确定其适用程度。对既有建筑物可进行托换工程	施工时水泥浆冒出地面流失量较大，对流失的水泥浆应设法予以利用
	水泥土搅拌法	水泥土搅拌法施工时分湿法（也称深层搅拌法）和干法（也称粉体喷射搅拌法）两种。湿法是利用深层搅拌机，将水泥浆和地基土在原位拌和；干法是利用喷粉机，将水泥粉或石灰粉与地基土在原位拌和。搅拌后形成柱状水泥土体，可提高地基承载力，减小沉降，增加稳定性和防止渗漏，建成防水帷幕	适用于处理淤泥、淤泥质黏土、粉土和含水量较高，且地基承载力标准值不大于120kPa的黏性土地基。当用于处理泥炭土或地下水具有侵蚀性时，宜通过实验确定其适用性	经济效益显著，目前已成为我国软土地基上建造6~7层建筑物最为经济的处理方法之一，不能用于含石块的杂填土

5.2 地基处理方法

地基处理就是按照上部结构对地基的要求，对地基进行必要的加固或改良，提高地基土的承载力，保证地基稳定，减少房屋的沉降或不均匀沉降，消除湿陷性黄土的湿陷性及提高抗液化能力等。在工程建设中经常存在着不能直接承载建筑物和构筑物全部荷载的软弱地基和不良地基，如何处理这些地基成了工程建设中的难题。地基处理的优劣，关系到整个工程的质量、造价与工期，直接影响着建筑物和构筑物的安全。各种不同的地基处理方法，都有其适用性。针对不同的地基情况应恰当地选择不同的地基处理方法。

地基处理方法的具体选用，应从上部结构、基础和地基的共同作用、地基条件、处理的指标及范围、工程费用、工程进度及材料来源、当地环境等多方面因素进行考虑。在选择地基处理方案前，应完成下列工作：

（1）搜集详细的岩土工程勘察资料、上部结构及基础设计资料等。

（2）根据工程的要求和采用天然地基存在的主要问题，确定地基处理的目的、处理范围和处理后要求达到的各项技术经济指标等。

（3）结合工程情况，了解当地地基处理经验和施工条件，对于有特殊要求的工程，尚应了解相似场地上同类工程的地基处理经验和使用情况等。

（4）调查邻近建筑、地下工程和有关管线等环境情况。

地基处理方法的确定宜按下列步骤进行：

首先，根据结构类型、荷载大小及使用要求，结合地形地貌、地层结构、土质条件、地下水特征、环境情况和对邻近建筑的影响等因素进行综合分析，当单一地基处理方法不能满足设计要求的技术、经济指标时，可考虑两种或多种处理方法地基处理措施组成的综合处理方案。

其次，对初步选出的各种地基处理方案，分别从加固原理、适用范围、预期处理效果、耗用材料、施工机械、工期要求和对环境的影响等方面进行技术经济分析和对比，选择最佳的地基处理方法。

最后，对已选定的地基处理方法，宜按建筑物地基基础设计等级和场地复杂程度，在有代表性的场地上进行相应的现场试验或试验性施工，并进行必要的测试，以检验设计参数和处理效果。如达不到设计要求时，应查明原因，修改设计参数或调整地基处理方法。

5.2.1 碾压夯实法
5.2.1.1 材料及主要机具

（1）天然级配砂石或人工级配砂石：宜采用质地坚硬的中砂、粗砂、砾砂、碎（卵）石、石屑或其他工业废粒料。在缺少中、粗砂和砾石的地区，可采用细砂，但宜同时掺入一定数量的碎石或卵石，其掺量应符合设计要求，颗粒级配应良好。

（2）级配砂石材料，不得含有草根、树叶、塑料袋等有机杂物及垃圾。用做排水固结地基时，含泥量不宜超过3%。碎石或卵石最大粒径不得大于垫层或虚铺厚度的2/3，并不宜大于50mm。

（3）主要机具：一般应备有木夯、蛙式或柴油打夯机、推土机、压路机（6～10t）、手推车、平头铁锹、喷水用胶管、2m 靠尺、小线或细铅丝、钢尺或木折尺等。

5.2.1.2 作业条件

(1) 设置控制铺筑厚度的标志，如水平标准木桩或标高桩，或在固定的建筑物墙上、槽和沟的边坡上弹上水平标高线或钉上水平标高木橛。

(2) 在地下水位高于基坑（槽）底面的工程中施工时，应采取排水或降低地下水位的措施，使基坑（槽）保持无水状态。

(3) 铺筑前，应组织有关单位共同验槽，包括轴线尺寸、水平标高、地质情况，如有无孔洞、沟、井、墓穴等。应在未做地基前处理完毕并办理隐检手续。

(4) 检查基槽（坑）、管沟的边坡是否稳定，并清除基底上的浮土和积水。

5.2.1.3 施工工艺

(1) 工艺流程：检验砂石质量—分层铺筑砂石—洒水—夯实或碾压—找平验收。

(2) 对级配砂石进行技术鉴定，如是人工级配砂石，应将砂石拌和均匀，其质量均应达到设计要求或规范的规定。

(3) 分层铺筑砂石。

1) 铺筑砂石的每层厚度，一般为 15～20cm，不宜超过 30cm，分层厚度可用样桩控制。视不同条件，可选用夯实或压实的方法。大面积的砂石垫层，铺筑厚度可达 35cm，宜采用 6～10t 的压路机碾压。

2) 砂和砂石地基底面宜铺设在同一标高上，如深度不同时，基土面应挖成踏步和斜坡形，搭槎处应注意压（夯）实。施工应按先深后浅的顺序进行。

3) 分段施工时，接槎处应做成斜坡，每层接岔处的水平距离应错开 0.5～1.0m，并应充分压（夯）实。

4) 铺筑的砂石应级配均匀。如发现砂窝或石子成堆现象，应将该处砂子或石子挖出，分别填入级配好的砂石。

(4) 洒水：铺筑级配砂石在夯实碾压前，应根据其干湿程度和气候条件，适当地洒水以保持砂石的最佳含水量，一般为 8%～12%。

(5) 夯实或碾压：夯实或碾压的遍数，由现场试验确定。用水夯或蛙式打夯机时，应保持落距为 400～500mm，要一夯压半夯，行行相接，全面夯实，一般不少于 3 遍。采用压路机往复碾压，一般碾压不少于 4 遍，其轮距搭接不小于 50cm。边缘和转角处应用人工或蛙式打夯机补夯密实。

(6) 找平和验收。

1) 施工时应分层找平，夯压密实，并应设置纯砂检查点，用 $200cm^3$ 的环刀取样；测定干砂的质量密度。下层密实度合格后，方可进行上层施工。用贯入法测定质量时，用贯入仪、钢筋或钢叉等以贯入度进行检查，小于试验所确定的贯入度为合格。

2) 最后一层压（夯）完成后，表面应拉线找平，并且要符合设计规定的标高。

5.2.1.4 验收

1. 保证项目

(1) 基底土质必须符合设计要求。

(2) 纯砂检查点的干砂质量密度，必须符合设计要求和施工规范的规定。

2. 基本项目

(1) 级配砂石的配料正确,拌和均匀,虚铺厚度符合规定,夯压密实。

(2) 分层留接槎位置正确,方法合理,接槎夯压密实,平整。

5.2.1.5 施工要求

(1) 回填砂石时,应注意保护好现场轴线桩、标准高程桩,防止碰撞位移,并应经常复测。

(2) 地基范围内不应留有孔洞。完工后如无技术措施,不得在影响其稳定的区域内进行挖掘工程。

(3) 施工中必须保证边坡稳定,防止边坡坍塌。

(4) 夜间施工时,应合理安排施工顺序,配备足够的照明设施;防止级配砂石不准或铺筑超厚。

(5) 级配砂石成活后,应连续进行上部施工,否则应适当经常洒水润湿。

5.2.1.6 工艺要求

(1) 大面积下沉:主要是未按质量要求施工,分层铺筑过厚、碾压遍数不够、洒水不足等。要严格执行操作工艺的要求。

(2) 局部下沉:边缘和转角处夯打不实,留接槎没按规定搭接和夯实。对边角处的夯打不得遗漏。

(3) 级配不良:应配专人及时处理砂窝、石堆等问题,做到砂石级配良好。

(4) 在地下水位以下的砂石地基,其最下层的铺筑厚度可适当增加 50mm。

(5) 密实度不符合要求:坚持分层检查砂石地基的质量。每层的纯砂检查点的干砂质量密度必须符合规定,否则不能进行上一层的砂石施工。

(6) 砂石垫层厚度不宜小于 100mm,冻结的天然砂石不得使用。

5.2.2 换土垫层法

当软弱土地基的承载力和变形满足不了建筑物的要求,而软弱土层的厚度又不很大时,将基础底面下处理范围内的软弱土层部分或全部挖去,然后分层换填强度较大的砂、碎石、素土、灰土、二灰、粉煤灰、高炉干渣或其他性能稳定、无侵蚀性等材料,并压(夯、振)实至要求的密实度为止,这种地基处理方法称为换土垫层法。

通常基坑开挖后,利用分层回填压实,按理也可以处理较深的软弱土层,但经常会遇到地下水位高而需要降水措施;对坑壁放坡占地面积大或需要采取支护措施;施工放量大,弃土多等因素,从而使处理费用高、工期延长,因此换土垫层法的处理深度通常宜控制在 3m 内,但也不宜小于 0.5m,如果垫层太薄,则换土垫层法的处理效果就不显著。

5.2.2.1 换土垫层法的原理

换土垫层法是将基础下一定深度内的软弱土层挖去,回填强度较高的砂、碎石或灰土等,并夯至密实的一种地基处理方法。

常用的垫层有:砂垫层、砂卵石垫层、碎石垫层、灰土或素土垫层、煤渣垫层、矿渣垫层以及用其他性能稳定、无侵蚀性的材料做的垫层等。

换土垫层法的作用如下:

(1) 提高浅层地基承载力。因地基中的剪切破坏从基础底面开始,随应力的增大而向纵深发展。故以抗剪强度较高的砂或其他建筑材料置换基础下较弱的土层，可避免地基的破坏。

（2）减少沉降量。一般浅层地基的沉降量占总沉降量比例较大。加以密实砂或其他填筑材料代替上层软弱土层，就可以减少这部分的沉降量。由于砂层或其他垫层对应力的扩散作用，使作用在下卧层土上的压力较小，这样也会相应减少下卧层土的沉降量。

（3）加速软弱土层的排水固结。砂垫层和砂石垫层等垫层材料透水性强，软弱土层受压后，垫层可作为良好的排水面，使基础下面的孔隙水压力迅速消散，加速垫层下软弱土层的固结和提高其强度，避免地基发生塑性破坏。

（4）防止冻胀。因为粗颗粒的垫层材料空隙大，不易产生毛细管现象，因此可以防止寒冷地区中结冰所造成的冻胀。

（5）消除膨胀土的胀缩作用。

5.2.2.2 垫层的设计要点

垫层的设计（图 5-9）不但要满足建筑物对地基变形及稳定的要求，而且应符合经济合理的原则。其设计内容主要是确定断面的合理厚度和宽度。对于垫层，既要求有足够的厚度来置换可能被剪切破坏的软弱土层，又要有足够的宽度以防止垫层向两侧挤出。

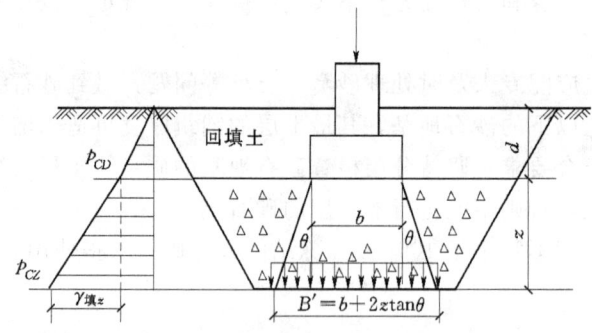

图 5-9 垫层设计图

1. 垫层厚度的确定

$$p_z + p_{cz} \leqslant f_z$$

式中 f_z——垫层底面处软弱土层承载力特征值，kPa；

p_{cz}——垫层底面处土的自重应力，kPa；

p_z——垫层底面处土的附加应力，kPa。

条形基础
$$p_z = \frac{(p_k - p_c)b}{b + 2z\tan\theta}$$

矩形基础
$$p_z = \frac{(p_k - p_c)bl}{(b + 2z\tan\theta)(l + 2z\tan\theta)}$$

式中 b——矩形基础或者条形基础底面的宽度，m；

l——矩形基础底面的长度，m；

p_k——相应于荷载效应标准组合时，基础底面处的平均压力值，kPa；

p_c——基础底面处土的自重压力值，kPa；

z——基础底面下垫层厚度，m；

θ——垫层的压力扩散角，(°)，宜通过试验确定，当无试验资料时可按《建筑地基处理技术规范》(JGJ 79—2012) 表 5-2 取值。

表 5-2　　　　　　　　垫层材料的压力扩散角

z/b 换填材料	中砂、粗砂、砾砂、圆砾、角砾、石屑、卵石、碎石、矿渣	粉质黏土粉煤灰	灰土	一层加筋	二层及二层以上加筋
0.25	20	6	28	25~30	28~38
≥0.50	30	23			

注　1. 当 $z/b<0.25$，除灰土取 $\theta=28°$、一层加筋取 $\theta=25°$、二层及二层以上加筋取 $\theta=28°$ 外，其他材料均取 $\theta=0°$，必要时宜由试验确定。
　　2. 当 $0.25<b/z<0.5$ 时，θ 值可内插求得。

计算时，一般先初步拟定一个垫层厚度，再用上述公式验算。如不合要求，则改变厚度，重新验算，直至满足为止。垫层厚度一般不宜大于 3m，太厚施工较困难，太薄（<0.5m）作用不显著。

2. 垫层宽度的确定

垫层的宽度除要满足应力扩散的要求外，还应防止垫层向两边挤动。如果垫层宽度不足，四周侧面土质又较软弱时，垫层就有可能部分挤入侧面软弱土中，使基础沉降增大。宽度计算通常可按扩散角法，如条形基础，垫层底面宽度 b' 应满足基础底面应力扩散的要求，可按下式确定：

$$b' \geqslant b + 2z\tan\theta$$

式中　b'——垫层底面宽度，m；
　　　θ——压力扩散角，可按表 5-2 采用；当 $b/z<0.25$ 时，仍按表中 $b/z=0.25$ 取值。

整片垫层底面的宽度可根据施工的要求适当加宽。垫层顶面宽度可从垫层底面两侧向上，按基坑开挖期间保持边坡稳定的当地经验放坡确定。垫层顶面每边超出基础底边不宜小于 300mm。

5.2.2.3　施工要点

(1) 垫层施工应根据不同的换填材料选择施工机械。粉质黏土、灰土宜采用平碾、振动碾或羊足碾，中小型工程也可采用蛙式夯、柴油夯。砂石等宜用振动碾。粉煤灰宜采用平碾、振动碾、平板振动器、蛙式夯。矿渣宜采用平板振动器或平碾，也可采用振动碾。

(2) 垫层的施工方法、分层铺填厚度、每层压实遍数等宜通过试验确定。除接触下卧软土层的垫层底部应根据施工机械设备及下卧层土质条件确定厚度外，一般情况下，垫层的分层铺填厚度可取 200~300mm。为保证分层压实质量，应控制机械碾压速度。

(3) 粉质黏土和灰土垫层土料的施工含水量宜控制在最优含水率±2% 的范围内，粉煤灰垫层的施工含水率宜控制在±4% 的范围内。最优含水率可通过击实试验确定，也可按当地经验取用。

(4) 当垫层底部存在古井、古墓、洞穴、旧基础、暗塘等软硬不均的部位时，应根据建筑对不均匀沉降的要求予以处理，并经检验合格后，方可铺填垫层。

（5）基坑开挖时应避免坑底土层受扰动，可保留约 200mm 厚的土层暂不挖去，待铺填垫层前再挖至设计标高。严禁扰动垫层下的软弱土层，防止其被践踏、受冻或受水浸泡。在碎石或卵石垫层底部宜设置 150~300mm 厚的砂垫层或铺一层土工织物，以防止软弱土层表面的局部破坏，同时必须防止基坑边坡坍土混入垫层。

（6）换填垫层施工应注意基坑排水，除采用水撼法施工砂垫层外，不得在浸水条件下施工，必要时应采用降低地下水位的措施。

（7）垫层底面宜设在同一标高上，如深度不同，基坑底土面应挖成阶梯或斜坡搭接，并按先深后浅的顺序进行垫层施工，搭接处应夯压密实。粉质黏土及灰土垫层分段施工时，不得在柱基、墙角及承重窗间墙下接缝。上下两层的缝距不得小于 500mm。接缝处应夯压密实。灰土应拌和均匀并应当日铺填夯压。灰土夯压密实后 3 天内不得受水浸泡。粉煤灰垫层铺填后宜当天压实，每层验收后应及时铺填上层或封层，防止干燥后松散起尘污染，同时应禁止车辆碾压通行。垫层竣工验收合格后，应及时进行基础施工与基坑回填。

（8）铺设土工合成材料施工，应符合以下要求：

1）地基土层顶面应平整，防止土工合成材料被刺穿、顶破。

2）土工合成材料应先铺纵向后铺横向，且铺设时应把土工合成材料张拉平整、绷紧，严禁有折皱。

3）土工合成材料的连接宜采用搭接法、缝接法或胶接法，连接强度不应低于原材料抗拉强度，端部应采用有效固定方法，防止筋材拉出。

4）应避免土工合成材料暴晒或裸露，阳光暴晒时间不应大于 8h。

5.2.2.4 质量检验

（1）对粉质黏土、灰土、粉煤灰和砂石垫层的施工质量检验可用环刀法、贯入仪、静力触探、轻型动力触探或标准贯入试验检验；对砂石、矿渣垫层可用重型动力触探检验，并均应通过现场试验以设计压实系数所对应的贯入度为标准检验垫层的施工质量。

（2）垫层的施工质量检验必须分层进行，应在每层的压实系数符合设计要求后铺设下层土。

（3）采用环刀法检验垫层的施工质量时，取样点应位于每层厚度的 2/3 深度处。检验点数量，对大基坑每 50~100m^2 不应少于 1 个检验点；对基槽每 10~20m 不应少于 1 个点；每个独立柱基不应少于 1 个点。采用贯入仪或动力触探检验垫层的施工质量时，每分层检验点的间距应小于 4m。

（4）竣工验收采用载荷试验检验垫层承载力时，每个单体工程不宜少于 3 个点；对于大型工程则应按单体工程的数量或工程的面积确定检验点数。在有充分试验依据时也可采用标准贯入试验或静力触探试验。

（5）对加筋垫层中土工合成材料应进行如下检验：

1）土工合成材料质量符合设计要求、外观无破损、无老化、无污染。

2）土工合成材料要求张拉平整、无皱折、紧贴下承层，锚固端锚固牢固。

3）上下层土工合成材料搭接缝要交替错开，搭接强度应满足设计要求。

5.2.3 排水固结法

排水固结预压法是对天然地基,或先在地基中设置砂井(袋装砂井或塑料排水带)等竖向排水体,然后利用建筑物本身重量分级逐渐加载;或在建筑物建造前在场地上先行加载预压,使土体中的孔隙水排出,逐渐固结,地基发生沉降,同时强度逐步提高的方法。排水固结的原理是地基在荷载作用下,通过布置竖向排水井(砂井或塑料排水袋等),使土中的孔隙水被慢慢排出,孔隙比减小,地基发生固结变形,地基土的强度逐渐增长。

5.2.3.1 一般规定

(1) 预压法包括堆载预压法和真空预压法。预压法适用于处理淤泥质土、淤泥和冲填土等饱和黏性土地基。

(2) 预压法处理地基应预先通过勘察查明土层在水平和竖直方向的分布、层理变化,查明透水层的位置、地下水类型及水源补给情况等。并应通过土工试验确定土层的先期固结压力、孔隙比与固结压力的关系、渗透系数、固结系数、三轴试验抗剪强度指标以及原位十字板抗剪强度等。

(3) 对重要工程,应在现场选择试验区进行预压试验,在预压过程中应进行地基竖向变形、侧向位移、孔隙水压力、地下水位等项目的监测并进行原位十字板剪切试验和室内土工试验。根据试验区获得的监测资料确定加载速率控制指标、推算土的固结系数、固结度及最终竖向变形等,分析地基处理效果,对原设计进行修正,并指导全场的设计与施工。

(4) 对堆载预压工程,预压荷载应分级逐渐施加,确保每级荷载下地基的稳定性,而对真空预压工程,可一次连续抽真空至最大压力。

(5) 对主要以变形控制的建筑,当塑料排水带或砂井等排水竖井处理深度范围和竖井底面以下受压土层经预压所完成的变形量和平均固结度符合设计要求时,方可卸载对主要以地基承载力或抗滑稳定性控制的建筑,当地基土经预压而增长的强度满足建筑物地基承载力或稳定性要求时,方可卸载。

5.2.3.2 施工要点

1. 堆载预压法

(1) 塑料排水带的性能指标必须符合设计要求。塑料排水带在现场应妥加保护,防止阳光照射、破损或污染,破损或污染的塑料排水带不得在工程中使用。

(2) 砂井的灌砂量,应按井孔的体积和砂在中密状态时的干密度计算,其实际灌砂量不得小于计算值的 95%。灌入砂袋中的砂宜用干砂,并应灌制密实。

(3) 塑料排水带和袋装砂井施工时,宜配置能检测其深度的设备。

(4) 塑料排水带施工所用套管应保证插入地基中的带子不扭曲。塑料排水带需接长时,应采用滤膜内芯带平搭接的连接方法,搭接长度宜大于 200mm。袋装砂井施工所用套管内径宜略大于砂井直径。塑料排水带和袋装砂井施工时,平面井距偏差不应大于井径,垂直度偏差不应大于 1.5%,深度不得小于设计要求。塑料排水带和袋装砂井砂袋埋入砂垫层中的长度不应小于 500mm。

(5) 对堆载预压工程,在加载过程中应进行竖向变形、边桩水平位移及孔隙水压力等项目的监测,且根据监测资料控制加载速率。对竖井地基,最大竖向变形量每天不应超过 15mm,对天然地基,最大竖向变形量每天不应超过 10mm;边桩水平位移每天不应超过

5mm，并且应根据上述观察资料综合分析、判断地基的稳定性。

2．真空预压法

（1）真空预压的抽气设备宜采用射流真空泵，空抽时必须达到95kPa以上的真空吸力，真空泵的设置应根据预压面积大小和形状、真空泵效率和工程经验确定，们每块预压区至少应设置两台真空泵。

（2）真空管路的连接应严格密封，在真空管路中应设置止回阀和截门。水平向分布滤水管可采用条状、梳齿状及羽毛状等形式，滤水管布置宜形成回路。滤水管应设在砂垫层中，其上覆盖厚度100～200mm的砂层。滤水管可采用钢管或塑料管，外包尼龙纱或土工织物等滤水材料。

（3）密封膜应采用抗老化性能好、韧性好、抗穿刺性能强的不透气材料。密封膜热合时宜采用双热合缝的平搭接，搭接宽度应大于15mm。密封膜宜铺设三层，膜周边可采用挖沟埋膜、平铺并用黏土覆盖压边、围捻沟内及膜上覆水等方法进行密封。

（4）采用真空-堆载联合预压时，先进行抽真空，当真空压力达到设计要求并稳定后，再进行堆载，并继续抽气，堆载时需在膜上铺设土工编织布等保护材料。

5.2.3.3 质量检验及验收

1．施工过程质量检验和监测

施工过程质量检验和监测应包括以下内容：

（1）塑料排水带必须在现场随机抽样送往实验室进行性能指标的测试，其性能指标包括纵向通水量、复合体抗拉强度、滤膜抗拉强度、滤膜渗透系数和等效孔径等。

（2）对不同来源的砂井和砂垫层砂料，必须取样进行颗粒分析和渗透性试验。

（3）对于以抗滑稳定控制的重要工程，应在预压区内选择代表性地点预留孔位，在加载不同阶段进行原位十字板剪切试验和取土进行室内土工试验。

（4）对预压工程，应进行地基竖向变形、侧向位移和孔隙水压力等项目的监测。

（5）真空预压工程除应进行地基变形、孔隙水压力的监测外，尚应进行膜下真空度和地下水位的量测。

2．预压法竣工验收检验

预压法竣工验收检验应符合下列规定：

（1）排水竖井处理深度范围内和竖井底面以下受压土层，经预压所完成的竖向变形和平均固结度应满足设计要求。

（2）应对预压的地基土进行原位十字板剪切试验和室内土工试验。必要时，尚应进行现场载荷试验，试验数量不应少于3点。

5.2.4 振密挤密法

5.2.4.1 灰土挤密桩

灰土挤密桩是利用锤击将钢管打入土中侧向挤密成孔，将管拔出后，在桩孔中分层回填2∶8或3∶7灰土夯实而成，与桩间土共同组成复合地基以承受上部荷载。

1．特点及适用范围

灰土挤密桩与其他地基处理方法比较，有以下特点：灰土挤密桩成桩时为横向挤密，可同样达到所要求加密处理后的最大干密度指标，可消除地基土的湿陷性，提高承载力，降低压缩性;与换土垫层相比,不需大量开挖回填,可节省土方开挖和回填土方工程量,工期可缩短 50% 以上;处理深度较大,可达 12~15m;可就地取材,应用廉价材料,降低工程造价 2/3;机具简单,施工方便,工效高。适于加固地下水位以上、天然含水率 12%~25%、厚度 5~15m 的新填土、杂填土、湿陷性黄土以及含水率较大的软弱地基。当地基土含水率大于 23% 及其饱和度大于 0.65 时,打管成孔质量不好,且易对邻近已回填的桩体造成破坏,拔管后容易缩颈,遇此情况不宜采用灰土挤密桩。

灰土强度较高,桩身强度大于周围地基土,可以分担较大部分荷载,使桩间土承受的应力减小,而到深度 2~4m 以下则与土桩地基相似。一般情况下,如为了消除地基湿陷性或提高地基的承载力或水稳性,降低压缩性,宜选用灰土桩。

2．桩的构造和布置

(1) 桩孔直径。根据工程量、挤密效果、施工设备、成孔方法及经济等情况而定,一般选用 300~600mm。

(2) 桩长。根据土质情况、桩处理地基的深度、工程要求和成孔设备等因素确定,一般为 5~15m。

(3) 桩距和排距。桩孔一般按等边三角形布置,其间距和排距由设计确定。

(4) 处理宽度。处理地基的宽度一般大于基础的宽度,由设计确定。

(5) 地基的承载力和压缩模量。灰土挤密桩处理地基的承载力标准值,应由设计通过原位测试或结合当地经验确定。灰土挤密桩地基的压缩模量应通过试验或结合本地经验确定。

3．机具设备及材料要求

(1) 成孔设备。一般采用 0.6t 或 1.2t 柴油打桩机或自制锤击式打桩机,也可采用冲击钻机或洛阳铲成孔。

(2) 夯实机具。常用夯实机具有偏心轮夹杆式夯实机和卷扬机提升式夯实机两种,后者工程中应用较多。夯锤用铸钢制成,重量一般选用 100~300kg,其竖向投影面积的静压力不小于 20kPa。夯锤最大部分的直径应较桩孔直径小 100~150mm,以便填料顺利通过夯锤 4 周。夯锤形状下端应为抛物线形锥体或尖锥形锥体,上段成弧形。

(3) 桩孔内的填料。桩孔内的填料应根据工程要求或处理地基的目的确定。土料、石灰质量要求和工艺要求、含水率控制等同灰土垫层。夯实质量应用压实系数 λ_c 控制,λ_c 应不小于 0.97。

4．施工工艺方法要点

(1) 施工前应在现场进行成孔、夯填工艺和挤密效果试验,以确定分层填料厚度、夯击次数和夯实后干密度等要求。

(2) 桩施工一般采取先将基坑挖好,预留 20~30cm 土层,然后在坑内施工灰土桩。桩的成孔方法可根据现场机具条件选用沉管(振动、锤击)法、爆扩法、冲击法或洛阳铲成孔法等。沉管法是用打桩机将与桩孔同直径的钢管打入土中,使土向孔的周围挤密,然后缓慢拔管成孔。桩管顶设桩帽,下端作成锥形约成 60°角,桩尖可以上下活动(图 5-10),以利于空气流动,可减少拔管时的阻力,避免坍孔。成孔后应及时拔出桩管,不应在土中搁置时间过长。成孔施工时,地基土宜接近最优含水率,当含水率低于 12% 时,宜加水增湿至最优含水率。本方法简单易行,孔壁光滑平整,挤密效果好,应用最广。但处理深度受桩架限制,一般不超过 8m。爆扩法系用钢钎打人土中形成直径 25~40mm 孔或用洛阳铲打成直径 60~80mm 孔,然后在孔中装人条形炸药卷和 2~3 个雷管,爆扩成直径 20~45cm。本方法工艺简单,但孔径不易控制。冲击法是使用冲击钻钻孔,将 0.6~3.2t 重锥形锤头提升 0.5~2.0m 高后落下,反复冲击成孔,用泥浆护壁,直径可达 50~60cm,深度可达 15m 以上,适于处理湿陷性较大的土层。

(3) 桩施工顺序应先外排后里排,同排内应间隔 1~2 孔进行;对大型工程可采取分段施工,以免因振动挤压造成相邻孔缩孔或坍孔。成孔后应清底夯实、夯平,夯实次数不少于 8 击,并立即夯填灰土。

(4) 桩孔应分层回填夯实,每次回填厚度为 250~400mm,人工夯实用重 25kg,带长柄的混凝土锤,机械夯实用偏心轮夹杆或夯实机或卷扬机提升式夯实机(图 5-11),或链条传动摩擦轮提升连续式夯实机,一般落锤高度不小于 2m,每层夯实不少于 10 锤。施打时,逐层以量斗定量向孔内下料,逐层夯实。当采用连续夯实机时,则将灰土用铁锹不间断地下料,每下 2 锹夯 2 击,均匀地向桩孔下料、夯实。桩顶应高出设计标高 15cm,挖土时将高出部分铲除。

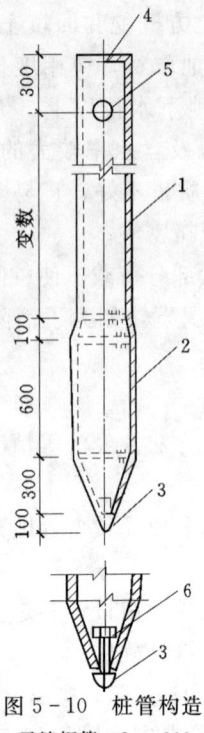

图 5-10 桩管构造

1—ϕ275mm 无缝钢管;2—ϕ300mm×10mm 无缝钢管;3—活动桩尖;4—10mm 厚封头板(设 ϕ300mm 排气孔);5—ϕ45mm 管焊于桩管内,穿 M40 螺栓;6—重块

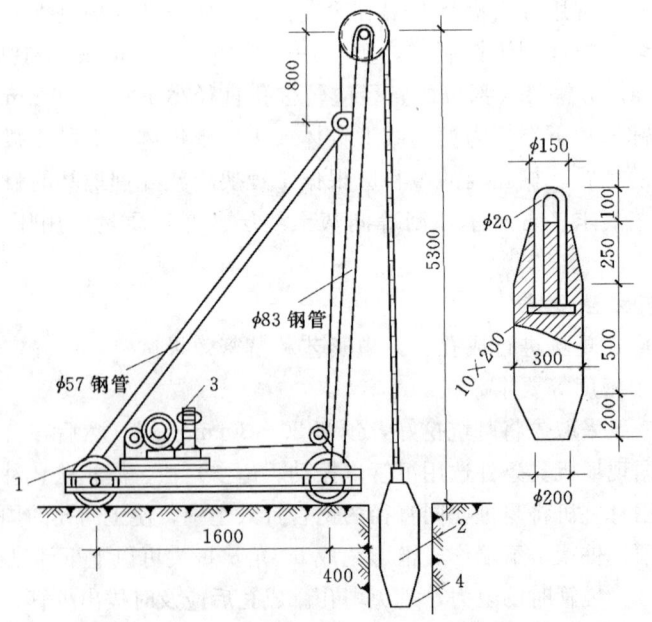

图 5-11 灰土桩夯实机构造(桩直径 350mm)

1—机架;2—铸钢夯锤,重 45kg;3—1t 卷扬机;4—桩孔

5.2 地基处理方法

(5) 若孔底出现饱和软弱土层时,可加大成孔间距,以防由于振动而造成已打好的桩孔内挤塞;当孔底有地下水流入时,可采用井点降水后再回填填料或向桩孔内填入一定数量的干砖渣和石灰,经夯实后再分层填入填料。

5. 质量控制

(1) 施工前应对土及灰土的质量、桩孔放样位置等进行检查。

(2) 施工中应对桩孔直径、桩孔深度、夯击次数、填料的含水量等进行检查。

(3) 施工结束后应对成桩的质量及地基承载力进行检验。

(4) 灰土挤密桩地基质量检验标准见表5-3。

表5-3　　　　　　　　灰土挤密桩地基质量检验标准

项目	序次	检查项目	允许偏差或允许值		检查方法
			单位	数值	
主控项目	1	桩体及桩间土干密度	按设计要求		现场取样检查
	2	桩长	mm	+500 -0	测桩管长度或垂球测孔深
	3	地基承载力	按设计要求		按规定的方法
	4	桩径	mm	-20	尺量
一般项目	1	土料有机质含量	%	≤5	试验室焙烧法
	2	石灰粒径	mm	≤5	筛分法
	3	桩位偏差		满堂布桩≤0.4D 条基布桩≤0.25D	用钢尺量,D为桩径
	4	垂直度	%	≤1.5	用经纬仪测桩管
	5	桩径	mm	-20	用钢尺量

注　桩径允许偏差负值是指个别断面。

5.2.4.2 砂石桩地基

砂桩和砂石桩统称砂石桩,是指用振动、冲击或水冲等方式在软弱地基中成孔后,再将砂或砂卵石(或砾石、碎石)挤压入土孔中,形成大直径的砂或砂卵石(碎石)所构成的密实桩体,它是处理软弱地基的一种常用的方法。

这种方法经济、简单且有效。对于松砂地基,可通过挤压、振动等作用,使地基达到密实,从而增加地基承载力,降低孔隙比,减少建筑物沉降,提高砂基抵抗震动液化的能力;用于处理软黏土地基,可起到置换和排水砂井的作用,加速土的固结,形成置换桩与固结后软黏土的复合地基,显著地提高地基抗剪强度;而且,这种桩施工机具常规,操作工艺简单,可节省水泥、钢材,就地使用廉价地方材料,速度快,工程成本低,故应用较为广泛。适用于挤密松散砂土、素填土和杂填土等地基,对建在饱和黏性土地基上主要不以变形控制的工程,也可采用砂石桩作置换处理。

1. 一般构造要求与布置

(1) 桩的直径。根据土质类别、成孔机具设备条件和工程情况等而定,一般为30cm,

最大 50～80cm，对饱和黏性土地基宜选用较大的直径。

（2）桩的长度。当地基中的松散土层厚度不大时，可穿透整个松散土层；当厚度较大时，应根据建筑物地基的允许变形值和不小于最危险滑动面的深度来确定；对于液化砂层，桩长应穿透可液化层。

（3）桩的布置和桩距。桩的平面布置宜采用等边三角形或正方形。桩距应通过现场试验确定，但不宜大于砂石桩直径的 4 倍。

（4）处理宽度。挤密地基的宽度应超出基础的宽度，每边放宽不应少于 1～3 排；砂石桩用于防止砂层液化时，每边放宽不宜小于处理深度的 1/2，并且不应小于 5m。当可液化层上覆盖有厚度大于 3m 的非液化层时，每边放宽不宜小于液化层厚度的 1/2，并且不应小于 3m。

（5）垫层。在砂石桩顶面应铺设 30～50cm 厚的砂或砂砾石（碎石）垫层，满布于基底并予以压实，以起扩散应力和排水作用。

（6）地基的承载力和变形模量。砂石桩处理的复合地基承载力和变形模量可按现场复合地基载荷试验确定，也可用单桩和桩间土的载荷试验方法计算确定。

2．机具设备及材料要求

（1）振动沉管打桩机或锤击沉管打桩机，配套机具有桩管、吊斗、1t 机动翻斗车等。

（2）桩填料用天然级配的中砂、粗砂、砾砂、圆砾、角砾、卵石或碎石等，含泥量不大于 5%，并且不宜含有大于 50mm 的颗粒。

3．施工工艺方法要点

（1）打砂石桩地基表面会产生松动或隆起，砂石桩施工标高要比基础底面高 1～2m，以便在开挖基坑时消除表层松土；如基坑底仍不够密实，可辅以人工夯实或机械碾压。

（2）砂石桩的施工顺序，应从外围或两侧向中间进行，如砂石桩间距较大，亦可逐排进行，以挤密为主的砂石桩同一排应间隔进行。

（3）砂石桩成桩工艺有振动成桩法和锤击成桩法两种。振动法系采用振动沉桩机将带活瓣桩尖的砂石桩同直径的钢管沉下，往桩管内灌砂石后，边振动边缓慢拔出桩管；或在振动拔管的过程中，每拔 0.5m 高停拔振动 20～30s；或将桩管压下然后再拔，以便将落入桩孔内的砂石压实，并可使桩径扩大。振动力以 30～70kN 为宜，不应太大，以防过分扰动土体。拔管速度应控制在 1.0～1.5m/min 范围内，打直径 500～700mm 砂石桩通常采用大吨位 KM2-1200A 型振动打桩机（图 5-12）施工，因振动是垂直方向的，所以桩径扩大有

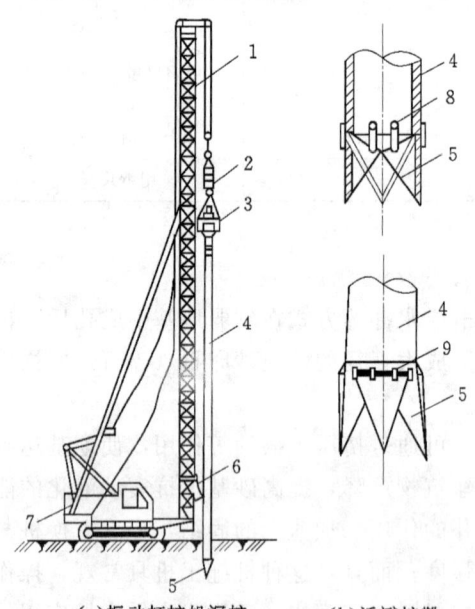

图 5-12 振动打桩机打砂石桩
1—桩机导架；2—减震器；3—振动锤；4—桩管；
5—活瓣桩尖；6—装砂石下料斗；7—机座；
8—活门开启限位装置；9—锁轴

限。本法机械化、自动化水平和生产效率较高（150～200m/d），适用于松散砂土和软黏土。锤击法是将带有活瓣桩靴或混凝土桩尖的桩管，用锤击沉桩机打入土中，往桩管内灌砂后缓慢拔出，或在拔出过程中低锤击管，或将桩管压下再拔，砂石从桩管内排入桩孔成桩并使密实。由于桩管对土的冲击力作用，使桩周围土得到挤密，并使桩径向外扩展。但拔管不能过快，以免形成中断、缩颈而造成事故。对特别软弱的土层，也可采取二次打入桩管灌砂石工艺，形成扩大砂石桩。如缺乏锤击沉管机，也可采用蒸汽锤、落锤或柴油打桩机沉桩管，另配一台起重机拔管。本方法适用于软弱黏性土。

(4) 施工前应进行成桩挤密试验，桩数宜为7～9根。振动法应根据沉管和挤密情况，以确定填砂石量、提升高度和速度、挤压次数和时间、电机工作电流等，作为控制质量的标准，以保证挤密均匀和桩身的连续性。

(5) 灌砂石时含水量应加控制，对饱和土层，砂石可采用饱和状态，对非饱和土或杂填土，或能形成直立的桩孔壁的土层，含水量可采用7%～9%。

(6) 砂石桩应控制填砂石量。砂石桩孔内的填砂石量可按下式计算：

$$S=\frac{A_p l d_s}{1+e}(1+0.01w)$$

式中　S——填砂石量（以重量计）；

A_p——砂石桩的截面积；

l——桩长；

d_s——砂石料的相对密度；

e——地基挤密后要求达到的孔隙比；

w——砂石料的含水量，%。

砂桩的灌砂量通常按桩孔的体积和砂在中密状态时的干密度计算（一般取2倍桩管入土体积）。砂石桩实际灌砂石量（不包括水重），不得少于设计值的95%。如发现砂石量不够或砂石桩中断等情况，可在原位进行复打灌砂石。

4．质量控制

(1) 施工前应检查砂、砂石料的含泥量及有机质含量、样桩的位置等。

(2) 施工中检查每根砂桩、砂石桩的桩位、灌砂、砂石量、标高、垂直度等。

(3) 施工结束后检查被加固地基的强度（挤密效果）和承载力。桩身及桩与桩之间土的挤密质量、可用标准贯入、静力触探或动力触探等方法检测，以不小于设计要求的数值为合格。桩间土质量的检测位置应在等边三角形或正方形的中心。

(4) 施工后应间隔一定时间方可进行质量检验。对饱和黏性土应待超孔隙水压基本消散后进行，间隔时间宜为1～2周；对其他土可在施工后2～3天进行。

(5) 砂桩、砂石桩地基的质量检验标准见表5-4。

5.2.4.3 水泥粉煤灰碎石桩地基

水泥粉煤灰碎石桩（cement fly-ash gravel pile），简称CFG桩，是近年发展起来的处理软弱地基的一种新方法。它是在碎石桩的基础上掺入适量石屑、粉煤灰和少量水泥，加水拌和后制成具有一定强度的桩体。其骨料仍为碎石，用掺入石屑来改善颗粒级配；掺入粉煤灰来改善混合料的和易性，并利用其活性减少水泥用量；掺入少量水泥使具一定黏结

表 5-4 砂桩、砂石桩地基的质量检验标准

项目	序次	检查项目	允许偏差或允许值		检查方法
			单位	数值	
主控项目	1	灌砂、砂石量	%	≥95	实际用砂、砂石量与计算体积比
	2	地基强度	设计要求		按规定的方法
	3	地基承载力	设计要求		按规定的方法
一般项目	1	砂、砂石料的含泥量	%	≤3	试验室测定
	2	砂、砂石料的有机质含量	%	≤5	焙烧法
	3	桩位	mm	≤50	用钢尺量
	4	砂桩、砂石桩标高	mm	±150	水准仪
	5	垂直度	%	≤1.5	经纬仪检查桩管垂直度

强度。它不同于碎石桩,碎石桩是由松散的碎石组成,在荷载作用下将会产生鼓胀变形,当桩周土为强度较低的软黏土时,桩体易产生鼓胀破坏;并且碎石桩仅在上部约 3 倍桩径长度的范围内传递荷载,超过此长度,增加桩长,承载力提高不显著,故此碎石桩加固黏性土地基,承载力提高幅度不大(约 20%～60%)。而 CFG 桩是一种低强度混凝土桩,可充分利用桩间土的承载力,共同作用,并可传递荷载到深层地基中去,具有较好的技术性能和经济效果。

1. 特点及适用范围

CFG 桩的特点是:改变桩长、桩径、桩距等设计参数,可使承载力在较大范围内调整;有较高的承载力,承载力提高幅度在 250%～300%,对软土地基承载力提高更大;沉降量小,变形稳定快,如将 CFG 桩落在较硬的土层上,可较严格地控制地基沉降量(在 10mm 以内);工艺性好,由于大量采用粉煤灰,桩体材料具有良好的流动性与和易性,灌筑方便,易于控制施工质量;可节约大量水泥、钢材,利用工业废料,消耗大量粉煤灰,降低工程费用,与预制钢筋混凝土桩加固相比,可节省投资 30%～40%。

CFG 桩适于多层和高层建筑地基,如砂土、粉土、松散填土、粉质黏土、黏土、淤泥质黏土等的处理。

2. 构造要求

(1) 桩径。根据振动沉桩机的管径大小而定,一般为 350～400mm。

(2) 桩距根据土质、布桩形式、场地情况,可按表 5-5 选用。

表 5-5 桩距选用表

布桩形式 \ 土质（桩距）	挤密性好的土,如砂土、粉土、松散填土等	可挤密性土,如粉质黏土、非饱和黏土等	不可挤密性土,如饱和黏土、淤泥质土等
单、双排布桩的条基	(3～5)D	(3.5～5)D	(4～5)D
含 9 根以下的独立基础	(3～6)D	(3.5～6)D	(4～6)D
满堂布桩	(4～6)D	(4～6)D	(4.5～7)D

注 D 为桩径,以成桩后桩的实际桩径为准。

(3) 桩长。根据需挤密加固深度而定，一般为 6～12m。

3. 机具设备

CFG 桩成孔、灌筑一般采用振动式沉管打桩机架，配 DZJ90 型变矩式振动锤，主要技术参数为：电动机功率：90kW；激振力：0～747kN；质量：6700kg。也可根据现场土质情况和设计要求的桩长、桩径，选用其他类型的振动锤。也可采用履带式起重机、走管式或轨道式打桩机，配有挺杆、桩管。桩音外径分 ϕ325mm 和 ϕ377mm 两种。此外配备混凝土搅拌机及电动气焊设备及手推车、吊斗等机具。

4. 材料要求及配合比

(1) 碎石。粒径 20～50mm，松散密度 1.39t/m³，杂质含量小于 5%。

(2) 石屑。粒径 2.5～10mm，松散密度 1.47t/m³，杂质含量小于 5%。

(3) 粉煤灰。用Ⅲ级粉煤灰。

(4) 水泥。用强度等级 32.5 普通硅酸盐水泥，新鲜无结块。

(5) 混合料配合比。根据拟加固场地的土质情况及加固后要求达到的承载力而定。水泥、粉煤灰、碎石混合料的配合比相当于抗压强度为 C1.2～C7 的低强度等级混凝土，密度大于 2.0t/m³。掺加最佳石屑率（石屑量与碎石和石屑总重量之比）约为 25%左右情况下，当 w/c（水与水泥用量之比）为 1.01～1.47，F/c（粉煤灰与水泥重量之比）为 1.02～1.65，混凝土抗压强度约为 8.8～1.42MPa。

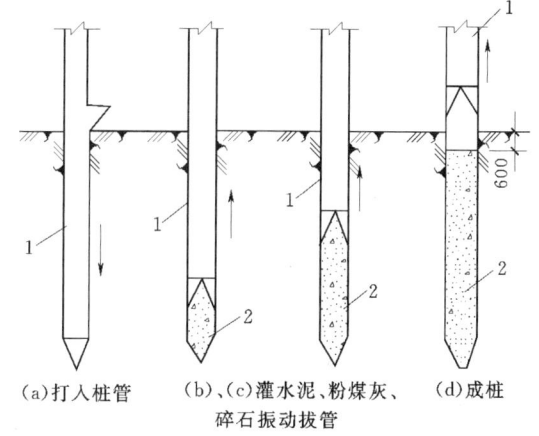

图 5-13 水泥粉煤灰碎石桩工艺流程
1—桩管；2—水泥、粉煤灰、碎石桩

(a) 打入桩管　(b)、(c) 灌水泥、粉煤灰、碎石振动拔管　(d) 成桩

5. 施工工艺方法要点

(1) CFG 桩施工工艺如图 5-13 所示。

(2) 桩施工程序为：桩机就位—沉管至设计深度—停振下料—振动捣实后拔管—留振 10s—振动拔管、复打。应考虑隔排隔桩跳打，新打桩与已打桩间隔时间不应少于 7 天。

(3) 桩机就位须平整、稳固，沉管与地面保持垂直，垂直度偏差不大于 1.5%；如带预制混凝土桩尖，需埋入地面以下 300mm。

(4) 在沉管过程中用料斗在空中向桩管内投料，待沉管至设计标高后须尽快投料，直至混合料与钢管上部投料口齐平。如上料量不够，可在拔管过程中继续投料，以保证成桩标高、密实度要求。混合料应按设计配合比配制，投入搅拌机加水拌和，搅拌时间不少于 2min，加水量由混合料坍落度控制，一般坍落度为 30～50mm；成桩后桩顶浮浆厚度一般不超过 200mm。

(5) 当混合料加至钢管投料口齐平后，沉管在原地留振 10s 左右，即可边振动边拔管，拔管速度控制在 1.2～1.5m/min 左右，每提升 1.5～2.0m，留振 20s。桩管拔出地面确认成桩符合设计要求后,用粒状材料或黏土封顶。

(6)桩体经7天达到一定强度后,始可进行基槽开挖;如桩顶离地面在1.5m以内,宜用人工开挖;如大于1.5m,下部700mm也宜用人工开挖,以避免损坏桩头部分。为使桩与桩间土更好地共同工作,在基础下宜铺一层150～300mm厚的碎石或灰土垫层。

6. 质量控制

(1)施工前应对水泥、粉煤灰、砂及碎石等原材料进行检验。

(2)施工中应检查桩身混合料的配合比、坍落度、提拔杆速度(或提套管速度)、成孔深度、混合料灌入量等。

(3)施工结束后应对桩顶标高、桩位、桩体强度及完整性、复合地基承载力以及褥垫层的质量进行检查。

(4)水泥粉煤灰碎石桩复合地基的质量检验标准见表5-6。

表5-6　　　　　水泥粉煤灰碎石桩复合地基质量检验标准

项目	序次	检查项目	允许偏差或允许值		检查方法
			单位	数值	
主控项目	1	原材料	符合有关规范、规程要求、设计要求		检查出厂合格证及抽样送检
	2	桩径	mm	-20	尺量或计算填料量
	3	桩身强度		设计要求	查28天试块强度
	4	地基承载力		设计要求	按规定的方法
一般项目	1	桩身完整性		按有关检测规范	按有关检测规范
	2	桩位偏差		满堂布桩≤0.4D 条基布桩≤0.25D	用钢尺量,D为桩径
	3	桩垂直度	%	≤1.5	用经纬仪测桩管
	4	桩长	mm	+100	测桩管长度或垂球测孔深
	5	褥垫层夯填度		≤0.9	用钢尺量

注　1. 夯填度指夯实后的褥垫层厚度与虚体厚度的比值。
　　2. 桩径允许偏差负值是指个别断面。

5.2.4.4　夯实水泥土复合地基

夯实水泥土复合地基系用洛阳铲或螺旋钻机成孔,在孔中分层填入水泥、土混合料经夯实成桩,与桩间土共同组成复合地基。

1. 特点及适用范围

夯实水泥土复合地基,具有提高地基承载力(50%～100%),降低压缩性;材料易于解决;施工机具设备、工艺简单,施工方便,工效高,地基处理费用低等优点。适于加固地下水位以上,天然含水量12%～23%、厚度10m以内的新填土、杂填土、湿陷性黄土以及含水率较大的软弱土地基。

2. 桩的构造与布置

桩孔直径根据设计要求、成孔方法及技术经济效果等情况而定,一般选用300～

500mm；桩长根据土质情况、处理地基的深度和成孔工具设备等因素确定，一般为3～10m，桩端进入持力层应不小于1～2倍桩径。桩多采用条基（单排或双排）、或满堂布置；桩体间距0.75～1.0m，排距0.65～1.0m；在桩顶铺设150～200mm厚3：7灰土褥垫层。

3．机具设备及材料要求

成孔机具采用洛阳铲或螺旋钻机；夯实机具用偏心轮夹杆式夯实机。采用桩径330mm时，夯锤重量不小于60kg，锤径不大于270mm，落距不小于700mm。

水泥用强度等级32.5的普通硅酸盐水泥，要求新鲜无结块；土料应用不含垃圾杂物，有机质含量不大于8%的基坑挖出的黏性土，破碎并过20mm孔筛。水泥土拌和料配合比为1：7（体积比）。

4．施工工艺方法要点

（1）施工前应在现场进行成孔，夯填工艺和挤密效果试验，以确定分层填料厚度、夯击次数和夯实后桩体干密度要求。

（2）夯实水泥土桩的工艺流程为：场地平整—测量放线—基坑开挖—布置桩位—第一批桩梅花形成孔—水泥、土料拌和—填料并夯实—剩余桩成孔—水泥、土料拌和—填料并夯实—养护—检测—铺设灰土褥垫层。

（3）按设计顺序定位放线，严格布置桩孔，并记录布桩的根数，以防止遗漏。

（4）采用人工洛阳铲或螺旋钻机成孔时，按梅花形布置进行并及时成桩，以避免大面积成孔后，再成桩。由于夯机自重和夯锤的冲击，地表水灌入孔内而造成塌孔。

（5）回填拌和料配合比应用量斗计量准确，拌和均匀；含水率控制应以手握成团，落地散开为宜。

（6）向孔内填料前，先夯实孔底，采用二夯一填的连续成桩工艺。每根桩要求一气呵成，不得中断，防止出现松填或漏填现象。桩身密实度要求成桩1h后，击数不小于30击，用轻便触探检查"检定击数"。

5．质量控制

（1）水泥及夯实用土料的质量应符合设计要求。

（2）施工中应检查孔位、孔深、水泥和土的配比、混合料含水量等。

（3）施工结束后，应对桩体质量及复合地基承载力做试验，褥垫层应检查其夯填度。

（4）夯实水泥土桩的质量标准应符合表5-7的要求。

表5-7　　　　　　　　夯实水泥土桩复合地基质量检验标准

项目	序次	检查项目	允许偏差或允许值		检查方法
			单位	数值	
主控项目	1	桩径	mm	－20	用钢尺量
	2	桩长	mm	＋500	测桩孔深度
	3	桩体干密度		设计要求	现场取样检查
	4	地基承载力		设计要求	按规定的方法

续表

项目	序次	检查项目	允许偏差或允许值		检查方法
			单位	数值	
一般项目	1	土料有机质含量	%	≤5	焙烧法
	2	含水率（与最优含水率）	%	±2	烘干法
	3	土料粒径	mm	≤20	筛分法
	4	水泥质量	设计要求		查产品质量合格证书或抽样送检
	5	桩位偏差	满堂布桩≤0.4D 条基布桩≤0.25D		用钢尺量，D为桩径
	6	桩垂直度	%	≤1.5	用经纬仪测桩管
	7	褥垫层夯填度	≤0.9		用钢尺量

5.2.5 置换、拌入法

置换及拌入法有以下几种方法：垫层法，开挖置换法，振冲置换法，高压喷射注浆法，深层搅拌法，石灰桩法，褥垫法。

5.2.5.1 振冲置换法

振冲置换法也称振动水冲碎石桩法，适用于处理不排水抗剪强度不小于20kPa的黏质土、粉质土、饱和黄土等地基。其加固机理利用振冲器在一定控制电流值下，产生一定频率和振幅的水平向振动力，与一根从振冲器中心穿过的高压水管所喷出的高压水，边冲边振，在软弱黏质土地基中成孔，再在孔内分批填入碎石等坚硬材料制成粗大密实的桩体，并与桩周的黏质土构成复全地基。复合地基中的桩体有应力集中和砂井排水双重作用，桩长未到达硬土层时复合地基又起着垫层的作用，因而能提高地基抗剪强度和整体承载力，减少沉降。

1. 施工设计技术要求及参数

(1) 加固范围：一般在基础外缘扩大1～2排桩，对可液化地基应扩大2～4排桩。

(2) 桩的直径：振冲桩的特点是基土越软、振动越大，桩径也越粗，反之就越细。因此桩体直径竖向并不均匀，只是按填料量估算平均直径，一般为0.8～1.2m。

(3) 桩的间距：应根据荷载和基土的抗剪强度确定，一般为1.5～2.5m，荷载大的、基土强度低的或桩端未达硬土层的应取小值，反之可取大值。桩位按等边三角形或正方形布置。

(4) 桩的深度：或称桩长即垫层底面以下桩的实有长度，一般为4～10m。当硬土层埋藏深度不大（小于10m）时，桩长应伸至硬土层；当硬土层埋藏较深，应按建筑物地基的允许变形值确定；在可液化的地基中，桩长应按要求的抗震处理深度确定。

(5) 桩体材料：可用泥量不大于10%的硬质碎石、砾卵石，粒径不宜超过8cm，通常为2～5cm；无级配要求。

2. 施工

(1) 施工准备。

1) 要做好三通：保证施工所需足够的水量、水压；三相、单相两种电源，如果没有电源需自备发电机组;场内外运输道路畅通。

2) 场地布置:平整场地后妥善布置供水管、电路、运道、清水池、泥水排放沟、沉淀地、堆料场地等。

3) 测量定位:测定加固区高程,宜为设计桩顶高程以上1m,订出桩点位置(偏差不大于5cm),并按先外圈后内圈的振冲顺序编号。

4) 机具准备:不论是振冲置换还是振冲密实,其施工用主要机具都是:振冲器、吊机、水泵、控制操作台。吊机要求起重能力为100~200kN,起吊高度大于加固深度3m以上,并加设导向架与吊机臂临时固定;水泵及供水管压力宜为0.6~0.8MPa,流量宜为20~30m³/h;控制电流和水压的操作台须附150A以上容量的电流表、500V电压表。设备和主要仪表均应在开工前严格检查调试完毕。此外还有加料斗或翻斗车等。

5) 做振冲试验,以便确定成孔施工合适的数据,如水压、水量、成孔速度及填料方法、达到土体密实度时的密实电流值和留振时间等。

(2) 振冲置换施工工艺。

1) 将振冲器按拟振桩点编号顺序对准,开动振冲器、水源、电源,检查水压、电压和振冲器空载电流,一切正常后开启振冲器喷水。

2) 振冲器依靠自重在振动喷水作用下以1~2m/min的速度徐徐沉入土中,观察并记录沉入深度和电流变化,若电流超过电机额定值时,必须减缓下沉速度,每沉入0.5~1.0m,宜在该高度段悬留振冲5~10s扩孔,将孔内泥浆溢出时再继续沉入。

3) 当下沉达到设计深度时,振冲器应在孔底适当留振,并减小射水压力(一般保持100kPa),以便排除泥浆进行清孔。也可将振冲器以1~2m/min匀速连续沉至设计深度以上0.3~0.5m,然后以3~6m/min匀速提出孔口,再同法沉至孔底,如此反复1~2次,最后在设计深度以上0.3~0.5m处适当留振1~2m/min,以达到扩孔目的。

4) 加料振密:将振冲器提出孔口,往孔内加料,每次0.5~0.6m³,然后把振冲器沉入填料中进行振密,并使填料挤向孔壁软土中。当桩体直径不再扩大时,电机电流即迅速增大,当达到试验所得的密实电流值,则认为该处的桩体已经振实;否则应再提起振冲器继续加料,再沉入振冲器振密,直至该处振密时电流达到规定的密实电流值为止。密实电流值一般应超过振冲器空载电流150~30A以上。

5) 重复上一工序:提出振冲器、加料、沉入振冲器振密,直至桩顶。孔中每次加料高度为0.5~0.8m,如在砂土中制桩时,振冲器可不提出孔口,采用边振边加料,连续填料,直到此深度处的桩体密实电流达到规定值后,才将振冲器上提0.3~0.5m,继续加料振密,多次反复直至桩顶。

振密过程中,宜小水量的喷水补给,以降低孔内泥浆密度,利于填料下沉,使填料在水饱和状态下振捣密实。

振冲施工,地表的1m左右比较疏松,一般应予挖去,换铺0.3~0.5m厚碎石垫层,碾(振)压密实,并使符合基础底面设计高程。

施工过程排出的大量污泥必须从排水沟引至沉淀池以免污染环境。

3. 质量要求和检验

(1) 质量要求。施工过程应逐桩作出详细记录,包括时间、高程、填料量、密实电流值和留振时间，但关键是控制好后三个指标：

水压及水量：造孔水压控制在 400～600kPa，水量以 200～400L/min 为宜。造孔接近孔底及在振密过程中水压以 100kPa、水量以 200L/min 为宜。

电压及电流：施工中应保证电压 380V±20V，孔底应保证 50A 的密实电流、桩身以 40～50A 的密实电流为宜，孔口以下范围内应保证 55A 的密实电流。

留振时间：一般控制在 20～30s。

开振前应严格检查电流表是否按"0"，并做记录，如误差较大，应及时检查或更换以防发生质量事故。

应加强施工过程的质量检查，要随时检查施工记录，发现桩点遗漏、桩位偏差或不满足要求的桩点应及时纠正或采取补救措施。

振冲结束黏质土地基应间隔 3～4 周、粉质土地基间隔 2～3 周，方可进行质量检查。

（2）质量检验。

1）每 200～400 根振冲桩或 100～200 个振冲点抽检一根（处），总数不少于 3 根（处）。

2）碎石桩做单桩荷载试验；桩间土用标准贯入、静力触探试验进行处理前后的对比检验。

3）不加填料的振冲密实法加固的地基，宜于振冲点围成的单元形心处，用标准贯入、动力触探作处理效果检验。

5.2.5.2 高压喷射注浆法

由于高压喷射注浆法使用的压力大，因而喷射流的能量大、速度快。当它连续和集中地作用在土体上，压应力和冲蚀等多种因素便在很小的区域内产生效应，对从粒径很小的细粒土到颗粒直径很小的卵石、碎石土，几乎各种土质，无论其软硬，均有巨大的冲击破碎和搅动作用，使注入的浆液和土拌和均匀凝固为新的固结体。实践表明，本法对淤泥、淤泥质土、黏性土、粉土、黄土、砂土、碎石土和人工填土等地基都有良好的处理效果。

但对于含有较多的大粒径块石或有大量植物根茎的地基，因喷射流可能受到阻挡或削弱，冲击破碎力急剧下降，影响处理效果。而对于含有过多有机质的土层，则其处理效果取决于固结体的化学稳定性。鉴于上述几种土的组成复杂、差异悬殊，高压喷射注浆处理的效果差别较大，不能一概而论，故应根据现场试验结果确定其适应程度。对于湿陷性黄土地基，因当前试验资料和施工实例较少，也应预先进行现场试验。

高压喷射注浆处理深度较大，我国建筑地基高压喷射注浆处理深度目前已达到 30m 以上。

高压喷射注浆有强化地基和防水止渗的作用，可卓有成效地用于已有建筑和新建工程的地基处理，深基坑地下工程的支挡和护底、筑造地下防水帷幕、减振防止砂土液化、增大土的摩擦力和黏聚力，以及防止基础冲刷等方面。对地下水流速过大和已涌水的防水工程，由于工艺、机具和瞬时速凝材料等方面的原因，应慎重使用。必要时应通过现场试验确定。

高压喷射有旋喷注浆（固结体为圆柱状或圆盘状）定喷注浆（固结体为墙壁状）和摆喷注浆（固结体为扇状）等 3 种基本形式，它们均可用于下列方法实现：

单管法：喷射高压水泥浆液 1 种介质。

二重管法：喷射高压水泥浆液和气流复合流或分别喷射高压水流和灌注水泥浆液等 2 种介质。

三重管法：喷射高压水流和气流复合流并灌注水泥浆液等 3 种介质。

由于上述 3 种喷射流的结构和喷射的介质不同，有效处理长度也不同，以三重管法最长，二重管法次之，单管法最短。实践表明，旋喷注浆形式可采用单管法、二重管法和三重管法中的任何一种方法。定喷和摆喷注浆宜用三重管法。

1. 设计

(1) 由于旋喷桩系土与水泥的混合固结体，其强度较低，受力之后桩身的变形量大，同时考虑到经济性，因此，通常视作复合地基，即由桩和承台下的桩间土共同承担基础荷载。但用作挡土结构时，由于土层与桩相比抗剪、抗压强度差别很大，在作挡土结构计算时，仅仅考虑桩的作用。

(2) 旋喷桩的强度受到许多因素影响，其强度在黏性土中一般可达 1~5MPa，砂土中可达 4~10MPa，根据国内外的施工经验，其设计直径可按表 5-8 选用。定喷及摆喷的有效长度约为旋喷桩直径的 1.0~1.5 倍。

表 5-8　　　　　　　　　旋喷桩的设计直径　　　　　　　　　　单位：m

土质	标准贯入击数	单管法	二重管法	三重管法
黏性土	0<N<5	0.5~0.8	0.8~1.2	1.2~1.8
	6<N<10	0.4~0.7	0.7~1.1	1.0~1.6
	11<N<20	0.3~0.5	0.6~0.9	0.7~1.2
砂土	0<N<10	0.6~1.0	1.0~1.4	1.5~2.0
	11<N<20	0.5~0.9	0.9~1.3	1.2~1.8
	21<N<30	0.4~0.8	0.8~1.2	0.9~1.5

注　N 值为标准贯入击数。

(3) 旋喷桩单桩承载力的确定，基本出发点与钻孔灌注桩相同。但在下列方面有所差异。

1) 桩径与桩的面积。由于旋喷桩的桩径与土层及喷射压力有关，而这两个因素并非固定不变，所以旋喷桩的桩径是有变化的。因此，在计算中规定选用平均值。

2) 关于折减系数。由于旋喷桩桩身的均匀性较差，因此选用比灌注桩更高的安全系数。

3) 桩身强度。规定按 28 天强度计算。试验证明，在黏性土中，由于水泥水化物与黏土中矿物继续作用，后期强度（28 天后）将会继续增长。这种强度的增长作为安全储备。

4) 由于影响旋喷单桩承载力的因素较多，因此，在根据本条款进行设计计算时，除了依据现场试验和本规范提供的数据外，尚需结合本地区或相似土质条件下的经验作出综合判断。

采用复合地基的模式进行承载力计算的出发点是考虑到旋喷桩的强度较低（与混凝土桩相比）和经济性两方面。如果桩的强度较高，并接近于混凝土桩身强度，以及当建筑物对沉降要求很严格时，则可以不计桩间土的承载力，全部外荷载由旋喷桩承受，即 $\beta=0$。在这种状态下，则与混凝土桩计算相同。

2．施工

（1）施工前，应对照设计图纸核实设计孔位处有无妨碍施工和影响安全的障碍物。如遇有上水管、下水道、电缆线、煤气管、人防工程、旧建筑基础和其他地下埋设物等障碍物影响施工时，则应与有关单位协商搬移障碍物或更改设计孔位。

（2）由于高压喷射注浆的压力越大，处理地基的效果越好，因此单管法、二重管法及三重管法的高压水泥浆液流或高压射水流的压力宜大于 20MPa，气流的压力以空气压缩机的最大压力为限，通常在 0.7MPa 左右，低压水泥浆的灌注压力，宜在 1.0MPa 左右，提升速度为 0.1～0.25m/min，旋转速度可取 10～20rpm。

（3）喷射注浆的主要材料为水泥，对于无特殊要求的工程宜采用 325 号或 425 号普通硅酸盐水泥。根据需要，可在水泥浆中分别加入适量的外加剂和掺合料，以改善水泥浆液的性能。常用的速凝早强剂有水玻璃、氯化钙、三乙醇胺等。悬浮剂有膨润土、膨润土加碱等。防冻剂有沸石粉、三乙醇胺和亚硝酸钠等。掺合料多用粉煤灰（粉煤灰需磨细）。所用外加剂或掺合剂的数量，应通过室内配比试验或现场试验确定。当有足够实践经验时，也可按经验确定。

（4）水泥浆液的水灰比越小，高压喷射注浆处理地基的强度越高。在生产中因注浆设备的原因，水灰比小于 0.8 时，喷射有困难，故水灰比取 1.0～1.5，生产实践中常用 1.0。

由于生产，运输和保存等原因，有些水泥厂的水泥成分不够稳定，质量波动较大，可导致高压喷射水泥浆液凝固时间过长，固结强度降低。因此事先应对各批水泥进行检验，鉴定合格后才能使用。对拌制水泥浆的用水，只要符合混凝土拌和标准即可使用。

（5）高压喷射注浆的全过程为钻机就位、钻孔、置入注浆管、高压喷射注浆和拔出注浆管等基本工序。施工结束立即对机具和孔口进行清洗。钻孔的目的是为了置入注浆管到预定的土层深度，如能用震动或锤击机械直接把注浆管打入土层预定深度，则钻孔和置入注浆管的两道工序合并为一道工序。

（6）高压泵通过高压橡胶软管输送高压浆液至钻机上的注浆管，进行喷射注浆。若钻机和高压水泵的距离过远，势必要增加高压橡胶软管的长度，使高压喷射流的沿程损失增大，造成实际喷射压力降低的后果，因此钻机与高压水泵的距离不宜过远。在大面积场地施工时，如不能减少沿程损失，则应搬动高压泵保持与钻机的距离。

实际施工孔位与设计孔位偏差过大时，会影响加固效果。故规定孔位偏差值应小于 50mm。土层的结构和土质种类对加固质量关系更为密切，只有通过钻孔和打管过程详细记录地质情况并了解地下特殊情况后，施工时才能因地制宜及时调整工艺和变更喷射参数，达到处理效果良好的目的。

（7）各种形式的高压喷射注浆，均自下而上进行。当注浆管不能一次提升完成而需分数次卸管时，卸管后喷射的搭接长度不得小于 100mm，以保证固结体的整体性。

（8）在不改变喷射参数的条件下，对同一标高的土层作重复喷射时，能使土体破碎性增加，从而加大有效加固长度和提高固结体强度，这是一种获得较大旋喷直径或定喷、摆喷长度的简易有效方法。复喷时可先喷水或喷浆。复喷的次数根据工程要求决定。在实际工作中,通常在底部和顶部进行复喷,以增大承载力和确保处理质量。

(9) 当喷射注浆过程中出现下列异常现象时,需查明原因采取相应措施:

1) 流量不变而压力突然下降时,应检查各部位的泄漏情况,必要时拔出注浆管,检查密封性能。

2) 出现不冒浆或断续冒浆时,若系土质松软则视为正常现象,可适当进行复喷;若系附近有空洞、通道,则应不提升注浆管继续注浆直至冒浆为止或拔出注浆管待浆液凝固后重新注浆。

3) 在大量冒浆压力稍有下降时,可能系注浆管被击穿或有孔洞,使喷射能力降低。此时应拔出注浆管进行检查。

4) 压力陡增超过最高限值,流量为零,停机后压力仍不变动时,则可能系喷嘴堵塞。应拔管疏通喷嘴。

(10) 当高压喷射注浆完毕后,或在喷射注浆过程中因故中断,短时间(不大于浆液初凝时间)内不能继续喷浆时,均应立即拔出注浆管清洗备用,以防浆液凝固后拔不出管来。每孔喷射注浆完毕后可进行封孔。

为防止因浆液凝固收缩,产生加固地基与建筑基础不密贴或脱空现象,或采取超高旋喷(旋喷处理地基的顶面超过建筑基础底面,其超高量大于收缩高度)、回灌冒浆捣实或第二次注浆等措施。

(11) 高压喷射注浆处理地基时,在浆液未硬化前,有效喷射范围内的地基因受到扰动而强度降低,容易产生附加变形,因此在处理既有建筑物地基或在邻近既有建筑旁施工时,应防止施工过程中,在浆液凝固硬化前导致建筑物的附加下沉。通常采用控制施工速度、顺序和加快浆液凝固时间等方法防止或减小附加变形。

(12) 应在专门的记录表格上,如实记录下施工的各项参数和详细描述喷射注浆时的各种现象,以便判断加固效果并为质量检验提供资料。

3. 质量检验

(1) 选定质量检验方法时,应根据机具设备条件,因地制宜。开挖检查法虽简单易行,通常在浅层进行,但难以对整个固结体的质量作全面检查。钻孔取芯和标准贯入法是检验单孔固结体质量的常用方法,选用时需以不破坏固结体为前提。载荷试验是检验建筑地基处理质量的良好方法,有条件的地方应尽量采用。压水试验通常在取芯困难或工程有防渗要求时采用。建筑物的沉降观测是全面检验建筑地基处理质量的不可缺少的重要方法。

(2) 检验点的位置应重点布置在建筑工程的关键地方,如承重大、帷幕中心线等部位。对喷射注浆时出现过异常现象和地质复杂的地段也应检验。

(3) 每个建筑工程喷射注浆处理后,不论其大小,均应进行检验。检验量为施工总数的2%~5%。少于20孔的工程,至少要检验2个点。检验不合格者,应在不合格的点位附近进行补喷或采用有效补救措施,然后再进行质量检验。

(4) 高压喷射注浆处理地基的强度较低,28天的强度在2~10MPa,强度增长速度较慢。检验时间应在喷射注浆后4周进行,以防止由于固结体强度不高时,因检验而受到破坏，影响检验的可能性。

5.2.6 加筋法及其他

5.2.6.1 加筋法

加筋法是在土中加入条带、成片纤维织物或网格片等抗拉材料，依靠它们限制土的侧移，改善土的力学性能，提高土的强度和稳定性的方法。常用的有土钉、加筋土挡墙、锚定板和土工合成材料等。一般用于加筋土的筋材有非金属、金属及组合材料。金属材料应用较少，以土工合成材料为主的非金属筋材应用较多，如土工格栅、土工织物和土工带等。此外，还有钢筋混凝土网格、钢筋混凝土格栅等。

1. 加筋法特点

（1）加筋法可以筑造很高的垂直填土，也可以是倾斜坡面填土，可用于各类地基和边坡加固。

（2）减少占地面积，特别适合于在不允许开挖的地区施工。

（3）加筋的土体及结构属于柔性，对各种地基都有较好的适用性，因而对地基的要求比其他结构的建筑物低。对遇到的软弱地基，常不需要采用深基础。

（4）加筋法支挡墙、台等结构，墙面变化多样。

（5）加筋土机构既适用于机械化施工，也适用于人力施工。

（6）加筋土的抗震性能、耐寒性能良好。

（7）造价较低。

缺点：采用金属材料时要考虑防腐蚀，采用聚合材料筋材，应考虑其老化及材料的长期蠕变性能。

2. 加筋法的基本原理

土的抗拉能力低，甚至为零，抗剪强度也很有限。在土体中放置了筋材，构成了土-筋材的复合体，当受外力作用时，将会产生体变，引起筋材与其周围土之间产生相当位移趋势，但两种材料的界面上有摩擦阻力和咬合力，等效于给土体施加一个侧压力增量，使土的强度和承载力有所提高，限制了土的侧向位移。通过在土层中埋设强度较大的土工聚合物、拉筋、受力杆件等提高地基承载力、减小沉降，或维持建筑物稳定。

（1）土工合成材料。土工合成材料是岩土工程领域中的一种新型建筑材料，是用于土工技术和土木工程，而以聚合物为原料的具有渗透性的材料名词的总称。它是将由煤、石油、天然气等原材料制成的高分子聚合物通过纺丝和后处理制成纤维，再加工制成各种类型的产品，置于土体内部、表面或各层土体之间，发挥加强或保护土体的作用。常见的这类纤维有：聚酰胺纤维（PA，如尼龙、锦纶）、聚酯纤维（如涤纶）、聚丙烯纤维（PP，如腈纶）、聚乙烯纤维（PE，如维纶）以及聚氯乙烯纤维（PVC，如氯纶）等。

利用土工合成材料的高强度、韧性等力学性能，扩散土中应力，增大土体的抗拉强度，改善土体或构成加筋土以及各种复合土工结构。土工合成材料的功能是多方面的，主要包括排水作用、反滤作用、隔离作用和加筋作用。

土工合成材料适用于砂土、黏性土和软土，或用作反滤、排水和隔离材料。

（2）加筋土。把抗拉能力很强的拉筋埋置在土层中，通过土颗粒和拉筋之间的摩擦力形成一个整体，用以提高土体的稳定性。

加筋土适用于人工填土的路堤和挡墙结构。

（3）土层锚杆。土层锚杆是依赖于土层与锚固体之间的黏结强度来提供承载力的，它使用在一切需要将拉应力传递到稳定土体中去的工程结构，如边坡稳定、基坑围护结构的支护、地下结构抗浮、高耸结构抗倾覆等。

土层锚杆适用于一切需要将拉应力传递到稳定土体中去的工程。

（4）土钉。土钉技术是在土体内放置一定长度和分布密度的土钉体，与土共同作用，用以弥补土体自身强度的不足。不仅提高了土体整体刚度，又弥补了土体的抗拉和抗剪强度低的弱点，显著提高了整体稳定性。

土钉适用于开挖支护和天然边坡的加固。

（5）树根桩法。在地基中沿不同方向，设置直径为75～250mm的细桩，可以是竖直桩，也可以是斜桩，形成如树根状的群桩，以支撑结构物，或用以挡土，稳定边坡。

树根桩法适用于软弱黏性土和杂填土地基。

5.2.6.2 其他方法

1. 强夯法和强夯置换法

强夯法在国际上称为动力压实法或动力固结法，这种方法是反复将夯锤提到高处使其自由落下，给地基以冲击和振动能量，将地基土夯实，从而提高地基的承载力，降低其压缩性，改善地基性能。

加固非饱和土的原理：采用强夯法加固非饱和土是基于动力压密的概念，即用冲击型动力荷载，使土体中的孔隙体积减小，土体变得更为密实，从而提高其强度。

加固饱和土的原理：水平拉应力使土体产生一系列的竖向裂缝，使孔隙水从裂缝中排出，土体的渗透系数增大，加速饱和土体的固结，当土中的超孔隙水压力很快消散，水平拉应力小于周围压力时，这些裂缝又复闭合土体的渗透性又减小。

饱和土的可压缩性：在强夯能量的作用下，气体体积先压缩，部分封闭气泡被排出，孔隙水压增大，随后气体有所膨胀，孔隙水排出，超孔隙水压力减少。在此过程中，土中的固相体积是不变的，这样每夯一遍液相体积就减小，气相体积也减少，也就是说在重锤的夯击作用下会瞬时发生有效的压缩变形。

饱和土的局部液化：在夯锤反复作用下，饱和土中将引起很大的超孔隙水压力致使土中有效应力减小，当土中某点的超孔隙水压力等于上覆的土压力（对于饱和粉细砂）或等于上覆土压力加上土的黏聚力（对于粉土、粉质黏土）时，土中的有效应力完全消失，土的抗剪强度降为零，土颗粒将处于悬浮状态达到局部液化。当液化度达到100%，土体的结构破坏，渗透系数大大增加，处于很大水力梯度作用下的孔隙水迅速排出，加速了饱和土体的固结。

适用条件：强夯法适用于处理碎石土、砂土、低饱和度的粉土与黏性土、湿陷性黄土、素填土和杂填土等地基。经过处理后的地基既提高了地基土的强度，又降低其压缩性，同时还能改善其抗振动液化的能力，所以这种处理方法还常用于处理可液化砂土地基等。

2. 灌浆法

灌浆法的实质是用气压、液压或电化学原理，把某些能固化的浆液注入天然的和人为的裂缝或孔隙，以改善各种介质的物理力学性质。

(1) 目的：

1) 防渗：降低渗透性，减少渗流量，提高抗渗能力，降低孔隙压力。

2) 堵漏：封填孔洞，堵截流水。

3) 加固：提高岩土的力学强度和变形模量，恢复混凝土结构及圬工建筑物的整体性。

4) 纠正建筑物倾斜：使已发生不均匀沉降的建筑物恢复原位或减少其倾斜度。

(2) 对象：

1) 砂、砂砾石及粉细砂。

2) 软黏土、杂填土及淤泥。

3) 裂隙和破碎岩石。

4) 岩石中的大型洞穴如岩溶洞穴等。

(3) 应用范围：

1) 坝基：砂基、砂砾石地基、喀斯特溶洞及断层软弱夹层等。

2) 楼基：一般地基及振动基础等，包括对已有建筑物的修补。

3) 道路基础：公路、铁道和飞机场跑道等。

4) 地下建筑：输水隧洞、矿井巷道、地下铁道和地下厂房等。

5) 其他：预填骨料灌浆、后拉锚杆灌浆及灌注桩后灌浆等。

3. 水泥土搅拌法

水泥土搅拌法是加固饱和软黏土地基的一种成熟方法，它利用水泥、石灰等材料作为固化剂的主剂，通过特制的深层搅拌机械，在地基中就地将软土和固化剂（浆液状或粉体状）强制搅拌，利用固化剂和软土之间所产生的一系列物理－化学反应，使软土硬结成具有整体性、水稳定性和一定强度的优质地基。

适用范围：水泥土搅拌法最适宜于加固各种成因的饱和软黏土。正常固结的淤泥与淤泥质土、粉土、素填土、黏性土、饱和黄土以及无流动地下水的饱和松散砂土等地基。

建（构）筑物的地基加固：如6~12层多层住宅，办公楼，单层或多层工业厂房，水池贮罐基础等；高速公路、铁道和机场场道以及高填方堤基等；大面积堆场地基，包括室内和露天；形成水泥土（石灰土）支挡结构物；形成防渗止水帷幕。

4. 石灰桩法

石灰桩是指采用机械或人工方法在地基中成孔，然后灌入生石灰块或按一定比例加入粉煤灰、炉渣、火山灰等掺合料及少量外加剂进行振密或夯实而形成的桩体，石灰桩与经改良的桩周土共同组成石灰桩复合地基以支承上部建筑物。

适用范围：石灰桩法适用于加固杂填土、素填土、淤泥、淤泥质土和黏性土地基，对素填土、淤泥、淤泥质土的加固效果尤为显著。有经验时也可用于粉土地基。加固深度从几米到十几米。不适用于地下水下的砂类土。

石灰桩法可用于提高软土地基的承载力，减少沉降量，提高稳定性，适用于以下工程：

(1) 深厚软土地区7层以内、一般软土地区8层以内住宅建筑物或相当的其他多层工业与民用建筑物。

(2) 如配合箱基、筏基，在一些情况下，也可用于12层左右的高层建筑物。

(3) 适用于软土地区大面积堆载场地及地坪加固，有经验时也可用于大跨度工业与民用建筑独立性基下的软弱地基。

(4) 用于设备基础和高层建筑深基开挖的支护结构中。

(5) 适用于公路、铁路路基软土加固，桥台背后填土加固（防止"跳车"）。

(6) 适用于危房地基加固。

5. 低强度桩复合地基技术

低强度桩的桩体复合地基称为低强度桩复合地基。低强度桩通常指用水泥、石子及其他掺合料（如砂、粉煤灰、石灰等）加水拌和，用各种成桩机械在地基中制成的强度等级为C5～C25的桩。

(1) 加固原理：因为低强度桩桩身具有较高的强度和刚度，可以全桩长发挥桩的侧摩阻力，将荷载传递给较深的土层，所以采用低强度桩复合地基加固地基可以较大幅度地提高地基承载力，减小沉降。当天然地基承载力较低而上部荷载又较大时，采用散体材料桩复合地基和柔性桩复合地基一般难以满足设计要求，而采用低强度桩复合地基就比较容易满足设计要求。如果在设置低强度桩施工时对桩间土有挤密效用，则采用低强度桩复合地基加固，地基承载力提高幅度更大。

(2) 适用范围：采用低强度桩复合地基加固可有效提高地基承载力，减小地基沉降。低强度桩复合地基适用性较好，只要能进行低强度桩施工的软弱地基均可以采用低强度桩复合地基加固。低强度桩复合地基常用加固黏性土、粉土、人工填土、淤泥质黏土和黄土等地基。近年来，低强度桩复合地基已广泛应用于一般民用住宅、高层建筑、堆场以及道路工程等地基加固处理中，具有良好的发展前景。

5.3 工 程 案 例

基础砂卵石换填施工方案

一、编制依据

1. 由××省规划建筑设计有限公司提供的图纸
2.《建筑地基处理技术规范》（JGJ 79—2012）
3.《建筑地基基础设计规范》（GB 50007—2011）
4.《建筑地基基础施工质量验收规范》（GB 50202—2002）
5. 国家及地方等现行规范标准
6. 建设单位提供的岩土勘察报告

二、工程概况

1. 本工程为经济适用房工程，建于××省××市，均为六跃七层，层高3.0m，砖混结构。

2. 基础设计要求：承载力不宜以天然地基作基础持力层，拟采用换填地基处理方式，确定以砂石各占50%的级配砂夹卵石碾压夯实后作为持力层。换填后地基承载力特征值$f_{ak}=200$kPa。本工程基础为墙下条形基础。

三、施工准备

1. 材料要求

（1）采用砂卵石回填，砂石比例为：砂为50％，卵石为50％，砂为中粗砂。

（2）级配砂石材料，不得含有草根、树叶、塑料袋等有机杂物及垃圾。

2. 作业条件

（1）设置控制铺筑厚度的标志，如水平标准木桩或标高桩，或在固定的建筑物墙上、槽坑的边坡上弹上水平标高线或钉上水平标高木橛。

（2）在地下水位高于基坑（槽）底面的工程中施工时，应采取排水或降低地下水平的措施，使基坑（槽）保持无水状态。

（3）铺筑前，应组织有关单位共同验槽，包括轴线尺寸、水平标高、地质情况，如有无孔洞、沟、井、墓穴等。应在未做地基前处理完毕并办理隐检手续。

（4）检查基槽（坑）、管沟的边坡是否稳定，并清除基底上的浮土和积水。

四、工艺流程

检验砂卵石质量—分层铺筑砂卵石—洒水—分层碾压夯实—找平验收

五、施工要点

1. 铺设垫层前应验槽，将基底表面浮土、淤泥、杂物清除干净，两侧应设一定坡度，防止振捣时塌方。

2. 垫层底面标高不同时，土面应挖成阶梯或斜坡搭接，并按先深后浅的顺序施工，搭接处应夯压密实。分层铺设时，接头应作斜坡或阶梯形搭接，每层错开0.5～1.0m，并注意充分捣实。

3. 人工级配的砂卵石，应先将砂、卵石拌和均匀后，再铺夯压实。

4. 垫层铺设时，严禁扰动垫层下卧层及侧壁的软弱土层，防止被践踏或受浸泡，降低其强度。

5. 垫层应分层铺设，分层夯或压实，基坑内预先安好5m×5m网络标桩，控制每层砂垫层的铺设厚度。

6. 当地下水位较高或在饱和的软弱地基上铺设垫层时，应加强基坑内及外侧四周的排水工作，防止砂卵石垫层泡水引起砂的流失，保持基坑边坡稳定；或采取降低地下水位措施，使地下水位降低到基坑底500mm以下。

7. 洒水：铺筑级配砂石在振实碾压前，应根据其干湿程度和气候条件，适当地洒水以保持砂石的最佳含水量，一般为8％～12％。

8. 本工程地基换土施工采用机械分层碾压夯实。要求换填200mm厚度夯实一次，夯实后系数达到0.97以上，换填宽度为基础外边500mm，换填深度为设计要求深度。机械在进行施工作业时，不得扰动基坑边土体，以避免使软土混入砂卵石垫层而降低砂卵石垫层的强度。

9. 最后一层压实完成后，表面应拉线找平，并且要符合设计规定的标高。

六、成品保护

1. 回填砂卵石时，应注意保护好现场轴线桩、标准高程桩，防止碰撞位移，并应经常复测。

2. 地基范围内不应留有空洞。完工后如无技术措施，不得在影响其稳定的区域内进行挖掘工程。

3. 施工中必须保证边坡稳定，防止边坡坍塌。

4. 夜间施工时，应合理安排施工顺序，配备足够的照明设施；防止级配砂石不准或铺筑超厚。

5. 级配砂石成活后，应连续进行上部施工；否则应适当经常洒水润湿。

七、应注意的质量问题

1. 大面积下沉：主要是未按质量要求施工，分层铺筑过厚、碾压遍数不够、洒水不足等。要严格执行操作工艺的要求。

2. 局部下沉：边缘和转角处没振实，留接槎没按规定搭接和振实。对边角处的振动不得遗漏。

3. 级配不良：应配专人及时处理砂窝、石堆等问题，做到砂石级配良好。

4. 在地下水位以下的砂石地基，其最下层的铺筑厚度可适当增加50mm。

5. 密实度不符合要求：坚持分层检查砂石地基的质量。每层的纯砂检查点的干砂质量密度。必须符合规定，否则不能进行上一层的砂石施工。

6. 砂石垫层厚度不宜小于100mm；冻结的天然砂石不得使用。

八、安全注意事项

1. 装载作业范围内不得有人平土。

2. 机械碾压工作前，必须检查机械运转是否正常。

3. 不准机械带病作业，手持电动工具操作人员穿着绝缘鞋、戴绝缘手套，并有专人负责电源线的移动。

4. 基坑的支撑，要按照回填的速度，按施工组织设计及时要求依次拆除，即填土时要分层进行，填好一层拆除一层，不得事先将支撑拆除掉。

【复习与思考题】

1. 什么是碾压夯实法？什么是换土垫层法？
2. 简述排水固结法的概念和适用范围。对材料的主要要求有哪些？
3. 简述常用地基处理方法的分类及适用范围。
4. 简述高压喷射注浆法的施工步骤。

第6章 浅基础施工

【学习目标】

通过本章的学习，要求学生达到以下学习目标：

1. 了解浅基础的概念、分类方法及其各自的适用范围。
2. 熟悉刚性基础和柔性基础的构造组成，掌握读图的方法技巧，能够正确识读各种类型浅基础的基础施工图以及节点详图。
3. 掌握常用的刚性基础（砖基础、石砌体基础、灰土和三合土基础）的施工工艺和质量验收标准。
4. 掌握常用的柔性基础（柱下钢筋混凝土独立基础、墙下钢筋混凝土条形基础、筏板基础）的施工工艺和质量验收标准。
5. 掌握大体积混凝土的浇筑方案和施工要点。
6. 能够编制浅基础工程施工方案，并能应用本章知识解决工程实际问题。

6.1 浅基础构造与识图

6.1.1 浅基础的概念与基本要求

6.1.1.1 浅基础

1. 基础的概念

基础是房屋建筑的重要组成部分，它承受建筑物上部结构传来的全部荷载，并将这些荷载连同基础的自重一起传给地基。地基是基础下面直接承受荷载的土层。地基承受建筑物的荷载而产生的应力和应变随着土层深度的增加而减小，在达到一定深度后就可以忽略不计。直接承受荷载的土层称为持力层，持力层以下的土层称为下卧层（图6-1）。

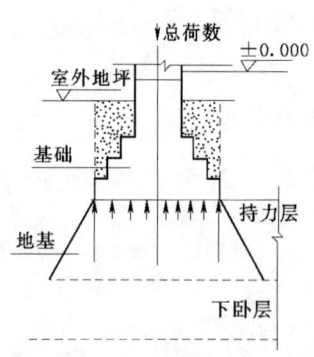

图6-1 地基、基础与荷载的关系

2. 基础的埋置深度

基础的埋置深度是指室外地坪到基础底面的垂直距离，简称埋深，如图6-2所示。从基础的经济效果看，其埋置深度越小，工程造价越低，但基础埋深过小，没有足够的土层包围，基础底面的土层受到压力后会把基础四周的土挤出，基础会产生滑移而失去稳定。同时基础埋深过浅，易受外界的影响而损坏。所以基础的埋深一般不应小于500mm。

影响基础埋置深度的因素很多，一般应根据下列条件综合考虑后来确定：

(1) 建筑物的用途：如有无地下室、设备基础和地下设施以及基础的形式和构造等。

(2) 作用在地基上的荷载的大小和性质：荷载有恒荷载和活荷载之分，其中恒荷载引起的沉降量最大，而活荷载引起的沉降量相对较小。因此，当恒荷载较大时，基础埋置深度应大一些。

(3) 工程地质与水文地质条件：在一般情况下，基础应设置在坚实的土层上，而不要设置在耕植土、淤泥等软弱土层上。当表面软弱土层很厚，加深基础不经济时，可采用人工地基或采取其他结构措施。基础宜设在地下水位以上，以减少特殊的防水措施，有利于施工。如必须设在地下水位以下时，则应使基础底面低于最低地下水位200mm以下。

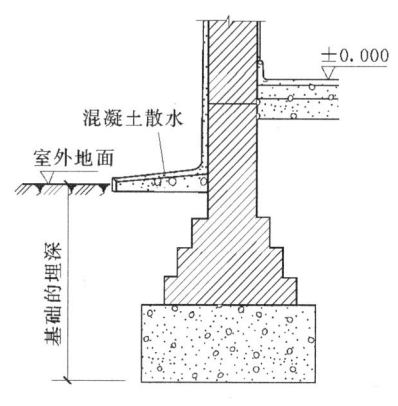

图 6-2 基础的埋置深度

(4) 地基土冻胀和融陷的影响：基础底面以下的土层如果冻胀，会使基础隆起，如果融陷，会使基础下沉。因此基础埋深最好设在当地冰冻线以下，以防止土壤冻胀导致基础的破坏。但岩石及砂砾、粗砂、中砂类的土质对冰冻的影响不大。

(5) 相邻建筑物基础的影响：新建建筑物的基础埋深不宜深于相邻原有建筑物的基础。当新建基础深于原有建筑物基础时，两基础间应保持一定净距，一般净距取相邻两基础底面高差的1～2倍。如上述要求不能满足时，应采取临时加固支撑、打板桩或加固原有建筑物地基等措施。

3. 浅基础的概念

根据基础埋置深度的不同，基础有浅基础、深基础和不埋基础之分。一般的，埋深小于5m的基础称为浅基础；埋深大于5m的基础称为深基础；当基础直接做在地表上时称为不埋基础。从施工和造价方面考虑，对一般民用建筑，基础应优先选用浅基础，但基础的埋深最小不能小于500mm，否则，地基受到压力后可能将四周土挤走，使基础失稳，或受各种侵蚀、雨水冲刷、机械破坏而导致基础暴露，影响建筑物安全。

6.1.1.2 浅基础的基本要求

1. 具有足够的强度、刚度和稳定性

浅基础是建筑物最下部的构件，因此浅基础需具有足够的强度承担和传递建筑物的上部荷载。为保证建筑物的正常工作，浅基础和上部结构应有足够的刚度。地基承担了建筑物的全部荷载，地基除必须有足够的承载力外，还应具有良好的稳定性，保证建筑物的均匀沉降。

2. 具有良好的耐久性

浅基础是建筑物的重要承重构件，又是埋于地下的隐蔽工程，易受潮，且很难观察、维修、加固和更换。所以，在构造形式上必须使其具备足够的强度和与上部结构相适应的耐久性。

3. 具有经济合理性

基础工程约占建筑总造价的10%～40%，要使工程总造价降低，首先要降低基础工程的投资。人工地基较天然地基费工费料,所以应尽可能选用天然地基,以降低造价。当地段不允许选择时,尽量采用恰当的基础形式及构造方案,就地就近取材,节省运输费用,以节约工程投资。

6.1.2 浅基础类型与构造

6.1.2.1 浅基础按所用材料及受力特点分类

1. 刚性基础

由刚性材料制作的基础称为刚性基础。所谓刚性材料,一般是指抗压强度高,而抗拉、抗剪强度低的材料。在常用材料中,砖、石、素混凝土等均属于刚性材料。所以,砖石砌体基础、素混凝土基础称为刚性基础。刚性基础又称为无筋扩展基础,特点是抗压强度高,而抗拉、抗剪性能差,适用于六层和六层以下的民用建筑和轻型工业厂房。

(1) 刚性角。从受力和传力角度考虑,由于土壤单位面积的承载能力小,上部结构通过基础将其荷载传给地基时,只有将基础底面积不断扩大,才能适应地基受力的要求。根据试验得知,上部结构(墙或柱)在基础中传递压力是沿一定角度分布的,这个传力角度称为压力分布角,或称刚性角,以 α 表示,如图6-3(a)所示。由于刚性材料抗压能力强,抗拉能力差,因此,刚性角只能在材料的抗压范围内控制。如果基础底面宽度超过控制范围,即由 B_0 增大到 B_1,致使刚性角扩大。这时,基础会因受拉而破坏,如图6-3(b)所示,所以,刚性基础底面宽度的增大要受到刚性角的限制。

不同材料基础的刚性角是不同的,通常砖砌基础的刚性角控制在 26°~33°为宜,混凝土基础应控制在 45°以内。

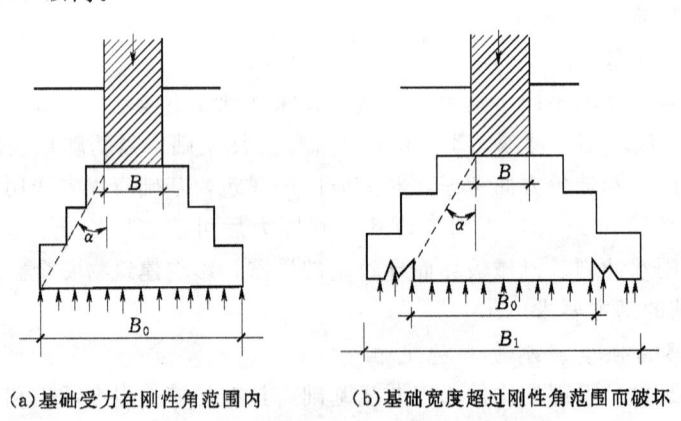

(a) 基础受力在刚性角范围内　　(b) 基础宽度超过刚性角范围而破坏

图 6-3 刚性基础的受力、传力特点

刚性角可以用基础放阶的级宽与级高之比来表示,不同材料和不同基底压力应选用不同的宽高比。宽高比可按表6-1中允许值选用。

此外,刚性基础(图6-4)高度还应满足式(6-1)的要求:

$$H_0 \geqslant \frac{b-b_0}{2\tan\alpha} \qquad (6-1)$$

式中　b——基础底面宽度,m;

　　　b_0——基础顶面的墙体宽度或柱脚宽度,m;

6.1 浅基础构造与识图

H_0——基础高度，m；

$\tan\alpha$——基础台阶宽高比 $b_2 : H_0$，其允许值可按表 6-1 选用；

b_2——基础台阶宽度，m。

表 6-1　　　　　　　　　　　刚性基础台阶宽高比的允许值

基础材料	质 量 要 求	台阶宽高比的允许值		
		$p_k \leqslant 100$	$100 < p_k \leqslant 200$	$200 < p_k \leqslant 300$
混凝土基础	C15 混凝土	1：1.00	1：1.00	1：1.25
毛石混凝土基础	C15 混凝土	1：1.00	1：1.25	1：1.50
砖基础	砖不低于 MU10、砂浆不低于 M5	1：1.50	1：1.50	1：1.50
毛石基础	砂浆不低于 M5	1：1.25	1：1.50	—
灰土基础	体积比为 3：7 或 2：8 的灰土，其最小干密度如下： 粉土：1550kg/m³ 粉质黏土：1500kg/m³ 黏土：1450kg/m³	1：1.25	1：1.50	—
三合土基础	体积比 1：2：4～1：3：6（石灰：砂：骨料），每层约虚铺 220mm，夯至 150mm	1：1.50	1：2.00	—

注　1. p_k 为作用标准组合时的基础底面处的平均压力值，kPa。
　　2. 阶梯形毛石基础的每阶伸出宽度，不宜大于 200mm。
　　3. 当基础由不同材料叠合组成时，应对接触部分作抗压验算。
　　4. 混凝土基础单侧扩展范围内基础底面处的平均压力值超过 300kPa 时，尚应进行抗剪验算；对基底反力集中于立柱附近的岩石地基，应进行局部受压承载力验算。

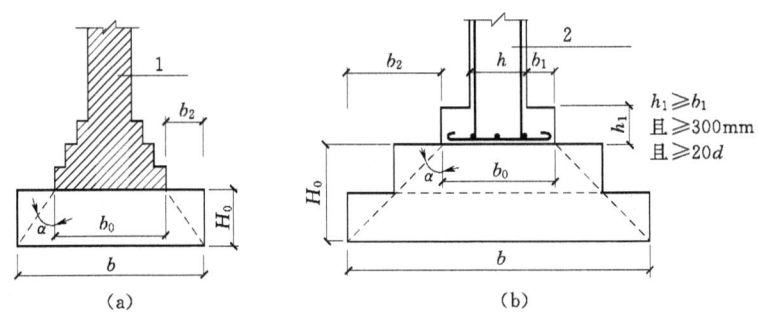

图 6-4　刚性基础构造示意
1—承重墙；2—钢筋混凝土柱

（2）常用刚性基础构造。

1）砖基础。砖基础用普通烧结砖与水泥砂浆砌成。取材容易、价格较低、施工方便，是常用类型之一,但由于强度、耐久性、抗冻性较差,多用于干燥而温暖地区的中小型建筑的基础。

砖基础砌成的台阶形状称为"大放脚",有等高式和不等高式两种(图6-5)。等高式大放脚是两皮一收,两边各收进1/4砖长;不等高式大放脚是两皮一收与一皮一收相间隔,两边各收进1/4砖长。

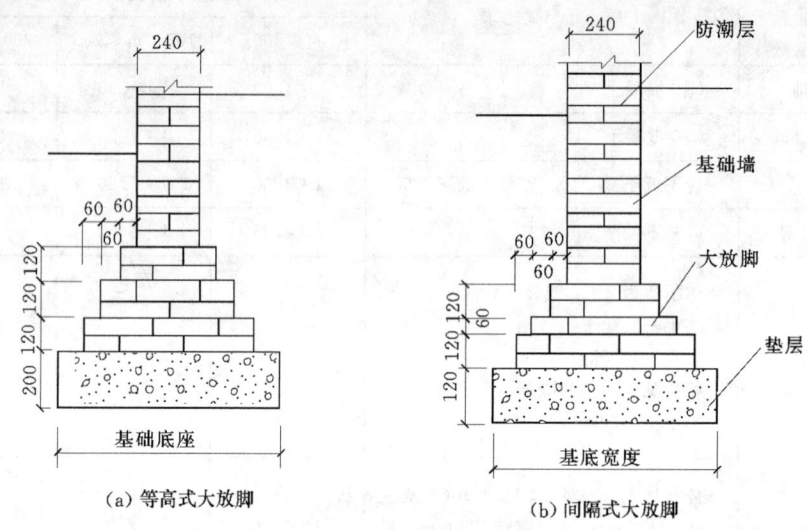

图6-5 砖基础大放脚形式

大放脚的底宽应根据计算确定,各层大放脚的宽度应为半砖宽的整数倍。在大放脚的下面一般做垫层。垫层材料可用3∶7或2∶8灰土,也可用1∶2∶4或1∶3∶6碎砖三合土。为了防止土中水分沿砖块中毛细管上升而侵蚀墙身,应在室内地坪以下一皮砖处设置防潮层。防潮层一般用1∶2水泥防水砂浆,厚约20mm。

2)石基础。在石料丰富的地区。可因地制宜利用本地资源优势,做成砌石基础。主要有毛石基础和料石基础两种。

毛石基础是由未加工的块石用水泥砂浆砌筑而成,截面多为台阶型,当基础底面宽小于700mm时也可做成矩形,适用于地下水位高、冰冻线较深的低层和多层民用建筑。毛石分为乱毛石和平毛石。用水泥砂浆采用铺浆法砌筑。灰缝厚度为20~30mm。毛石应分匹卧砌,上下错缝内外搭接,砌第一层石块时,基底要坐浆。石块大面向下,基础最上一层石块,宜选用较大平面较好的石块砌筑,如图6-6所示。料石基础是经过加工具有一定规格的石材,用M2.5砂浆或M5砂浆砌筑而成的基础。料石基础要求上下面平整,石缝错开,灰浆饱满,如图6-7所示。

石基础的耐久性、抗冻性很高,但毛石基础毛石间黏结依靠砂浆,结合力较差,因而砌体强度不高,但料石基础的强度就高很多。

3)混凝土基础和毛石混凝凝土基础。混凝土基础是用水泥、砂、石子加水拌和浇筑而成的基础,它的剖面形式和有关尺寸,除满足刚性角外不受材料规格限制,按结构计算确定,其基本形式有矩形、阶梯形、梯形等,如图6-8所示。

6.1 浅基础构造与识图

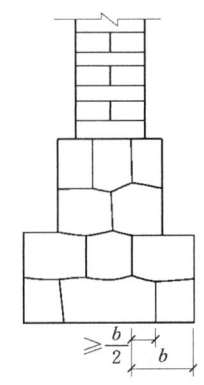
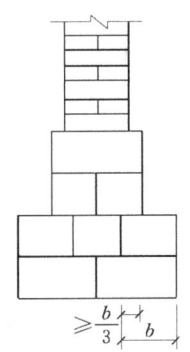

图 6-6 阶梯形毛石基础　　图 6-7 阶梯形料石基础

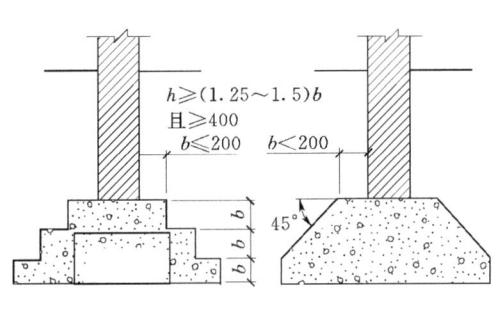
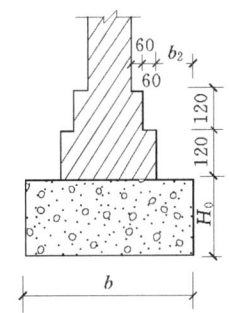

图 6-8 混凝土基础　　　图 6-9 毛石混凝土基础

混凝土的强度、耐久性、防水性都较好，是理想的基础材料。在混凝土基础体积过大时可在混凝土中加入适当毛石，即是毛石混凝土基础，但填入石块总体积不得大于基础总体积的 30%，如图 6-9 所示。

4）灰土基础。灰土基础是由石灰、土和水按比例配合，经分层夯实而成的基础。灰土强度在一定范围内随含灰量的增加而增加。但超过限度后，灰土的强度反而会降低。这是因为消石灰在钙化过程中会析水，增加了消石灰的塑性。灰土作为建筑材料，在中国有悠久历史，南北朝公元 6 世纪时，南京西善桥的南朝大墓封门前地面即是灰土夯成的，北京明代故宫大量应用灰土基础。灰土基础的优点是施工简便，造价较低，就地取材，可以节省水泥、砖石等材料。缺点是它的抗冻性能差，在地下水位线以下或很潮湿的地基上不宜采用，如图 6-10 所示。

5）三合土基础。这种基础是石灰、砂、碎砖等三种材料，按 1:2:4~1:3:6 的体积比进行配合。三合土基础的总厚度大于 300mm，基础宽度大于 600mm。三合土铺筑至设计标高后，在最后一遍夯打时，宜浇注石灰浆，待表面灰浆略为风干后，再铺上一层砂子，最后整平夯实。这种基础在我国南方地区应用很广。它的造价低廉，施工简单，但强度较低，所以只能用于四层以下的房屋的基础，如图 6-11 所示。

第6章 浅基础施工

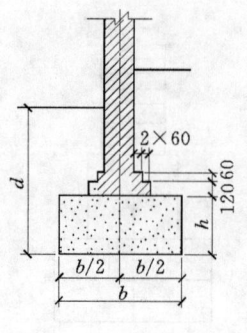
图6-10 灰土基础

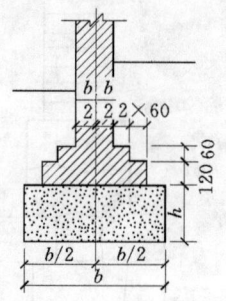
图6-11 三合土基础

2. 柔性基础

采用刚性材料的基础，当建筑物的荷载较大、地基承载力较小时，必须加宽基础底面宽度，因刚性基础受刚性角限制，势必也要增加基础的高度，这样就会增加土方工程量和基础材料用量，对工期和造价都是不利的，如图6-12（a）所示。如果在混凝土基础的底部配以钢筋，利用钢筋来抵抗拉应力，如图6-12（b）所示，可使基础底部能够承受较大的弯矩。这种基础的宽度不受刚性角限制，称为柔性基础，或称钢筋混凝土基础、扩展基础。

在同样的条件下，采用钢筋混凝土基础与混凝土基础比较，可节省大量的混凝土材料和挖土工作量。

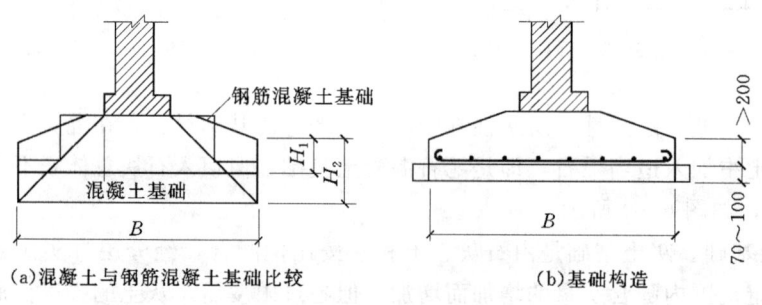

(a) 混凝土与钢筋混凝土基础比较　　(b) 基础构造

图6-12 柔性基础

6.1.2.2 浅基础按构造形式分类

1. 独立基础

当建筑物上部结构为框架、排架时，基础常采用独立基础。独立基础是柱下基础的基本形式。当柱为预制构件时，基础浇筑成杯形，然后将柱子插入，并用细石混凝土嵌固，称为杯形基础。独立基础常用的断面形式有阶梯形、锥形、杯形等，如图6-13所示。

现浇钢筋混凝土独立基础的构造要求如图6-14所示。垫层的厚度不宜小于70mm，混凝土强度等级为C15。基础混凝土强度等级不宜小于C20。锥形基础边缘的高度不宜小于200mm；阶梯形基础每阶高度宜为300~500mm。底板受力钢筋（图6-15）的直径不宜小于10mm，间距不宜大于200mm，也不宜小于100mm。当有垫层时，底板钢筋保护

6.1 浅基础构造与识图

层的厚度为 40mm，无垫层时为 70mm。当基础的边长尺寸大于 2.5m 时，受力钢筋的长度可缩短 10%，钢筋应交错布置。

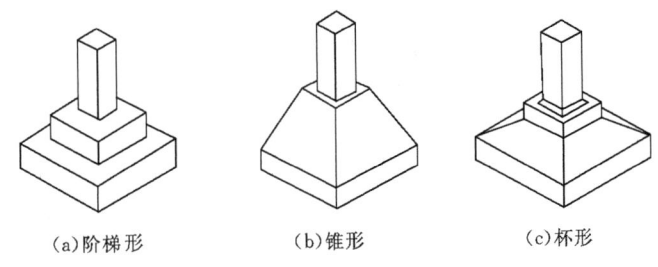

图 6-13 柱下钢筋混凝土独立基础

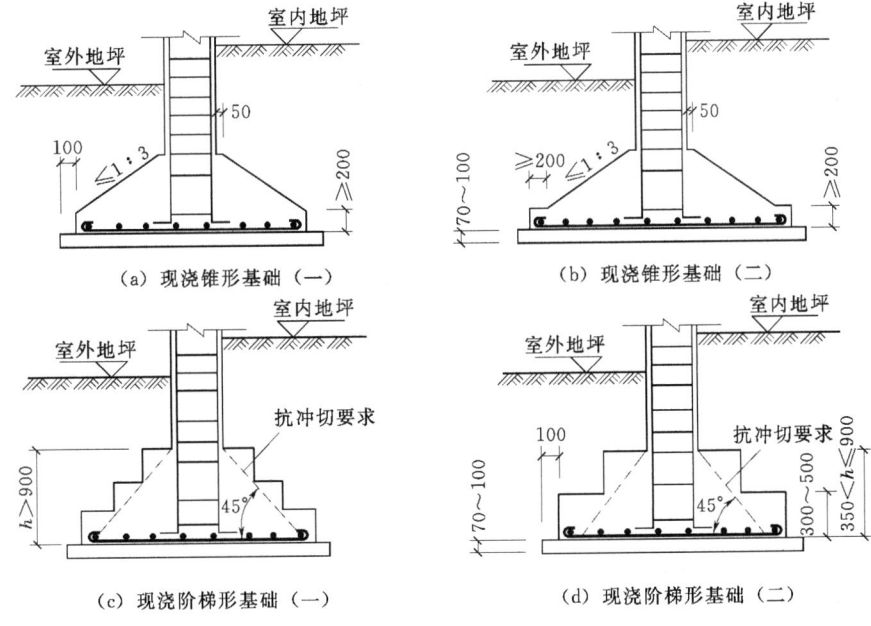

图 6-14 现浇钢筋混凝土独立基础的构造要求

2. 条形基础

条形基础是指基础长度远远大于宽度的一种基础形式。按上部结构分为墙下条形基础和柱下条形基础两种形式。

(1) 墙下条形基础。一般用于多层混合结构的墙下，低层或小型建筑常用砖、混凝土等刚性条形基础。如上部为钢筋混凝土墙，或地基较差、荷载较大时，可采用钢筋混凝土条形基础，如图 6-16 所示。

(2) 柱下条形基础。因为上部结构为框架结构或排架结构，荷载较大或荷载分布不均匀，地基承载力偏低，为增加基地面积或增强整体刚度以减少柱子之间产生不均匀沉降，常将柱下钢筋混凝土条形基础沿纵横两个方向用基础梁相互连接成一体形成井格基础，故又称十字带形基础，如图 6-17 所示。

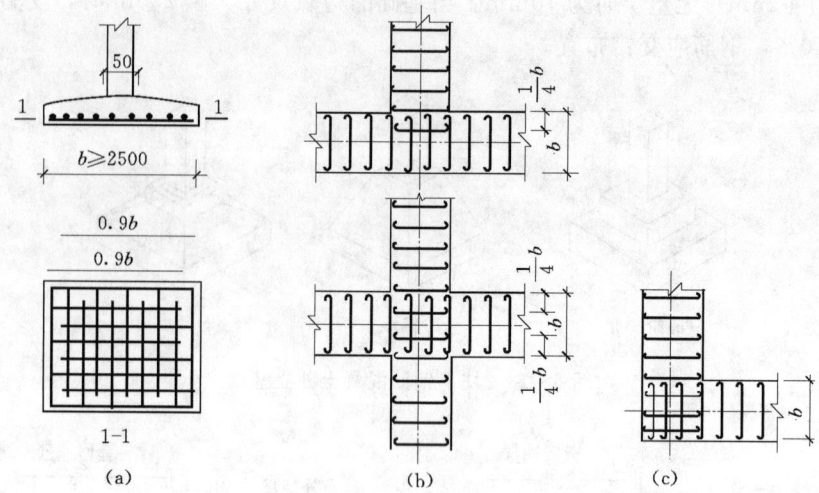

图 6-15 独立基础底板受力钢筋布置示意图

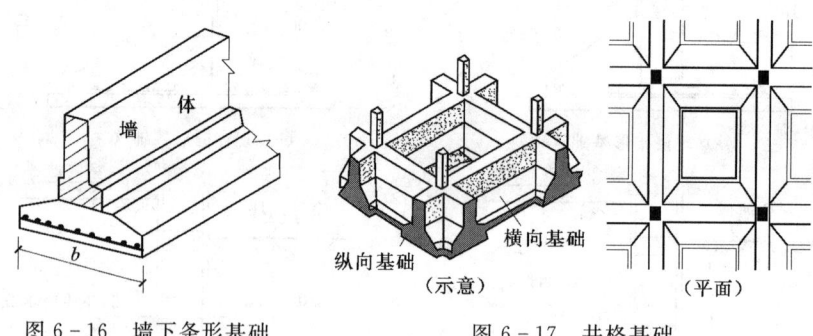

图 6-16 墙下条形基础　　图 6-17 井格基础

(3) 构造要求。

1) 墙下条形基础的构造详图洋图,如图 6-18 所示分别为条形基础交接处的构造。

2) 基础垫层的厚度不宜小于 70mm,混凝土强度等级应为 C15。

3) 基础底板混凝土强度等级不宜低于 C20。

4) 当钢筋混凝土底板的厚度不小于 200mm 时,底板应做成平板。

5) 基础底板的受力钢筋直径不宜小于 10mm,间距不宜大于 200mm,也不宜小于 100mm。

6) 基础底板的分布钢筋直径不宜小于 8mm,间距不宜大于 300mm。

7) 基础底板内每延米的分布钢筋截面积不应小于受力钢筋面积的 1/10。

8) 底板钢筋保护层厚度,当有垫层时为 40mm,当无垫层时为 70mm。

9) 当条形基础底板的宽度不小于 2.5m 时,受力钢筋的长度可取基础宽度的 0.9 倍,并应交错布置。

3. 筏板基础

建筑物的基础由整片钢筋混凝土板组成,板直接作用于地基土。筏板基础又称片筏基础,整体性好,可以跨越基础下的局部软弱土,筏板基础常用于地基软弱的多层砌体结

6.1 浅基础构造与识图

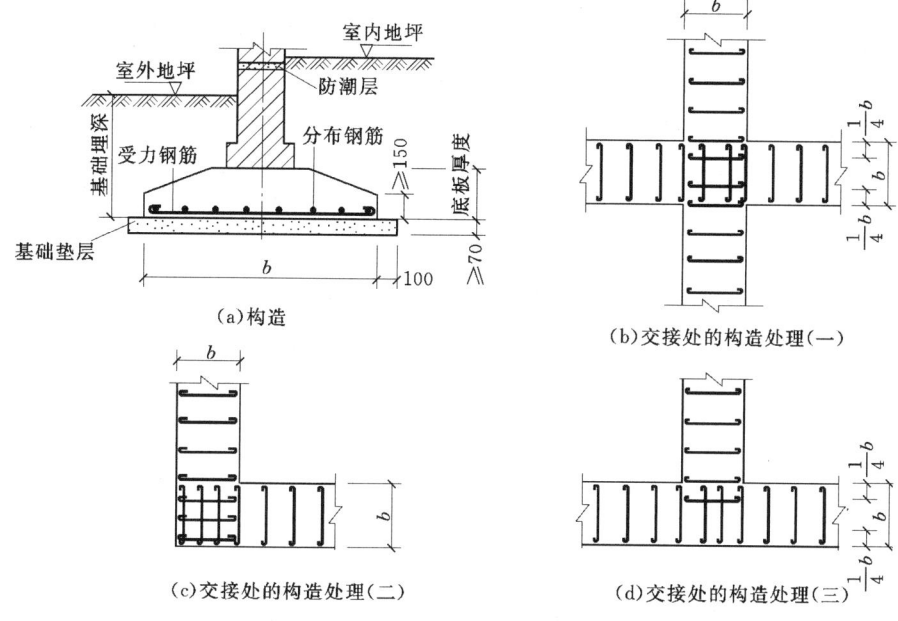

图 6-18 墙下混凝土条形基础的构造及应接处的处理要求（单位：mm）

构、框架结构、剪力墙结构建筑以及上部结构荷载较大且不均匀或地基承载力低的情况，筏板基础根据是否有梁可分为平板式和梁板式两种，如图 6-19 所示。

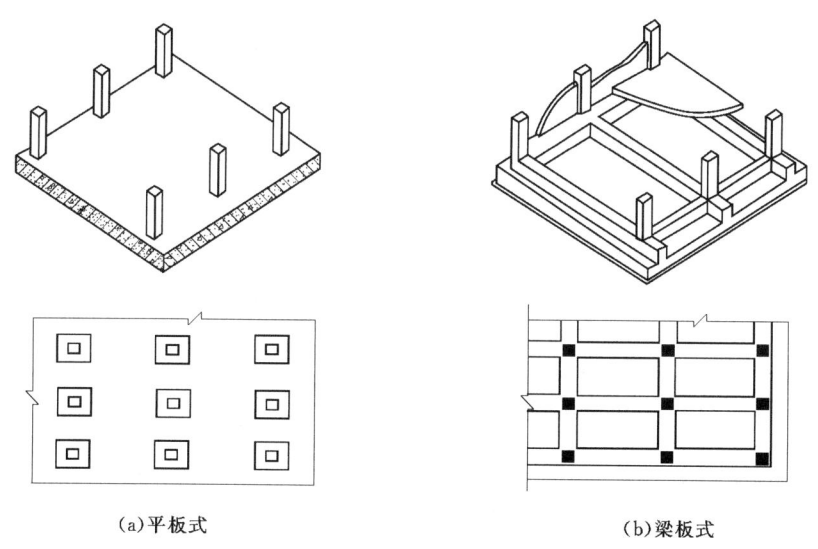

图 6-19 筏板基础

（1）强度等级。筏板基础的混凝土强度等级不应低于 C30。当有地下室时应采用防水混凝土，防水混凝土的抗渗等级应根据地下水的最大水头与防渗混凝土厚度的比值，按现行《地下工程防水技术规范》（GB 50108—2008）选用，但不应小于 0.6MPa。必要时宜设架空排水层。

(2) 墙体。采用筏板基础的地下室，应沿地下室四周布置钢筋混凝土外墙，外墙厚度不应小于 250mm，内墙厚度不应小于 200mm。墙体截面设计除满足承载力要求外，尚应考虑变形、抗裂及防渗等要求。墙体内应设置双面钢筋，竖向和水平钢筋的直径不应小于 12mm，间距不应大于 300mm。

(3) 板厚。筏基底板的厚度均应满足受冲切承载力、受剪切承载力的要求。对 12 层以上建筑的梁板式筏基的板厚不宜小于 400mm，且板厚与最大双向板格的短边净跨之比不小于 1/4。

(4) 施工缝。筏板与地下室外墙的接缝、地下室外墙沿高度处的水平接缝应严格按施工缝要求采取措施，必要时可设通长止水带。

(5) 柱（墙）与基础梁的连接。当交叉基础梁的宽度小于柱截面的边长时，交叉基础梁连接处应设置八字角，柱角和八字角之间的净距不宜小于 50mm，如图 6-20 (a) 所示。单向基础梁与柱的连接，可按图 6-20 (b)、(c) 采用。基础梁与剪力墙的连接，可按图 6-20 (d) 采用。

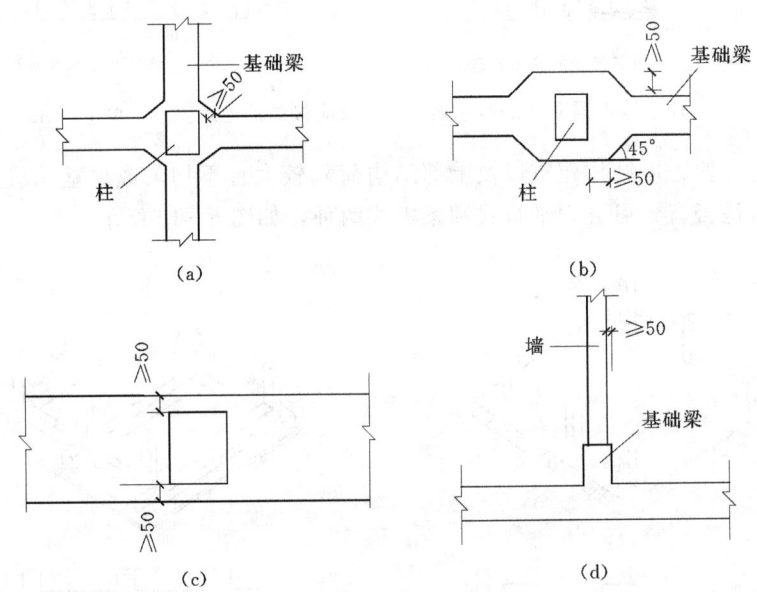

图 6-20　柱（墙）与基础梁的连接构造处理（单位：mm）

4. 箱形基础

箱形基础是由钢筋混凝土的底板、顶板和若干纵横墙组成的，形成中空箱体的整体结构，共同来承受上部结构的荷载。箱形基础整体空间刚度大，对抵抗地基的不均匀沉降有利，一般适用于高层建筑或在软弱地基上造的上部荷载较大的建筑物。当基础的中空部分尺寸较大时，可用作地下室，如图 6-21 所示。

5. 壳体基础

烟囱、水塔、贮仓、中小型高炉等各类筒形构筑物基础的平面尺寸较一般独立基础大，为节约材料，同时使基础结构有较好的受力特性，常将基础做成壳体形式，称为壳体基础。其常用形式有正圆锥壳、M 型组合壳、内球外锥组合壳等，如图 6-22 所示。可

6.1 浅基础构造与识图

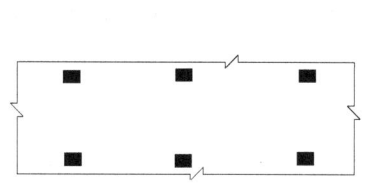
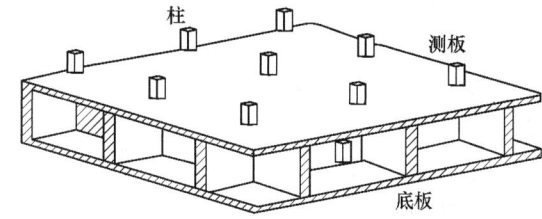

图 6-21 箱形基础

比一般梁板式基础减少混凝土用量 50% 左右，节约钢筋 30% 以上，具有较好的经济性。但壳体基础修筑土台、布置钢筋、浇筑混凝土等工艺复杂，操作技术要求高，难实行机械化。

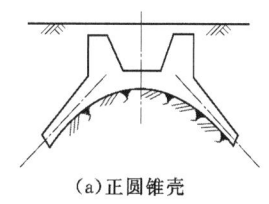
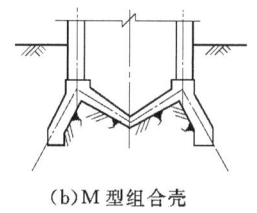
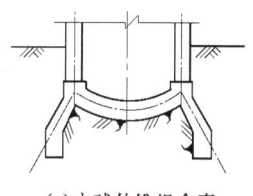

(a) 正圆锥壳　　　　　　(b) M 型组合壳　　　　　(c) 内球外锥组合壳

图 6-22 壳体基础

6.1.3 基础图与基础详图的识读

基础图是表示建筑物室内地面以下基础部分的平面布置和详细构造的图样，它是施工时在基地上放灰线、开挖基坑和施工的依据。基础图通常包括基础平面图和基础详图。

6.1.3.1 基础平面图

（1）假想用一个水平剖切平面沿建筑底层地面下一点剖切建筑，将剖切平面上面的部分去掉，并移去回填土所得到的水平投影图，称为基础平面图。

基础平面图主要表达基础的平面位置、形式及其种类，是基础施工时定位、放线、开挖基坑的依据。基础平面图的比例一般与建筑平面图的比例相同。画图时，如基础为条形基础或独立基础，被剖切平面剖切到的基础墙或柱用粗实线表示，基础底部的投影用细实线表示。如基础为筏板基础，则用细实线筏板基础的平面形状，用粗实线表示基础中钢筋的配置情况。

（2）平面图的识读内容。

1）了解图名、比例。
2）了解基础的类型。
3）与建筑平面图对照，了解基础平面图的定位轴线。
4）了解基础的平面布置，结构构件的种类、位置及配筋情况。
5）了解剖切编号，通过剖切编号了解基础的种类、各类基础的平面尺寸。
6）阅读基础设计说明，了解基础的施工要求、用料。
7）联合阅读基础平面图与设备施工图，了解设备管线穿越基础的准确位置，洞口的形状大小以及洞口上方的过梁要求。

6.1.3.2 基础详图

(1) 基础详图是基础断面图,剖切位置在基础平面图上,具体表示基础的形状、大小、材料和构造做法,是基础施工的重要依据。如基础为钢筋混凝土基础,应重点突出钢筋在混凝土基础中的位置、形状、数量和规格。

(2) 基础详图的识读内容。

1) 了解图名与比例。因基础的种类往往比较多,读图时,将基础详图的图名与基础平面图的剖切符号、定位轴线对照,了解该基础在建筑中的位置。

2) 了解基础的形状、大小与材料作法。

3) 了解基础各部位的标高,计算基础的埋置深度。

4) 了解基础的配筋情况。

5) 了解垫层的厚度尺寸与材料。

6) 了解基础梁的配筋情况。

7) 了解管线穿越洞口的详细做法。

6.1.3.3 独立基础施工图平法识读

1. 一般规定

在平面布置图上表示独立基础的尺寸与配筋,以平面注写方式为主,以截面注写方式为辅。结构平面的坐标方向:两向轴网正交布置时,图面从左至右为 X 向,从下到上为 Y 向。

独立基础的平面注写方式分为集中标注与原位标注。集中标注系在基础平面上集中引注:基础编号、截面竖向尺寸、配筋三项必注内容,以及当基础底面标高与基础底面基准标高不同时的相对标高高差和必要的文字注解两项选注内容。原位标注系在基础平面布置图上标注独立基础的平面尺寸。对相同编号的基础,可选择一个进行原位标注;当平面图形较小时,可将所选定进行原位标注的基础按双比例适当放大;其他相同编号者仅注编号。

2. 集中标注

(1) 注写独立基础编号(必注内容):

1) 阶形截面编号加下标"J",如 DJJ××。

2) 坡形截面编号加下标"P",如 DJP××。

(2) 注写独立基础截面竖向尺寸(必注内容),如图 6-23 所示。

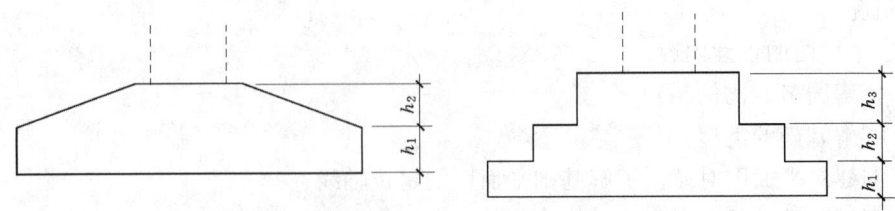

图 6-23 独立基础截面竖向尺寸示意

1) 当基础为阶形截面时,注写 $h_1/h_2/\cdots$。各阶尺寸自下向上"/"分隔顺写。当基础为单阶时,其竖向尺寸仅为一个,且为基础总厚度。例:当阶形截面普通独立基础 DJJ01 的竖向尺寸注写为 300/300/400 时,表示 $h_1=300$,$h_2=300$,$h_3=400$,基础底板总厚度为 1000。

2）当基础为坡形截面时，注写为 h_1/h_2。例：当坡形截面普通独立基础 DJP×× 的竖向尺寸注写为 350/300 时，表示 $h_1=350$，$h_2=300$，基础底板总厚为 650。

(3) 注写独立基础配筋（必注内容）。

普通独立基础底部双向配筋注写规定如下：

1）以 B 代表各种独立基础底板的底部配筋。

2）X 向配筋以 X 打头、Y 向配筋以 Y 打头注写；当两向配筋相同时，则以 X&Y 打头注写。

3）当矩形独立基础底板底部的短向钢筋采用两种配筋值时，先注写较大配筋，在"/"后再注写较小配筋。

例：如图 6-24 所示。当（矩形）独立基础底板配筋标注为 B：X Φ 16@150，Y Φ 16@200；表示基础底板底部配置 HRB335 级钢筋，X 向配筋为 Φ 16，分布间距 150mm；Y 向配筋为 Φ 16，分布间距 200mm。

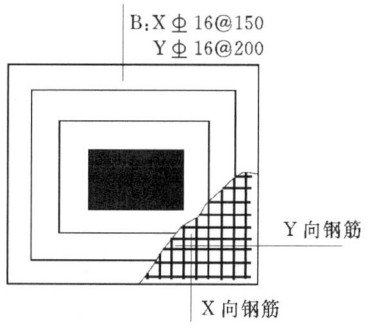

图 6-24 独立基础配筋示意

(4) 注写基础底面相对标高高差（选注内容）。当独立基础的底面标高与基础底面基准标高不同时，应将独立基础底面相对标高高差注写在"（ ）"内。

(5) 必要的文字注解（选注内容）。当独立基础的设计有特殊要求时，宜增加必要的文字注解。例如，基础底板配筋长度是否采用减短方式等。可在该项内注明。

3. 原位标注

原位标注 x、y、x_c、y_c、x_i、y_i，$i=1,2,3,\cdots$ 其中，x、y 为普通独立基础两向边长，x_c、y_c 为柱截面尺寸，x_i、y_i 为阶宽或坡形平面尺寸，如图 6-25 所示。

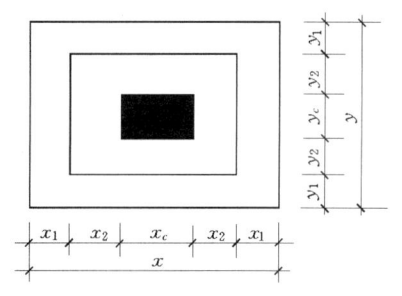

图 6-25 独立基础原位标注示意

普通独立基础采用平面注写方式可用集中标注与原位标注综合设计表达。当独立基础底板的 X 向或 Y 向宽度不小于 2.5m 时，除基础边缘的第一根钢筋外，X 向或 Y 向的钢筋长度可减短 10%，即按长度的 0.9 倍交错绑扎设置，但对偏心基础的某边自柱中心至基础边缘尺寸小于 1.25m 时，沿该方向的钢筋长度不应减短。独立基础双向交叉钢筋长向设置在下，短向设置在上。

6.2 几种常见的浅基础施工

基础是建筑物的根基，又属于隐蔽工程，它的勘察、设计和施工质量直接关系着建筑物的安危。工程实践表明，建筑物的事故很多都与地基基础有关，而且一旦发生地基基础事故，往往后果严重，补救十分困难，有些即使可以补救，其加固修复工程所需的费用也较多。因此，做好建筑物基础的施工技术管理至关重要。

因基础种类较多，施工作法不尽相同，这里刚性基础主要介绍砖基础、毛石基础、灰土和三合土基础施工工艺，柔性基础主要介绍钢筋混凝土独立基础、条形基础、筏板基础施工工艺。

6.2.1 砖基础施工
6.2.1.1 施工准备
1. 技术准备

（1）根据施工图纸及标准规范，编制砌体的施工方案并经相关单位批准通过。

（2）根据现场条件，完成工程测量控制点的定位、移交、复核工作。

（3）编制工程材料、机具、劳动力的需求计划。

（4）完成进场材料的见证取样复检及砌筑砂浆的试配工作。

（5）组织施工人员进行技术、质量、安全、环境交底。

2．材料准备

（1）砌筑砂浆强度等级必须符合设计要求。

1）水泥：一般采用32.5级或42.5级普通硅酸盐水泥或矿渣硅酸盐水泥。

2）砂：砂浆用砂宜用中砂，不应混有草根、树叶、树枝、塑料、煤块、炉渣等杂物；砂中含泥量、泥块含量、石粉含量、云母、轻物质、有机物、硫化物、硫酸盐及氯盐含量等应符合现行行业标准《普通混凝土用砂、石质量及检验方法标准》（JGJ 52—2006）的有关规定；人工砂、山砂及特细砂，应经试配能满足砌筑砂浆技术条件要求。

3）拌制砂浆用水的水质，应符合现行行业标准《混凝土用水标准》（JGJ 63—2006）的有关规定。

4）塑化材料：有石灰膏、磨细石灰粉、电石膏和粉煤灰等，石灰膏的熟化时间不少于7天，严禁使用冻结和脱水硬化。

（2）砖的品种、强度等级必须符合设计要求，并应规格一致，有出厂合格证及试验报告。

1）用于基础的砖宜用烧结普通砖。

2）蒸压灰砂砖和蒸压粉煤灰砖也可用于基础，但不得用于长期受热200℃以上、受急冷急热和有酸性介质侵蚀的部位。

3．主要机具准备

（1）机械设备：砂浆搅拌机、水平运输机械等。

（2）主要工具：瓦刀、大铁锹、手锤、筛子、铁锹、手推车等。

（3）检测工具：水准仪、经纬仪、钢卷尺、卷尺、锤线球、水平尺、砂浆试模等。

4．作业条件

（1）基槽或基础垫层已完成，并验收，办完隐检手续。

（2）安置龙门板或龙门桩，标出建筑物的主要轴线，标出基础及墙身轴线及标高；弹出基础轴线和边线；立好皮数杆（间距不应大于15m，转角处、交接处均应设立），办完预检手续。

（3）根据皮数杆最下面一层砖的标高，拉线检查基础垫层、表面标高是否合适，如第一层砖的水平灰缝大于20mm时，应用细石混凝土找平，不得用砂浆或在砂浆中掺碎砖或碎石处理。

(4) 常温施工时，砌砖提前 1 天应将砖浇水湿润，砖以水浸入表面下 10～20mm 深为宜；雨天作业不得使用含水率饱和状态的砖。

(5) 砌筑部位的灰渣、杂物应清除干净，基层浇水湿润。

(6) 砂浆配合比，已经试验室根据实际材料确定。准备好砂浆试模。应按试验确定的砂浆配合比拌制砂浆，并搅拌均匀。常温下拌好的砂浆应在拌和后 3 小时内用完；当气温超过 30℃时，应在 2 小时内用完。严禁使用过夜砂浆。

(7) 基槽安全防护已完成，无积水，并通过了质检员的验收。

(8) 脚手架应随砌随搭设，运输通道通畅，各类机具应准备就绪。

6.2.1.2 工艺流程

砖基础施工工艺流程为：地基验槽—砖基放线—砖浇水—材料见证取样—拌制砂浆—排砖摆底—墙体盘角—立杆挂线—砌砖基础—验收养护。

6.2.1.3 施工要点

(1) 基础砌筑前，基础垫层表面应清扫干净，洒水湿润。先盘墙角，每次盘角高度不应超过五层砖，随盘随靠平、吊直。

(2) 基础皮数杆的位置，应设在基础转角（图 6-26），内外墙基础交接处及高低踏步处。基础皮数杆上应标明大放脚的皮数、退台、基础的底标高、顶标高以及防潮层的位置等。如果相差不大，可在大放脚砌筑过程中逐步调整，灰缝可适当加厚或减薄（俗称提灰或杀灰），但要注意在调整中防止砖错层。

(3) 墙的砖基础均应同时砌筑。如因特殊原因不能同时砌筑时，应留设斜槎（踏步槎），斜槎长度不应小于斜槎的高度。基础底标高不同时，应由低处砌起，并经常拉线检查，确保墙身位置的准确和每皮砖及灰缝的水平。若有偏差，通过灰缝调整，并由高处向低处搭接；如设计无具体要求时，其搭接长度不应小于大放脚的高度（图 6-27）。保持砖基础通顺、平直。

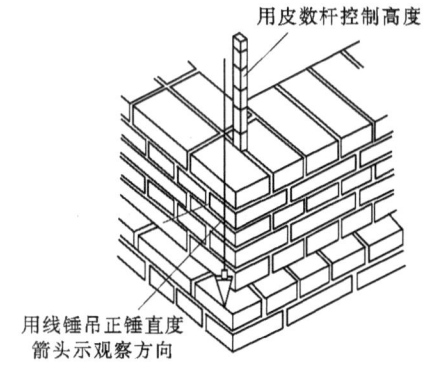
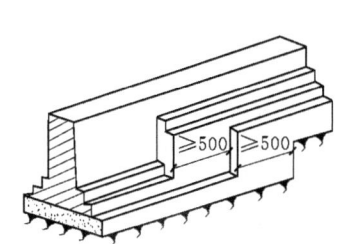

图 6-26 基础皮数杆设置示意　　图 6-27 砖基础高低接头处砌法

(4) 砌筑基础大放脚时，可根据垫层上弹好的基础线按"退台压丁"的方法先进行摆砖摆底。具体方法是，根据基底尺寸边线和已确定的组砌方式及不同的砂浆，用砖在基底的一段长度上干摆一层，摆砖时就考虑竖缝的宽度，并按"退台压丁"的原则进行，上、下皮砖错缝达 1/4 砖，在转角处用"七分头"来调整搭接，避免立缝重缝。摆完后应经复核无误才能正式砌筑。为了砌筑时有规律可循，必须先在转角处将角盘起，再以两端转角为标准拉准线，并按准线逐皮砌筑。当大放脚返自到实墙后，再按墙的组砌方法砌筑。排砖撂底工作的好坏，影响到整个基础的砌筑质量，必须严肃认真地做好。

(5) 底排砖方法，有六皮三收等高式大放脚（图 6-28）和六皮四收间隔式大放脚（图 6-29）。大放脚一般采用一顺一丁砌法，上下皮垂直灰缝相互错开 60mm。础的转角处、交接处，为错缝需要应加砌配砖（3/4 砖、半砖或 1/4 砖）。在这些交接处，纵横墙要隔皮砌通；大放脚的最下一皮及每层的最上一皮应以丁砌为主。

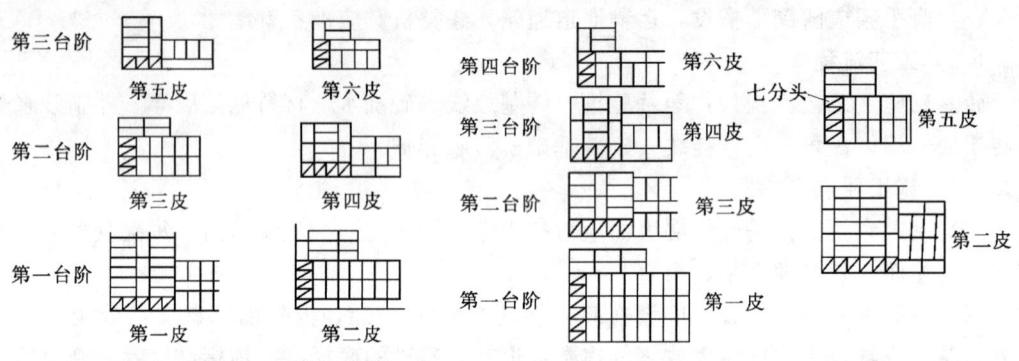

图 6-28 六皮三收等高式大放脚　　图 6-29 六皮四收间隔式大放脚

(6) 各种预留洞、预埋件、拉结筋按设计要求留置，避免后剔凿，影响砌体质量。

(7) 变形缝的墙角应按直角要求砌筑，先砌的墙要把舌头灰刮尽，后砌的墙可采用缩口灰，掉入缝内的杂物随时清理。

(8) 安装管沟和洞口过梁，其型号、标高必须正确，底灰饱满。如坐灰超过 20mm 厚，用细石混凝土铺垫，两端搭墙长度应一致。

(9) 防潮层施工，将墙顶活动砖重新砌好，清扫干净，浇水湿润，随即抹防水砂浆。设计无规定时，一般厚度为 15～20mm，防水粉掺量为水泥重量的 3%～5%。

(10) 工完场清，作好成品保护，准备基础工程验收。

6.2.1.4　质量验收

1. 主控项目

(1) 砖和砂浆的强度等级必须符合设计要求。

抽检数量：每一生产厂家的砖到现场后，按烧结砖、混凝土实心砖每 15 万块、其他砖每 10 万块为一验收批，抽检数量为一组。砂浆试块的抽检数量，同一类型、强度等级的试块应不少于 3 组。

检验方法：检查砖和砂浆试块试验报告。

(2) 砌体水平灰缝的砂浆饱满度不得小于 80%。

抽检数量：每检验批抽查不应少于 5 处。

检验方法：用百格网检查砖底面与砂浆的黏结痕迹面积，每处检测 3 块砖，取其平均值。

(3) 砖砌体的转角处和交接处应同时砌筑，严禁无可靠措施的内外墙分砌施工。对不能同时砌筑而又必须留置的临时间断处应砌成斜槎,斜槎水平投影长度不应小于高度的2/3。

抽检数量:每检验批抽查不应少于5处。

检验方法:观察检查。

(4) 砖砌体的位置及垂直度允许偏差应符合表6-2的规定。

表6-2　　　　　　　　砖砌体的位置及垂直度允许偏差

项次	项目		允许偏差/mm	检验方法
1	轴线位置		10	用经纬仪和尺检查或用其他测量仪器检查
2	垂直度	每层	5	用2m托线板检查
		全高 ≤10m	10	用经纬仪、吊线和尺检查,或用其他测量仪器检查
		全高 >10m	20	

2. 一般项目

(1) 砖砌体组砌方法应正确,上下错缝,内外搭砌。

抽检数量:每检验批抽查不应少于5处。

检验方法:观察检查。

(2) 砖砌体的灰缝应横平竖直,厚薄均匀。水平灰缝厚度宜为10mm,但不应小于8mm,也不应大于12mm。

抽检数量:每检验批抽查不应少于5处。

检验方法:用尺量10皮砖砌体高度折算。

(3) 砖砌体的一般尺寸允许偏差应符合表6-3的规定。

表6-3　　　　　　　　砖砌体一般尺寸允许偏差

项次	项目		允许偏差/mm	检验方法	抽检数量
1	基础顶面和楼面标高		±10	用水平仪和尺检查	不应少于5处
2	表面平整度	清水墙、柱	5	用2m靠尺和楔形塞尺检查	有代表性自然间10%,但不应少于3间,每间不应少于2处
		混水墙、柱	8		
3	门窗洞口高、宽(后塞口)		±5	用尺检查	检验批洞口的10%,且不应少于5处
4	外墙上下窗口偏移		20	以底层窗口为准,用经纬仪或吊线检查	检验批的10%,且不应少于5处
5	水平灰缝平直度	清水墙	7	拉10m线和尺检查	有代表性自然间10%,但不应少于3间,每间不应少于2处
		混水墙	10		
6	清水墙游丁走缝		20	吊线和尺检查,以每层第一皮砖为准	有代表性自然间10%,但不应少于3间,每间不应少于2处

6.2.2 毛石基础施工

6.2.2.1 施工准备

1. 技术准备

(1) 熟悉设计文件和施工验收标准,针对施工现场条件编制施工方案,并对施工操作人员进行技术交底。

(2) 按建设单位提供的控制网和高程控制点,进行标高和轴线的引测,并放出毛石基础墙体的基础标高控制线。

(3) 对原材料现场进行验收,对进场水泥、砂子、毛石进行取样检测,配制砂浆配合比。

2. 材料准备

(1) 毛石:必须符合设计要求和有关施工规范的规定,应有出厂合格证和抽样检测报告。

(2) 砂:宜用粗、中砂,用5mm孔径筛过筛;配置小于M5的砂浆,砂的含泥量不应超过10%;配置不小于M5的砂浆,砂的含泥量不应超过5%,不应含有草根等杂物。

(3) 水泥:一般宜采用32.5级普通硅酸盐水泥或矿渣硅酸盐水泥,有出厂证明和复试单。如出厂日期超过3个月,应按复验结果使用。

(4) 水:应用自来水或不应含有害物质的洁净水。

(5) 其他材料:拉结筋、预埋件应做防腐处理;石灰膏的熟化时间不得少于7天。

3. 施工机具

机械设备:应备有200L砂浆搅拌机、石材切割机及石材打磨机等。

施工机具:台秤、筛子、手推车、铁锹、橇杠、手锤、托线板、线锤、线绳、半截桶、扫帚、水平尺、钢卷尺、皮数杆等。

4. 作业条件

(1) 基槽或垫层已经完成,验收合格并办理隐检手续。

(2) 基础轴线、基础边线及洞口位置等已经标出。

(3) 水泥、砂子、毛石抽样试验已经合格、砂浆设计配合比已经完成。

(4) 基础砌筑前,应检查垫层施工质量,标高尺寸是否符合设计要求,当第一皮水平灰缝厚度超过20mm时,应用细石混凝土找平。

(5) 施工安全措施和环境保护措施已经落实。

6.2.2.2 工艺流程

毛石基础砌体施工工艺流程如图6-30所示。

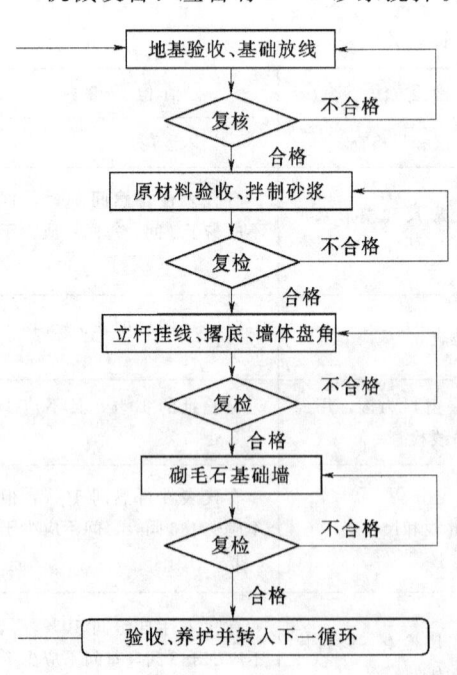

图 6-30 毛石基础砌体施工工艺流程图

6.2.2.3 施工要点

(1) 砌筑前,应检查基槽(坑)的土质、轴线、尺寸和标高,清除杂物。地基有问题坑时,应由设计单位确定处理方案。

(2) 根据设置的中心桩放出基础轴线及边线,在两端基础两边抄平立好皮数杆,划出分层砌石高度,标出台阶收分尺寸。

(3) 砌筑砂浆应用机械搅拌;水泥、有机塑化剂和冬期施工掺用的氯盐等的配料精确度应控制在±2%以内,其他配料精确度应控制在±5%以内。拌和时间,自投料完算起,不得少于90秒。

(4) 砂浆应随拌随用。水泥砂浆和水泥混合砂浆必须分别在拌成后3小时和4小时内使用完毕;如施工期间最高气温超过30℃,分别必须在拌成后2小时和3小时内用完。

(5) 毛石砌体的灰缝厚度宜为20mm,砂浆应饱满,石块间较大的空隙应先填塞砂浆后用碎石块嵌实。

(6) 砌筑毛石基础应双面拉准线,如图6-31所示。

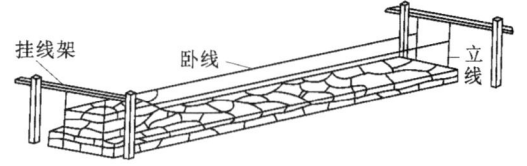

图6-31 毛石基础砌筑及拉线

(7) 基底标高不同时,应从低处砌起,并由高处向低处搭砌。当设计无要求时,搭接长度不应小于基础扩大部分的高度。

(8) 砌第一皮毛石时,应选用有较大平面的石块,先在基坑底铺设砂浆,再将毛石砌上,并使毛石的大面向下,应分层卧砌,并应上下错缝,内外搭砌。

(9) 毛石基础每0.7m²设置一块拉结石,上下两皮拉结石的位置应错开,立面砌成梅花形。拉结石宽度:如基础宽度不大于400mm,拉结石宽度应与基础宽度相等;如基础宽度大于400mm,可用两块拉结石内外搭接,搭接长度不应小于150mm,且其中一块长度不应小于基础宽度的2/3。

(10) 阶梯形毛石基础,上阶的石块应至少压砌下阶石块的1/2。

(11) 毛石基础最上一皮,宜选用较大的平毛石砌筑。转角处、交接处和洞口处应选用较大的平毛石砌筑。

(12) 毛石基础转角处和交接处应同时砌起,如不能同时砌起又必须留槎时,应留成斜槎,斜槎长度应不小于斜槎高度,继续砌时应将斜槎面清理干净,浇水湿润。

(13) 毛石基础每个工作日砌筑高度不得超过1.2m;当超过1.2m时,应搭设脚手架。

(14) 夏季施工时,对刚砌完的砌体,应浇水湿润并用草袋覆盖养护5~7天。毛石基础全部砌完,要及时在基础两边均匀分层回填土,分层夯实。

6.2.2.4 质量验收

1. 主控项目

(1) 石材及砂浆强度等级必须符合设计要求,检查石材试验报告。

(2) 砂浆饱满度不应小于80%。观察检查,每步架不少于1处。

(3) 石砌体的轴线位置允许偏差应符合表6-4的要求。

表 6-4　　　　　　　　　　毛石基础轴线位置允许偏差

项目	允许偏差/mm	检验方法
轴线偏差	20	用经纬仪和尺检查，或用其他测量仪器检查

2. 一般项目

（1）毛石砌体的一般尺寸允许偏差应符合表 6-5 的要求。

表 6-5　　　　　　　　　　毛石砌体的一般尺寸允许偏差

项次	项目	允许偏差/mm	检验方法
1	基础顶面标高	±25	用水准仪和尺检查
2	砌体厚度	+30	用尺检查

（2）石砌体的组砌形式应符合下列规定：

1）内外搭砌，上下错缝，拉结石、丁砌石交错设置。

2）毛石墙拉结石每 0.7m^2 墙面不应少于 1 块。

6.2.3　灰土与三合土基础施工

6.2.3.1　施工准备

1. 材料准备

（1）土：优先利用基槽中挖出的土，但不得含有有机杂物，使用前要先过筛，其粒径不大于 15mm。含水率要符合规定。

（2）石灰：用块灰或生石灰粉；使用前应充分熟化、过筛，不得夹有粒径大于 5mm 的生石灰块，也不得含有过多的水分。

2. 机具设备

压路机、木夯、蛙式或柴油打夯机、手推车、筛子（孔径 6~10mm 和 16~20mm 两种）、标准斗、靠尺、耙子、平头铁锹、胶皮管、小线和木折尺等。

3. 作业条件

（1）基坑（槽）外侧摊铺灰土前，必须先行钎探并按设计和勘察部门的要求处理完地基，并办理完验槽的隐检手续。

（2）基础外侧打灰土，必须对基础、地下室墙和地下防水层、保护层进行检查，发现损坏时应及时修补处理，办完隐检手续；现浇的混凝土基础墙、地梁等均达到规定的强度，不得损坏混凝土。

（3）当地下水位高于基坑（槽）底时，施工前应采取排水或降低地下水位的措施，使地下水位保持在施工面以下 500mm 左右，并在 3 天之内不得受水浸泡。

（4）房心灰土和管沟灰土，应先完成上下水管道的安装或管沟墙间加固等措施后再进行，并且将沟槽、地坪上的积水或有机杂物清除干净。

（5）施工前，应做好水平高程的标志。如在基坑（槽）或沟的边坡上每隔 3m 钉上控制灰土标高的木橛；在室内和散水的边墙上弹上水平线或在地坪上钉好控制标高的标准木桩。

4．技术准备

(1) 编制施工方案报监理审批后进行技术交底。

(2) 场地工程地质资料和水文地质资料的复核。

(3) 施工前应根据工程特点、填料种类、设计压实系数、施工条件等，合理确定填料含水率控制范围、铺土的厚度和夯打遍数等参数。重要的灰土填方工程其参数应通过压实试验来确定。

6.2.3.2 工艺流程

工艺流程如图 6-32 所示。

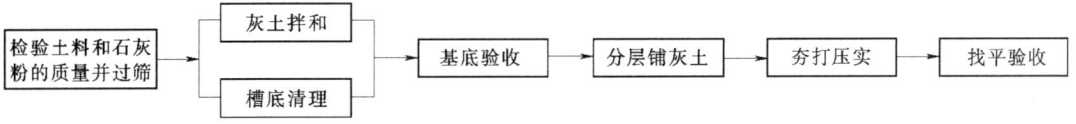

图 6-32 灰土与三合土基础工艺流程

6.2.3.3 施工要点

1．检验土料和石灰粉的质量并过筛

检查土料种类和质量以及石灰材料的质量是否符合规范的要求，然后分别过筛。块灰闷制的熟石灰，过孔径 6～10mm 的筛子，生石灰直接使用；土料过孔径 16～20mm 的筛子，并确保粒径的要求。

2．灰土拌和

(1) 灰土的配合比一般为 2∶8 或 3∶7。灰土必须过标准斗，严格执行配合比。拌和均匀一致，至少反拌两次，保证拌和均匀，颜色一致，拌和好的灰土颜色应一致。

(2) 灰土应控制含水率。检验方法：手握成团，轻捏即碎。如土料水分过大或不足时，应晾干或洒水湿润。

(3) 槽底清理。将基坑（槽）底或基土表面清理干净，验收合格，办理隐检。

(4) 分层铺灰土。每层灰土虚铺厚度按表 6-6 选用。各层虚铺后均应找平，与坑（槽）边壁上的标准水平木橛对应检查。

表 6-6　　　　　　　　　灰土最大虚铺厚度

项次	夯具的种类	重量/kg	虚铺厚度/mm	备注
1	石夯、木夯	40～80	200～250	人力夯打，落高 400～500mm，一夯压半夯
2	轻型夯实工具	—	200～250	蛙式夯打机，柴油打夯机
3	压路机	机重 6～10t	200～300	双轮

(5) 夯打压实。

1) 夯打（压）的遍数应根据设计要求的干土质量密度或现场试验确定，一般不少于三遍。人工夯打应一夯压半夯，夯夯相接，行行相接，纵横交叉。采用压路机往复碾压，一般碾压不少于四遍，其轮距搭接不小于 500mm。边缘和转角处应用人工或蛙式打夯机补打密实。

2) 灰土分段施工时，不得在墙角、柱基及承重窗间墙下接槎。下上两层灰土的接槎距离不得小于 500mm。当灰土基础标高不同时，应作成阶梯形。接槎时应将槎子垂直接齐。

3）灰土回填每层夯（压）实后，应按规范进行环刀取样，测出灰土的压实度，达到设计要求后再进行上一层灰土的铺摊。取样频率：每单位工程不应少于 3 点，1000m² 以上工程，每 100m² 至少 1 点；3000m² 以上工程，每 300m² 至少 1 点；每一独立基础下至少应有 1 点；基槽每 20 延米应有 1 点。压实系数一般为 0.93～0.95，也可按照表 6-7 的规定执行。用贯入度仪检测灰土质量时，应先进行现场试验以确定贯入度的具体要求。

表 6-7　　　　　　　　　　灰土干质量密度标准

项次	土料种类	灰土最小干质量密度/（g/cm³）
1	粉土	1.55
2	粉质黏土	1.50
3	黏土	1.45

（6）找平与验收。灰土最上一层完成后，应拉线或用靠尺检查标高和平整度，并办理验收手续。

6.2.3.4　质量验收

（1）基底的土质必须符合设计要求。

（2）灰土土料、石灰或水泥（当水泥替代灰土中的石灰时）等材料及配合比应符合设计要求，灰土应搅拌均匀。

（3）施工过程中应检查分层虚铺的厚度、分段施工时上下两层的搭接长度、夯实加水量、夯实遍数、压实系数。

（4）施工结束后，应检查灰土地基的承载力。

（5）灰土地基的质量验收标准应符合表 6-8 的规定。

表 6-8　　　　　　　　　　灰土地基质量检验标准

项目	序次	检查项目	允许偏差或允许值	检查方法
主控项目	1	地基承载力	符合设计要求	按规定方法
	2	配合比	符合设计要求	按拌和时的体积比
	3	压实系数	符合设计要求	现场实测
一般项目	1	石灰粒径/mm	≤5	筛分法
	2	土料有机质含量/%	≤5	试验室焙烧法
	3	土颗粒粒径/mm	≤15	筛分法
	4	与最优含水率差值/%	±2	烘干法
	5	与设计要求分层厚度差值/mm	±50	水准仪
允许偏差	1	顶面标高	±15	用水平仪或拉线和尺量检查
	2	表面平整度	15	用 2m 靠尺和楔形塞尺检查

6.2.4 钢筋混凝土基础施工

钢筋混凝土基础具有强度大、抗弯、抗拉、抗压性能好的特点。相对于刚性基础具有一定的柔性，在相同的条件下，基础的埋置深度不需加深，基础的底面积可以扩展。适用于软弱地基和荷载较大的工程。

钢筋混凝土基础主要包括：柱下钢筋混凝土独立基础、墙下钢筋混凝土条形基础、筏板基础等。

6.2.4.1 施工准备

(1) 钢筋的隐检工作已经完成并经监理验收合格。

(2) 模板的预检工作已经完成，标高、位置、尺寸及保护层厚度符合设计要求，支架稳定、支撑和模板固定可靠，模板拼缝严密，符合规范要求。

(3) 对施工人员、特别是混凝土振捣人员进行安全、技术交底。

(4) 清除模板内杂物，并浇水湿润。

(5) 现场机具及人员配备齐全。

(6) 现场有灯具等照明设备，并可以行走移动，有足够长度的防水电线。

6.2.4.2 钢筋混凝土独立基础的施工要点

施工工艺流程：基础垫层—基础放线—绑扎钢筋—支基础模板—浇筑混凝土—拆模。

(1) 清理槽底、验槽并做好记录。按设计要求打好垫层，垫层混凝土的强度等级不宜低于C15。

(2) 在基础垫层上放出基础轴线及边线，提前计算基础钢筋下料长度，提供配料单。钢筋工绑扎好基础底板钢筋网片。

(3) 按弹线支立预先配制好的模板。模板可采用木模，如图6-33（a）所示，先将下阶模板支好，再支好上阶模板，然后支放杯心模板。也可采用钢模，如图6-33（b）所示。模板支立要求牢固，避免浇筑混凝土时跑浆、变形。

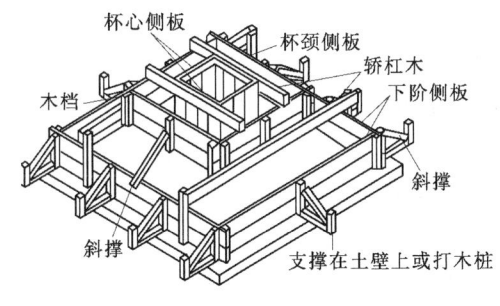 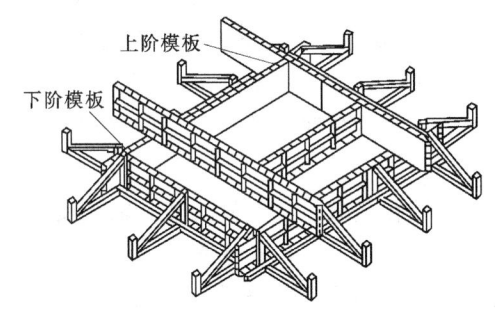

(a) 杯形基础木模板　　　　　　　　　　(b) 阶梯形现浇基础钢模板

图6-33 现浇钢筋混凝土独立基础模板

如为现浇柱基础，模板支完后要将插筋按位置固定好，并进行复线检查。现浇混凝土独立基础轴线位置允许偏差不宜大于10mm。支模施工场景如图6-34所示。

(4) 基础在浇筑前，清除模板内和钢筋上的垃圾杂物，堵塞模板的缝隙和孔洞，木模板应浇水湿润。

第6章 浅基础施工

图6-34 独立基础支模施工场景　　图6-35 独立基础浇筑成型

（5）对阶梯形基础，基础混凝土宜分层连续浇筑完成。每一台阶高度范围内的混凝土可分为一个浇筑层。每浇完一个台阶可停顿0.5～1.0小时，待下层密实后再浇筑上一层。

（6）对于锥形基础，应注意保证锥体斜面的准确，斜面可随浇筑随支模板，分段支撑加固以防模板上浮。

（7）对杯形基础，浇筑杯口混凝土时，应防止杯口模板位置移动，应从杯口两侧对称浇捣混凝土。

（8）在浇筑杯形基础时，如杯芯模板采用无底模板，应控制杯口底部的标高位置，先将杯底混凝土捣实，再采用低流动性混凝土浇筑杯口四周。或在杯底混凝土浇筑完后停顿0.5～1.0小时，待混凝土密实后再浇筑杯口四周的混凝土。混凝土浇筑完成后，应将杯口底部多余的混凝土掏出，以保证杯底的标高。

（9）基础浇筑完成后，待混凝土终凝前应将杯口模板取出，并将混凝土内表面凿毛。

（10）高杯口基础施工时，杯口距基底有一定的距离，可先浇筑基础底板和短柱至杯口底面位置，再安装杯口模板，然后继续浇筑杯口四周的混凝土。

（11）基础浇筑完毕后，应将裸露的部分覆盖浇水养护。成型后如图6-35所示。

6.2.4.3 墙下混凝土条形基础的施工要点

施工工艺流程：基础垫层—基础放线—绑扎钢筋—支立模板—浇筑混凝土—拆模。

（1）清理槽底、验槽，并做好记录。按设计要求打好垫层，垫层的强度等级不宜低于C15。

（2）在基础垫层上放出基础轴线及边线，绑扎好基础底板和基础梁钢筋，要将柱子插筋按位置固定好，检验钢筋。

（3）钢筋检验合格后，按线支立顶先配制好的模板。模板可采用木模，也可采用钢模。先将下阶模板支好，再支好上阶模板，模板支立要求牢固，如图6-36所示，避免浇筑混凝土时跑浆、变形。

（4）基础在浇筑前，清除模板内和钢筋上的垃圾杂物，堵塞模板的缝隙和孔洞，木模板应浇水湿润。

（5）当混凝土的浇筑高度在2m以内时，可直接将混凝土卸入基槽。当混凝土的浇筑高度超过2m时，应采用漏斗、串筒将混凝土溜入槽内，以免混凝土产生离析分层现象。

（6）混凝土宜分段分层浇筑，每层厚度宜为200～250mm，每段长度宜为2～3m，各段各层之间应相互搭接，使逐段逐层呈阶梯形推进，振捣要密实不要漏振。

（7）混凝土要连续浇筑不宜间断，如若间断，其间隔时间不应超过规范规定的时间。

（8）当需要间歇的时间超过规范规定时，应设置施工缝。再次浇筑应待混凝土强度达到 1.2MPa 以上时方可进行。浇筑前应进行施工缝处理，将施工缝松动的石子清除，并用水清洗干净，浇一层水泥砂浆后再继续浇筑，接槎部位要振捣密实。

（9）混凝土浇筑完毕后，应覆盖洒水养护。如图 6-37 所示，待其达到一定强度后，拆模、检验、分层回填、夯实房心土。

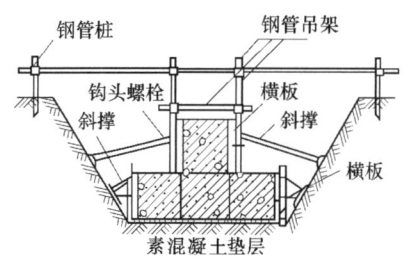
图 6-36 混凝土条形基础支模

图 6-37 条形基础浇筑成型

6.2.4.4 钢筋混凝土筏型基础的施工要点

施工工艺流程：基础垫层—基础放线—绑扎钢筋—支立模板—浇筑混凝土—拆模。

（1）当筏板基础为满堂基础时，基坑施工的土方量较大，首先应做好土方开挖。开挖时注意保证基底持力层不被扰动，当采用机械开挖时，不要挖到基底标高，应保留 200mm 左右最后人工清槽。

（2）开槽施工中应做好排水工作，可采用明沟排水。当地下水位较高时，可预先采用人工降水措施，使地下水位降至基底 500mm 以下，保证基坑在无水的条件下进行开挖和基础施工。

（3）基坑施工完成后应及时进行验槽。验槽后清理槽底，进行垫层施工。垫层的厚度一般取 100mm，混凝土强度等级不低于 C15。

（4）当垫层混凝土达到一定强度后，使用引桩和龙门板在垫层上进行基础放线、绑扎钢筋、支设模板、固定柱或墙的插筋等工作。筏板基础钢筋施工如图 6-38 所示。

（5）筏板基础在浇筑前，应搭建脚手架以便运灰送料，清除模板内和钢筋上的垃圾、泥土、污物，木模板应浇水湿润。

（6）混凝土浇筑方向应平行于次梁方向。对于平板式筏板基础则应平行于基础的长边方向。筏板基础的混凝土浇筑应连续施工，若不能整体浇筑完成，应设置竖直施工缝。施工缝的预留位置，当平行于次梁长度方向浇筑时，应在次梁中间 1/3 跨度范围内。对于平板式筏基的施工缝，可在平行于短边方向的任何位置设置。

（7）当继续开始浇筑时应进行施工缝处理，先将施工缝处将活动的石子清除，然后用水将施工缝清洗干净，浇一层水泥砂浆，再继续浇筑混凝土。

（8）对于梁板式筏形基础，梁高出底板部分的混凝土可分层浇筑。每层浇筑厚度不宜大于 200mm。

（9）基础浇筑完毕后，基础表面应覆盖并洒水养护。筏板基础浇筑成型如图6-39所示，当混凝土强度达到设计强度的25%以上时即可拆模，待基础验收合格后即可回填土。

图6-38 筏板基础钢筋施工

图6-39 筏板基础浇筑成型

6.2.4.5 质量验收

1. 钢筋分项工程

（1）一般规定。在浇筑混凝土之前，应进行钢筋隐蔽工程验收，其内容应包括：

1）纵向受力钢筋的牌号、规格、数量、位置。

2）钢筋的连接方式、接头位置、接头数量、接头面积百分率、搭接长度、锚固方式及锚固长度。

3）箍筋、横向钢筋的牌号、规格、数量、间距，箍筋弯钩的弯折角度及平直段长度。

4）预埋件的规格、数量、位置。

（2）主控项目。

1）受力钢筋的牌号、规格、数量必须符合设计要求。

检查数量：全数检查。

检验方法：观察，尺量检查。

2）纵向受力钢筋的锚固方式和锚固长度应符合设计要求。

检查数量：全数检查。

检验方法：观察、尺量检查。

（3）一般项目。

钢筋安装位置的允许偏差应符合表6-9的规定。

检查数量：在同一检验批内，对梁、柱和独立基础，应抽查构件数量的10%，且不少于3件；对墙和板，应按有代表性的自然间抽查10%，且不少于3间；对大空间结构，墙可按相邻轴线间高度5m左右划分检查面，板可按纵、横轴线划分检查面，抽查10%，且均不少于3面。

2. 模板分项工程

（1）一般规定。

1）模板工程应编制专项施工方案。滑模、爬模等工具式模板工程及高大模板支架工程的专项施工方案，应进行技术论证。

6.2 几种常见的浅基础施工

表 6-9　　　　　　　　钢筋安装位置的允许偏差和检验方法

项目			允许偏差/mm	检验方法
绑扎钢筋网	长、宽		±10	钢尺检查
	网眼尺寸		±20	钢尺量连续三档,取最大值
绑扎钢筋骨架	长		±10	钢尺检查
	宽、高		±5	钢尺检查
受力钢筋	间距		±10	钢尺量两端中间,各一点取最大值
	排距		±5	
	保护层厚度	基础	±10	钢尺检查
		柱、梁	±5	钢尺检查
		板、墙、壳	±3	钢尺检查
绑扎箍筋、横向钢筋间距			±20	钢尺量连续三档,取最大值
钢筋弯起点位置			20	钢尺检查
预埋件	中心线位置		5	钢尺检查
	水平高差		+3,0	钢尺和塞尺检查

注　1. 检查预埋件中心线位置时,应沿纵、横两个方向量测,并取其中的较大值。
　　2. 表中梁类、板类构件上部纵向受力钢筋保护层厚度的合格点率应达到90%及以上,且不得有超过表中数值 1.5 倍的尺寸偏差。

2) 模板及支架应根据施工过程中的各种工况进行设计,应具有足够的承载力和刚度,并应保证其整体稳固性。

(2) 主控项目。

1) 模板及支架材料的技术指标应符合国家现行有关标准和专项施工方案的规定。

检查数量:全数检查。

检验方法:检查质量证明文件。

2) 现浇混凝土结构的模板及支架安装完成后,应按照专项施工方案对下列内容进行检查验收:模板的定位;支架杆件的规格、尺寸、数量;支架杆件之间的连接;支架的剪刀撑和其他支撑设置;支架与结构之间的连接设置;支架杆件底部的支承情况。

检查数量:全数检查。

检验方法:观察、尺量检查;力矩扳手检查。

(3) 一般项目。

1) 模板安装质量应符合下列要求:

a. 模板的接缝应严密。

b. 模板内不应有杂物。

c. 模板与混凝土的接触面应平整、清洁。

d. 对清水混凝土构件,应使用能达到设计效果的模板。

检查数量:全数检查。

检验方法:观察检查。

2) 脱模剂的品种和涂刷方法应符合专项施工方案的要求。脱模剂不得影响结构性能及装饰施工,不得沾污钢筋和混凝土接槎处。

检查数量：全数检查。

检验方法：观察检查；检查质量证明文件和施工记录。

3）支架立柱和竖向模板安装在土层上时，应符合下列规定：

a. 土层应坚实、平整，其承载力或密实度应符合施工方案的要求。

b. 应有防水、排水措施；对冻胀性土，应有预防冻融措施。

c. 支架立柱下应设置垫板，并应符合施工方案的要求。

检查数量：全数检查。

检验方法：观察检查；承载力检查勘察报告或试验报告。

4）固定在模板上的预埋件、预留孔和预留洞均不得遗漏，且应安装牢固，其偏差应符合表6-10的规定。

表6-10　　　　　　　　预埋件和预留孔洞的允许偏差

项　目		允许偏差/mm
预埋钢板中心线位置		3
预埋管、预留孔中心线位置		3
插筋	中心线位置	5
	外露长度	+10，0
预埋螺栓	中心线位置	2
	外露长度	+10，0
预留洞	中心线位置	10
	尺寸	+10，0

注　检查中心线位置时，应沿纵、横两个方向量测，并取其中的较大值。

检查数量：在同一检验批内，对梁、柱和独立基础，应抽查构件数量的10%，且不少于3件；对墙和板，应按有代表性的自然间抽查10%，且不少于3间；对大空间结构墙可按相邻轴线间高度5m左右划分检查面，板可按纵、横轴线划分检查面，抽查10%，且均不少于3面。

检验方法：钢尺检查。

5）现浇结构模板安装的允许偏差应符合表6-11的规定。

表6-11　　　　　　　现浇结构模板安装的允许偏差及检验方法

项目		允许偏差/mm	检验方法
轴线位置		5	钢尺检查
底模上表面标高		±5	水准仪或拉线、钢尺检查
截面内部尺寸	基础	±10	钢尺检查
	柱、墙、梁	+4，-5	钢尺检查
层高垂直度	不大于5m	6	经纬仪或吊线、钢尺检查
	大于5m	8	经纬仪或吊线、钢尺检查
相邻两板表面高低差		2	钢尺检查
表面平整度		5	2m靠尺和塞尺检查

注　检查轴线位置时，应沿纵、横两个方向量测，并取其中的较大值。

6.2 几种常见的浅基础施工

检查数量：在同一检验批内，对梁、柱和独立基础，应抽查构件数量的10%，且不少于3件；对墙和板，应按有代表性的自然间抽查10%，且不少于3间；对大空间结构，墙可按相邻轴线间高度5m左右划分检查面，板可按纵、横轴线划分检查面，抽查10%，且均不少于3面。

3．现浇结构分项工程

(1) 一般规定。现浇结构拆模后，应由监理（建设）单位、施工单位对外观质量和尺寸偏差进行检查，作出记录，并应及时按施工技术方案对缺陷进行处理。

(2) 主控项目。现浇结构不应有影响结构性能和使用功能的尺寸偏差。混凝土设备基础不应有影响结构性能和设备安装的尺寸偏差。对超过尺寸允许偏差且影响结构性能和安装、使用功能的部位，应由施工单位提出技术处理方案，并经监理（建设）单位认可后进行处理，对经处理的部位，应重新检查验收。

检查数量：全数检查。

检验方法：量测，检查技术处理方案。

(3) 一般项目。现浇结构基础拆模后的尺寸偏差应符合表6-12的规定。

表6-12　　　　　　　现浇结构尺寸允许偏差和检验方法

项　目			允许偏差/mm	检验方法
轴线位置	基础		15	钢尺检查
	独立基础		10	
	墙、柱、梁		8	
	剪力墙		5	
垂直度	层高	≤-5m	8	经纬仪或吊线、钢尺检查
		>5m	10	经纬仪或吊线、钢尺检查
	全高（H）		$H/1000$且≤30	经纬仪、钢尺检查
标高	层高		±10	水准仪或拉线、钢尺检查
	全高		±30	
截面尺寸			+8，-5	钢尺检查
电梯井	井筒长、宽对定位中心线		+25，0	钢尺检查
	井筒全高（H）垂直度		$H/1000$且≤30	经纬仪、钢尺检查
表面平整度			8	2m靠尺和塞尺检查
预埋设施中心线位置	预埋件		10	钢尺检查
	预埋螺栓		5	
	预埋管		5	
预埋洞中心线位置			15	钢尺检查

注　检查轴线、中心线位置时，应沿纵、横两个方向量测，并取其中的较大值。

检查数量：按楼层、结构缝或施工段划分检验批。在同一检验批内，对梁、柱和独立基础，应抽查构件数量的10%，且不少于3件；对墙和板，应按有代表性的自然间抽查10%，且不少于3间；对大空间结构，墙可按相邻轴线间高度5m左右划分检查面，板可按纵、横轴线划分检查面,抽查10%,且均不少于3面;对电梯井应全数检查;对设备基础应全数检查。

检验方法:量测检查。

6.2.5 大体积混凝土基础施工

《大体积混凝土施工规范》(GB 50496—2009)规定:混凝土结构物实体最小几何尺寸不小于1m的大体量混凝土,或预计会因混凝土中胶凝材料水化引起的温度变化和收缩而导致有害裂缝产生的混凝土,称为大体积混凝土。

现代建筑中时常涉及大体积混凝土施工,如高层楼房基础、大型设备基础、水利大坝等。它主要的特点就是体积大,一般实体最小尺寸不小于1m。它的表面系数比较小,水泥水化热释放比较集中,内部升温比较快。混凝土内外温差较大时,会使混凝土产生温度裂缝,影响结构安全和正常使用。所以必须从根本上分析它,来保证施工的质量。

6.2.5.1 大体积混凝土的浇筑方案

如图6-40所示,大体积混凝土浇筑时,浇筑方案可以选择全面分层、分段分层、斜面分层三种方式,混凝土浇筑宜从低处开始,沿长边方向自一端向另一端进行。当混凝土供应量有保证时,也可多点同时浇筑,保证结构的整体性。

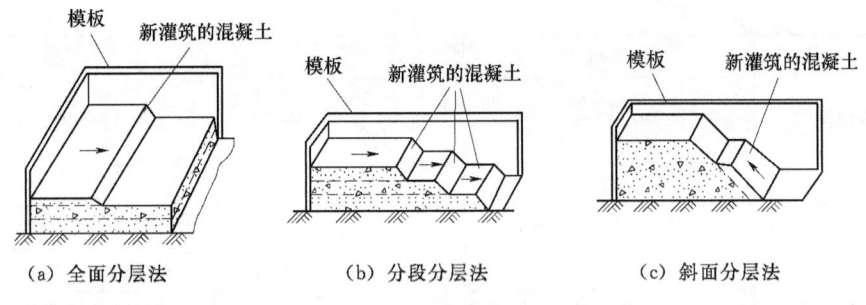

图6-40 大体积混凝土的浇筑方法

1. 全面分层法

浇筑混凝土时从短边开始,沿长边方向进行浇筑,要求在逐层浇筑过程中,第二层混凝土要在第一层混凝土初凝前浇筑完毕。在整个基础内全面分层浇筑混凝土,要做到第一层全面浇筑完毕浇筑第二层时,第一层浇筑的混凝土还未初凝,如此逐层进行,直至浇筑好。这种方案适用于结构的平面尺寸不太大,施工时从短边开始,沿长边进行较适宜。

2. 分段分层

分段分层方案适用于结构厚度不大而面积或长度较大的情况。适宜于厚度不太大而面积或长度较大的结构。混凝土从底层开始浇筑,进行一定距离后浇筑第二层,如此依次向前浇筑以上各分层。

3. 斜面分层

混凝土振捣工作从浇筑层下端开始逐渐上移。斜面分层方案多用于长度较大的结构。斜面分层的原则与平面分层基本是一样的,斜面的角度一般取不大于45°(视混凝土的坍落度而定),每层厚度按垂直于斜面的距离计算,不大于振动棒的有效振捣深度,一般取500mm左右。适用于结构的长度超过厚度的3倍,振捣工作应从浇筑层的下端开始,逐渐上移，以保证混凝土施工质量。

6.2.5.2 大体积混凝土的振捣

（1）混凝土应采取振捣棒振捣。

（2）在振动界限以前对混凝土进行二次振捣，排除混凝土因泌水在粗骨料、水平钢筋下部生成的水分和空隙，提高混凝土与钢筋的握裹力，防止因混凝土沉落而出现的裂缝，减少内部微裂，增加混凝土密实度，使混凝土抗压强度提高，从而提高抗裂性。

6.2.5.3 大体积混凝土的养护

（1）大体积混凝土应进行保温、保湿养护，在每次混凝土浇筑完毕后，除应按普通混凝土进行常规养护外，尚应及时按温控技术措施的要求进行保温养护。

（2）保湿养护的持续时间不得少于 14 天，应经常检查塑料薄膜或养护剂涂层的完整情况，保持混凝土表面湿润。

6.2.5.4 大体积混凝土防裂技术措施

宜采取以保温、保湿养护为主体，抗放兼施为主导的大体积混凝土温控措施。由于水泥水化热引起混凝土浇筑体内部温度剧烈变化，使混凝土浇筑体早期塑性收缩和混凝土硬化过程中的收缩增大，使混凝土浇筑体内部的温度-收缩应力剧烈变化，而导致混凝土浇筑体或构件发生裂缝。因此，应在大体积混凝土工程设计、设计构造要求、混凝土强度等级选择、混凝土后期强度利用、混凝土材料选择、配比的设计、制备、运输、施工，混凝土的保温、保湿养护以及在混凝土浇筑硬化过程中浇筑体内温度及温度应力的监测和应急预案的制定等技术环节，采取一系列的技术措施。

（1）大体积混凝土工程施工前，宜对施工阶段大体积混凝土浇筑体的温度、温度应力及收缩应力进行试算，并确定施工阶段大体积混凝土浇筑体的升温峰值、里表温差及降温速率的控制指标，制定相应的温控技术措施。温控指标符合下列规定：

1）混凝土浇筑体在入模温度基础上的温升值不宜大于 50℃。

2）混凝土浇筑块体的里表温差（不含混凝土收缩的当量温度）不宜大于 25℃。

3）混凝土浇筑体的降温速率不宜大于 20℃/d。

4）混凝土浇筑体表面与大气温差不宜大于 20℃。

（2）大体积混凝土配合比的设计除应符合工程设计所规定的强度等级、耐久性、抗渗性、体积稳定性等要求外，尚应符合大体积混凝土施工工艺特性的要求，并应符合合理使用材料、减少水泥用量、降低混凝土绝热温升值的要求。

（3）在确定混凝土配合比时，应根据混凝土的绝热温升、温控施工方案的要求等，提出混凝土制备时粗细骨料和拌和用水及入模温度控制的技术措施。如降低拌和水温度（拌和水中加冰屑或用地下水）；骨料用水冲洗降温，避免暴晒等。

（4）在混凝土制备前，应进行常规配合比试验，并应进行水化热、泌水率、可泵性等对大体积混凝土控制裂缝所需的技术参数的试验；必要时，其配合比设计应当通过试泵送。

（5）大体积混凝土应选用中、低热硅酸盐水泥或低热矿渣硅酸盐水泥，大体积混凝土施工所用水泥其 3 天的水化热不宜大于 240kJ/kg，7 天的水化热不宜大于 270kJ/kg。

（6）大体积混凝土配制可掺入缓凝、减水、微膨胀的外加剂，外加剂应符合现行国家标准《混凝土外加剂》(GB 8076—2008)、《混凝土外加剂应用技术规范》(GB 50119—2013)和有关环境保护的规定。

(7) 及时覆盖保温、保湿材料进行养护,并加强测温管理。

(8) 超长大体积混凝土应选用留置变形缝、后浇带或采取跳仓法施工,控制结构不出现有害裂缝。

(9) 结合结构配筋,配置控制温度和收缩的构造钢筋。

(10) 大体积混凝土浇筑宜采用二次振捣工艺,浇筑面应及时进行二次抹压处理,减少表面收缩裂缝。

6.3 工 程 案 例

某工程筏板基础施工方案(节选)

一、工程概况

该工程为裕祥花园 28~29 号高层住宅楼,位于许昌市朝阳路以东,天宝路以北,西苑路以南,龙翔路以西。为全现浇框架剪力墙结构,地下一层,地上二十六层。该工程建筑物总高 75.7m,建筑面积为 13892.121m²。层高均为 2.9m,室内外高差为 0.3m。抗震设防烈度为七度,耐火等级为一级,结构安全等级为二级。设计使用年限 50 年。

二、施工准备

A. 钢筋工程

1. 作业条件

钢筋绑扎前,核对钢筋加工料表是否正确,并检查有无锈蚀现象,除锈后再运至施工部位。做好放线工作,弹好筏板基础、柱、墙位置线及钢筋位置线。

2. 材料要求

钢筋:级别、规格符合设计要求。质量符合现行标准要求。20~22 扎丝、钢筋垫块等。

3. 机具准备

钢筋切断机、钢筋弯曲机、钢筋调直机、钢筋钩子、钢筋扳子、钢丝刷、断扎丝钢刀等,墨斗、墨汁、小白线、粉笔等。

B. 模板工程

1. 作业条件

a. 放好轴线、模板边线、水平控制标高线。

b. 底板钢筋绑扎完毕,水电管线及预埋件均已安装,钢筋保护层垫块已垫好,并办完隐检手续。

2. 材料要求

模板采用砖胎模,符合现行规范要求。

3. 施工机具

扳手、钳子、线坠、小白线、水性隔离剂等。

三、操作工艺

A. 钢筋工程

放线并预检—成型钢筋进场—排钢筋—机械连接接头—绑扎—柱墙插筋定位—交接验收

a. 绑扎底板下层网片钢筋

1. 在垫层上弹好筏板基础、钢筋位置线，先铺下层网片的长向钢筋，后铺下层网片上面的短向钢筋，钢筋接头采用机械连接。

2. 绑扎加强筋：依次绑扎局部加强筋。

b. 绑扎底板上层网片钢筋

1. 铺设上层铁马凳：马凳用剩余短料焊制，马凳短向放置，间距1.2~1.5m。

2. 绑扎上层网片下筋：先在马凳上绑扎架立筋，在架立筋上划好钢筋位置线，按图纸要求，顺序放置上层网片的下筋；绑扎上层网片上筋：根据在上层下筋上划好的钢筋位置线，按顺序放置上层钢筋，钢筋接头采用焊接或机械连接，接头在同一截面相互错开50%，同一根钢筋尽量减少接头。

3. 绑扎柱和墙体插筋：根据放好的柱和墙体位置线，将柱和墙体插筋绑扎就位，并和底板钢筋点焊固定，要求接头均错开50%，根据设计要求执行，设计无要求时，甩出底板面的长度$\geqslant 45d$，柱绑扎两道箍筋，墙体绑扎一道水平筋。底板保护层为50mm，梁柱主筋保护层为35mm，外墙迎水面为50mm，外墙内侧及内墙均为20mm。保护层钢筋垫块间距为1500mm，梅花形布置。

B. 模板工程

筏板外侧组砌120mm砖胎模：基础砖胎模放线—砌筑—抹灰。

a. 120mm砖胎模

1. 砖胎模砌筑前，先在垫层面上将砌砖线放出，砖胎模内边线离筏板外边线30mm。砌筑时要求拉直线，墙厚120mm，采用M5.0砂浆砌筑，每隔2m要砌240mm厚加强砖垛，墙体要求垂直。砖模内侧、墙顶面采用20mm厚的1:2水泥砂浆抹面，同时阴阳角全部是钝角。砖模外侧模板用方木、钢筋加固，以免涨模（窄模）。

2. 考虑混凝土浇筑时侧压力较大，砖胎模外侧面用2:8灰土回填并夯实。

b. 集水坑模板

根据模板板面由10mm厚竹胶板拼装成筒状，内衬两道木方（100mm×100mm），并钉成一个整体，配模的板面保证表面平整、尺寸准确、接缝严密。模板组装好后进行编号。安装时用塔吊将模板初步就位，然后根据位置线加水平和斜向支撑进行加固，并调整模板位置，使模板的垂直度、刚度、截面尺寸符合要求。

c. 外墙高出底板500mm部分

1. 墙体高出部分模板采用10mm厚竹胶板事先拼装而成，外绑两道水平向木方（50mm×100mm）。

2. 在防水保护层上弹好墙边线，在墙两边焊钢筋预埋竖向和斜向筋以便进行加固。

3. 用小线拉外墙通长水平线，保证墙体截面尺寸，将配好的模板就位，然后用架子管和铅丝与预埋铁进行加固。模板固定完毕后拉通线检查板面顺直。

C. 混凝土工程

筏板基础：钢筋模板交接验收—顶标高抄测—混凝土搅拌—现场水平垂直运输—分层振捣赶平抹压—覆盖养护

1. 本工程施工采用C30P6防水商品混凝土，基础及地下室外墙防水混凝土施工为特殊过程，施工前应编制作业指导书和专项技术交底，按要求进行连续监控。

2. 混凝土采用商品混凝土的泵送混凝土。商品混凝土应提供"混凝土合格证""原材料的检测报告、合格证、准用证""混凝土的初凝时间"，每天应有"浇筑申请""开盘鉴定"，每3车抽测一次坍落度。泵送混凝土的运输延续时间有一定的限制，要在混凝土初凝之前顺利浇筑，泵送混凝土的运输延续时间以不超过所测得的混凝土的初凝时间的1/2为宜。为保证混凝土质量，混凝土搅拌运输车在装料前必须将搅拌筒内积水倒净，并且混凝土搅拌运输车在行驶过程中，给混凝土泵喂料前和过程中都不得随意往搅拌筒内加水。严禁将质量不符合泵送要求的混凝土拌和物入泵，为筛除粒径过大的集料或异物，防止其入混凝土产生堵塞，在混凝土泵进料斗上设网筛专人喂料。泵送前的准备工作：模板和支撑的检查；保温板检查；检查混凝土泵或泵车的放置处是否坚实稳定；检查混凝土泵和输送管路；组织方面的准备；对混凝土泵的操作人员检查上岗证；检查通路是否畅通，水、电供应是否有保证，备用泵是否到位。

3. 浇筑竖向结构混凝土时布料设备的出口离模板内侧面不应小于50mm，且不得向模板内侧面直冲布料，也不得直冲钢筋骨架。浇筑水平结构混凝土时不得在同一处布料，在至2~3m范围内水平移动布料，且宜垂直于模板布料。振捣泵送混凝土振动棒移动间距为400mm，振捣时间宜为15~30s，且隔20~30min后进行第二次复振。混凝土运送途中，当坍落度损失过大时，可在符合混凝土设计配比条件下适量加水，除此之外，严禁往拌筒内加水。泵送前应先用适量的水泥砂浆润滑输送管内壁；预计泵送间歇时间超过45mm或当混凝土出现离析时，应立即用压力水冲洗管内残留的混凝土。

4. 由于筏板基础混凝土要求为抗渗混凝土，基础底板施工时，现场设置混凝土输送泵泵送入模，混凝土应一次浇筑完成，底板混凝土必须分层进行，每层铺灰最大高度不超过50cm；布料杆端部接软管下料，使混凝土自由下落高度不超过1.5m，采用插入式振捣密实，混凝土初凝前表面平板振捣器普遍过一遍，用木抹子压实搓平，混凝土浇灌应连续进行，施工间歇不得超过混凝土初凝时间。

5. 基础底板一次性浇筑，间歇时间不能太长，不允许出现冷缝，混凝土浇筑顺序由一端向另一端浇筑，混凝土采用踏步式分层浇筑，分层振捣密实，以使混凝土的水化热尽量散失。具体为：从下到上分层浇筑，从底层开始浇筑，进行5m后回头来浇筑第二层。如此依次向前浇筑以上各层，上下相邻两层时间不超过2h，为了控制浇筑高度，须在出灰口及其附近设置尺杆，夜间施工时，尺杆附近要有灯光照明。

6. 每班安排一个作业班组，并配备3名振捣工人，根据混凝土泵送时自然形成的坡度，在每个浇筑带前、后、中部不停振捣，振捣工要求认真负责，仔细振捣，以保证混凝土振捣密实。防止上一层混凝土盖上后而下层混凝土仍未振捣，造成混凝土振捣不密实。振捣时，要快插慢拔，插入深度各层均为350mm，即上面两层均须插入其下面一层50mm。振捣点之间间距为450mm，梅花形布置，振捣时逐点移动，顺序进行，不得漏振。每一插点要掌握好振捣时间，一般为20~30s，过短不易振实，过长可能引起混凝土离析，以混凝土表面泛浆，不大量泛气泡，不再显著下沉，表面浮出灰浆为准，边角处要多加注意，防止漏振。振捣棒距离模板要小于其半径的0.5倍，约为150mm，并不宜靠近模板振捣，且要尽量避免碰撞钢筋、芯管、预埋件等。

7. 混凝土泵送时，注意不要将料斗内剩余混凝土降低到200mm以下，以免吸入空气。混凝土浇筑完毕要进行多次搓平，保证混凝土表面不产生裂纹，具体方法是振捣完后先角长刮杠刮平，待表面收浆后，用木抹刀搓平表面，并覆盖塑料布以防表面出现裂缝，在终凝前掀开塑料布再进行搓平，要求搓压三遍，最后一遍抹压要掌握好时间，以终凝前为准，终凝时间可用手压法把握。混凝土搓平完毕后立即用塑料布覆盖养护，浇水养护时间为14天。

四、成品保护

保护钢筋、模板的位置正确，不得直接踩踏钢筋和改动模板；当混凝土强度达到1.3MPa后，方可拆模及在混凝土上操作。

【复习与思考题】

1. 简述浅基础和深基础的区别。
2. 简述影响基础埋置深度的因素。
3. 什么是刚性基础，类型有哪些？
4. 什么是扩展基础，类型有哪些？
5. 简述毛石基础、料石基础和砖基础的构造。
6. 简述砖砌基础的工艺流程及施工要点。
7. 砖基础砌筑时大放脚如何组砌？
8. 简述砖基础的质量验收内容。
9. 简述柱下钢筋混凝土独立基础的施工工艺和质量验收。
10. 简述筏板基础的施工工艺和质量验收方法。
11. 简述大体积混凝土的浇筑方法和使用范围。
12. 简述大体积混凝土防止温度裂缝的技术措施。

第7章 预制桩基础施工

【学习目标】
通过本章的学习，要求学生达到以下学习目标：
1. 理解桩基础及桩基础的组成与分类。
2. 掌握预制桩施工顺序确定、注意事项、质量事故产生的原因和预防措施。
3. 了解打入桩，振动沉桩，静力压桩，射水法沉桩的特点和施工方法。
4. 了解预制桩的质量检验标准以及安全技术要求。

7.1 基 础 知 识

桩基础是由沉入土中的桩和连接桩顶的承台组成。桩基础的作用是将上部结构的荷载，通过较弱地层传至深部较坚硬的、压缩性小的土层或岩层。桩基础是工程中广泛应用的重要基础形式之一。

桩基础在工程中的应用最为广泛，与其他深基础比较，桩基础虽然需要较复杂的施工机具，但可节省材料和开挖基坑的土方量，施工速度快，可免去基础施工中常遇到的降排水和坑壁支撑等复杂问题。随着成桩工艺的不断提高，桩在工厂预制和定型化质量较高，便于机械化施工。故桩基已成为工程建设中颇受欢迎并被广泛采用的深基础型式。

本节主要讨论了桩基础的概念、作用适用范围、分类及构造与识图。

7.1.1 桩基础的概念、作用与适用范围

如图7-1所示，桩基础由一根或数根单桩（也称基桩）和承台两个部分组成。在平面上桩可排列成一排或几排，桩顶由承台连接。桩基础的修筑方法是：先将桩设置于地基中，然后在桩顶处浇筑承台，将若干根桩连接成一个整体，构成了桩基础。最后在上面修建上部结构，如房屋建筑中的柱、墙或桥梁中的墩、台等。

桩基础的作用是将承台以上结构传来的荷载，通过承台将外荷载传至桩顶，再由桩传到较深的地基土层中去。其中承台不仅将外力传至桩顶，并箍住桩顶形成整体共同承受外力。各桩的作用是将所承受的荷载通过桩侧土的摩阻力和桩端土的支承力，传至地

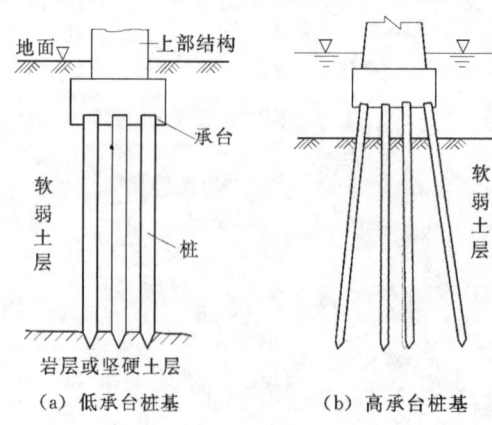

图7.1 桩基础的组成

基土层中去。

当地基上部软弱而在可能的设计桩长范围内埋藏有坚硬土层时，最适宜采用桩基础。桩基础如设计正确，施工得当，则它具有承载力高、稳定性好、沉降量小而均匀、适用性强等特点。桩基础适宜在下列情况下采用：

(1) 当建筑物荷载较大，采用天然地基时地基承载力不足；或地基浅层土质差，采用换填或地基处理困难较大或经济上不合理时，采用桩基是较好的解决方案。

(2) 即使天然地基承载力满足要求，但因采用天然地基时沉降量过大；或是建筑物较为重要，对沉降要求严格。

(3) 高耸建筑物或构筑物在水平力作用下为防止倾覆或产生较大倾斜。

(4) 为防止新建建筑物地基沉降对邻近建筑物产生相互影响，对新建建筑物可采用桩基，以避免这种危害。

(5) 设有大吨位的重级工作制吊车的重型单层工业厂房，吊车载重量大，使用频繁，车间内设备平台多，基础密集，因而地基变形大，这时可采用桩基。

(6) 精密设备基础安装和使用过程中对地基沉降及沉降速率有严格要求；动力机械基础对允许振幅有一定要求。

(7) 在地震区，采用桩穿过液化土层并深入下部密实稳定土层，可消除或减轻液化对建筑物的危害。

(8) 已有建筑物加层、纠偏、基础托换时可采用桩基。

(9) 水中建筑物如桥梁、码头、采油平台等，地下水位很高，采用其他基础形式施工困难时。

7.1.2 桩基础的分类

随着桩体材料、使用功能、结构形式、施工方法、挤土效应和承台位置等的不同，桩基础可分为如下几大类型。

7.1.2.1 按桩体材料分类

1. 木桩

一种古老的桩基形式。常采用坚韧耐久的木材如杉木、松木、橡木等。其桩径常采用160～360mm，桩长为4～10m，木桩制造简单、重量轻，运输和沉桩方便，但木桩承载力低，在干湿交替的环境中极易腐烂，现一般很少使用，仅在乡村小桥和一些临时应急工程中使用。

2. 钢筋混凝土桩

钢筋混凝土桩是目前工程上采用最广泛的桩。钢筋混凝土桩应用较广，可用于承压、抗拔、抗弯。钢筋混凝土桩截面形式有方桩、空心方桩、管桩、三角形桩等，近年来，出现了截面为矩形、T形等的壁板桩，承载力很高。各种常见截面形式如图7-2所示。对管桩，常施加预应力形成预应力管桩，提高桩身抗裂能力，防止在起吊时的弯矩应力或采用锤击法成桩时桩身产生的锤击拉应力下开裂断桩。

3. 钢桩

常用钢桩有管状、宽翼工字型截面和板状截面等形式。其中钢管桩的直径一般为250～1200mm。钢桩具有穿透能力强、承载力高、自重轻、锤击沉桩效果好等特点，且

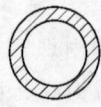 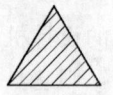 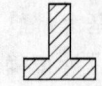

(a) 方桩　　(b) 空心方桩　　(c) 管桩　　(d) 三角形桩　　(e) 矩形和T形桩

图 7-2　钢筋混凝土桩截面形式

质量容易保证，桩长可任意调整，但也存在价格高、易锈蚀等不足。

4．组合材料桩

组合材料桩是指一根桩由两种或两种以上材料组成的桩。如钢管内填充混凝土，水位以下采用预制而桩上段多采用现场浇注混凝土，中间为预制而外包灌注桩（水泥搅拌桩中插入型钢或预制小截面钢筋混凝土桩）等，一般应用于特殊地质环境及施工技术等情况。

7.1.2.2　按土对桩的支承性状分类

作用在桩上的外荷载由桩侧摩阻力和桩端阻力共同承担。桩侧摩阻力和桩端阻力的分担比例主要受桩侧和桩端土的物理力学性质、桩的形式、桩与土的相对刚度及施工方法等因素的影响。根据摩阻力和桩端阻力占外荷载的比例大小将桩基础分为以下几种：

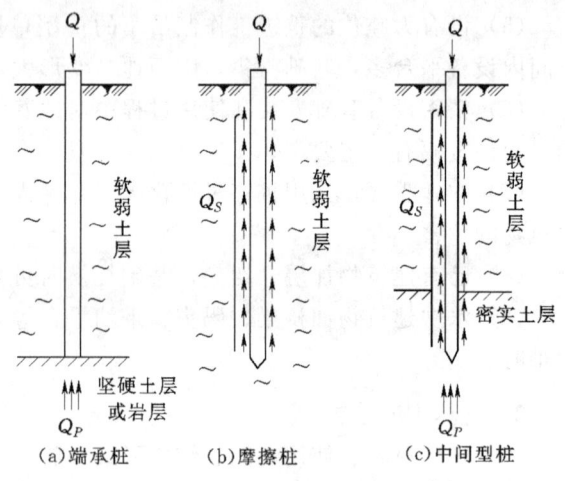

图 7-3　不同支承类型的桩

1．端承桩

这种桩穿过上部软弱土层，直接将荷载传至坚硬土层或岩层上 [图 7-3 (a)]。由于桩与桩周土层间的摩阻力甚微，工程上可忽略不计。

2．摩擦桩

摩擦桩桩穿过的软弱土层较厚，桩端达不到坚硬土层或岩层上，桩顶的荷载主要靠桩身与土层之间的摩擦力来支承 [图 7-3 (b)]，桩尖处土层反力很小，可以略而不计，称为纯摩擦桩。

实际工程中的桩常常介于两种典型情况之间 [图 7-3 (c)]，既有桩周摩擦力又有桩端部支承力，只是情况不同时这两种力的比例不同而已。因而《建筑桩基技术规范》(JGJ 94—2008) 又进一步区分出摩擦端承桩和端承摩擦桩，前者以桩端阻力为主，后者则以桩侧摩阻力为主。

7.1.2.3　按桩的施工方法分类

1．预制桩

由于是在打桩以前将桩身提前预制，因此桩身质量较容易保证。预制桩的沉桩施工主要有锤击、振动、静压等方法，当沉桩困难时，可采用预钻孔后再沉桩。由于锤击和振动沉桩产生噪声、振动等危害，近年来，采用静力压桩的施工方法在城市中得到较多的应用。静力压桩施工方法的优点是噪声小、无振动,在桩身内不产生锤击沉桩所产生的很大的锤击应力,可以减小桩身配筋,降低工程造价。因此,静力压桩方法已广泛应用于软土地区的工业与民用建筑、湾港码头、水工围堰、地铁等工程的桩基施工。

当要求单桩承载力较高、持力层埋深较深而使桩长较长时,预制桩必须采用分成几节进行预制和沉桩,因此,当下节桩沉入土中、进行上节桩沉桩时,必须将上、下节桩连接起来。目前常用的接桩方法主要有焊接法、螺栓连接法和浆锚法。

2. 灌注桩

灌注桩大体可分为沉管灌注桩和钻(冲、挖、抓)孔灌注桩两大类。同一类桩还可以按照施工机械和施工方法以及直径的不同予以细分。

(1) 沉管灌注桩。沉管灌注桩在20世纪30年代传入我国,该桩身不用预制可就地灌注,施工速度快,不产生泥浆,造价低于其他类型的灌注桩而应用较广。但其施工过程中的噪声和震动对环境产生影响,使其在城市建筑物密集地区的应用受到一定的限制。沉管灌注桩可采用锤击振动、振动冲击等方法沉管成孔,其施工工序如图7-4所示。

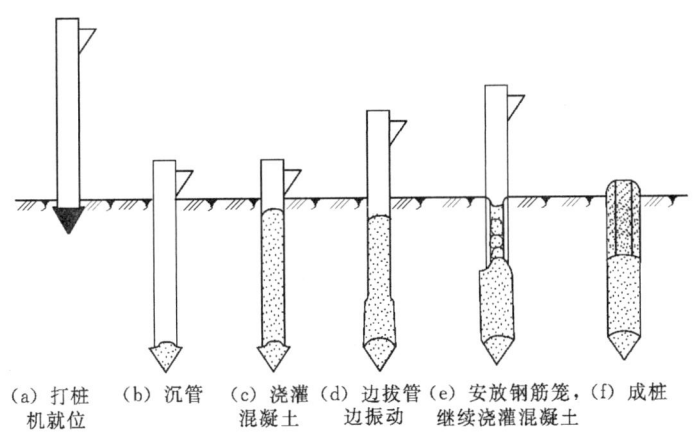

图7-4 沉管灌注桩的施工工序示意

锤击沉管灌注桩的常用直径(指预制桩尖的直径)为300~500mm,桩长在20m以内,可打至硬塑黏土层中或中、粗砂层。这种桩的施工设备简单,打桩速度快、成本低,但很容易产生缩径(桩身界面局部缩小)、断桩、局部夹土、混凝土离析和强度不足等质量问题。

振动沉管桩的钢管底部带有活瓣桩尖(沉管时闭合,拔管时活瓣张开以便浇注混凝土),或套上预制钢筋混凝土桩尖。桩横截面直径一般为400~500mm。

锤击、振动沉管施工时一般有单打、反插和复打法,根据土质情况和承载力要求分别选用。单打法适用于含水率较小的土层,且易采用预制桩尖;反插法及复打法适用于软弱饱和土层。单打法即一次拔管成桩,拔管时每提升0.5~1.0m,振动5~10s,再拔管0.5~1.0m,如此反复进行,直至全部拔除为止。为了扩大桩径(这时桩距不易太小)和防止在淤泥层中缩径或断桩,沉管灌注桩施工时可采用反插和复打工艺。复打法就是在浇注混凝土并拔出钢管后,立即在原位重新放置预制桩尖(或闭合管端活瓣)再次沉管,并再次浇注混凝土。复打后的桩,其横截面面积增大,承载力提高,但其造价也相应增加。

反插法是将套管每提升0.5m，再下沉0.3m，反插深度不宜大于活瓣桩尖长度的2/3，如此反复进行，直至拔除地面。反插法也可扩大桩径，提高承载力。

(2) 钻（冲）孔灌注桩。各种钻孔桩在施工时都要把钻孔位置处的土排出地面，然后清除孔底残渣，安放钢筋笼，最后浇注混凝土。

目前国内的钻（冲）孔灌注桩在钻进时不下钢筋套筒，而是利用泥浆护壁保护孔壁以防塌孔，清孔（排走孔底沉渣）后，在水下灌注混凝土。常用桩径为600～1200mm，更大直径1500～2800mm钻孔桩一般用钢套筒护壁，所用钻机具有回旋钻进、冲击、磨头磨碎岩石和扩大桩底等多种功能，钻进速度快，深度可达60m，能克服流砂、消除孤石等障碍，并能进入微风化硬质岩石。其最大优点在于能进入岩层，刚度大，因此承载力高而桩身变形很小。

(3) 挖孔桩。挖孔桩可采用人工或机械挖掘成孔。人工挖孔桩施工时应降低地下水位，每挖深0.9～1.0m，就浇灌或喷射一圈钢筋混凝土护壁（上下圈之间用钢筋连接），达到所需深度时，再进行扩孔，最后在护壁内安装钢筋笼或浇灌混凝土。

在挖孔桩施工中，由于工人下到钻孔中操作，可能遇到流砂、坍孔、有害气体、缺氧、触电和上面掉下重物等危险而造成伤亡事故，因此必须严格执行有关安全生产的规定。挖孔桩的直径不得小于0.8m，深度为15m时，桩径应在1.2～1.4m以上，桩身长度宜限制在30m以内。挖孔桩的优点是可直接观察地层情况，孔底易清除干净，设备简单、噪声小。场区各桩可同时施工，桩径大，适应性强，又较经济。

我国常用的灌注桩的使用范围见表7-1。

表7-1　　　　　　　　各种灌注桩使用范围

成孔方法		适用范围
泥浆护壁成孔	冲抓	碎石类土、砂类土、粉土、黏性土及风化岩。正反循环钻孔深度可达80m。冲击成孔进入中等风化和微风化岩层的速度比回旋钻快，不受地下水位限制
	冲击	
	回旋钻	
	钻孔扩底	黏性土、淤泥、淤泥质土、粉土、黄土、填土以及夹有硬夹层的土层，扩大头直径可达1600mm，深度可达30m，不受地下水位限制
干作业成孔	（长、短）螺旋钻	地下水位以上的黏性土、粉土、中等密实以上的砂类土及人工填土，深度可达20～28m
	人工挖孔扩底	地下水位以上的硬黏性土、填土、黄土及中密以上的砂类土，底部扩大直径可达3000mm
	机动洛阳铲（人工）	地下水位以上的黏性土、黄土及人工填土，深度可达20m
沉管钻孔	锤击340～500mm	硬塑黏性土、粉土、砂类土，直径600mm以上的可达强风化岩，深度可达20～30m
	振动400～500mm	可塑黏性土、中细砂深度可达20m
爆扩成孔	底部直径可达800mm	地下水位以上的黏性土、黄土、碎石类土及风化岩

7.1.2.4　按承台的位置分类

桩基础按照承台的位置可分为高承台桩基（也称高桩承台）和低承台桩基（也称低桩

承台）两种（图 7-1）通常将承台底面置于地面或局部冲刷线以下的桩基称为低承台桩基，如图 7-1（a）所示，承台底面高出地面或局部冲刷线的桩基称为高承台桩基，如图 7-1（b）所示。高承台桩基的位置较高，可减小墩台的圬工数量，施工较方便。然而在水平力的作用下，由于承台及部分桩身露出地面或局部冲刷线，减少了承台及自由段桩身侧面的土抗力，桩身的内力和位移都将大于低承台桩基，在稳定性方面也不如低承台桩基。

当常年有水、冲刷较深，或地下水位较深、施工时不易排水时，常采用高承台桩基方案。另外，对于受水平力较小的小跨度桥梁，选用高桩承台很可能是较为合理的方案。位于旱地、浅水滩或季节性河流的墩台，当冲刷不深，施工排水不太困难时，选用低承台方案，有利于提高基础的稳定性。

7.1.2.5 按桩轴方向分类

若按桩轴方向分类可分为竖直桩和斜桩（图 7-5）。一般来说，竖直桩能承受的水平力较小，当水平外力和弯矩不大，桩不长或桩身直径较大时，可采用竖直桩，相应的桩基称为竖直桩桩基。反之，当水平外力较大且方向不变时，可采用单向斜桩；当水平外力较大且由于活载关系致使水平外力在两个方向都可能同时作用时，则可采用多向斜桩桩基；由于施工技术上的原因，目前钻（挖）孔灌注桩通常设计为竖直桩。

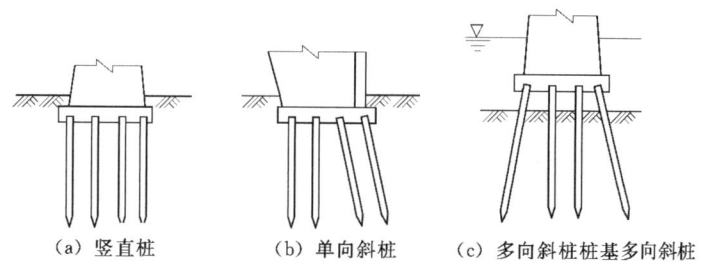

（a）竖直桩　　（b）单向斜桩　　（c）多向斜桩桩基多向斜桩

图 7-5　不同桩轴方向的桩

7.1.2.6 按成桩的直径分类

《建筑桩基技术规范》（JGJ 94—2008）按成桩直径大小可以将桩分为小直径桩、中等直径桩和大直径桩等三类。

（1）小直径桩。指桩径 $d \leqslant 250mm$、长径比 l/d 较大的桩，如树根桩。小桩具有施工空间要求小、对原有建筑基础影响小、施工方便、可在任何土层中成桩，并能穿越原有基础等特点，因此在地基换托、支护结构、抗浮、多层住宅地基处理等工程中得到广泛应用。

（2）中等直径桩。即普通桩，桩径为 d（$250mm < d < 800mm$）的桩。这种桩长期在工业与民用建筑中大量使用，其成桩方法和工艺很多。

（3）大直径桩。即桩径 $d \geqslant 800mm$ 的桩，在设计中应考虑桩的挤土效应和尺寸效应。此类桩大多数为端承桩。

7.1.2.7 按桩的设置效应分类

随着桩的设置方式不同，桩孔处的排土量和桩周土体所受到的排挤及扰动程度也会不同,这将直接造成土体的天然结构、应力状态和性质的变化,从而影响到桩的承载能力、成桩质量等。按成桩对周围土层的影响可分为下列三种:

(1) 挤土桩。在成桩过程中,造成大量挤土,使桩周土体受到严重扰动(重塑或土粒重新排列),土的工程性质有很大改变。如采用打入、静压和振动等成桩方法的实心预制桩、下端封闭的管桩和沉管灌注桩等。成桩过程中的挤土效应主要是地面隆起和土体侧移,对预制桩可能会造成桩的侧移、倾斜、上抬等质量事故,对灌注桩还可能造成断桩和缩径等。

(2) 部分挤土桩。在成桩过程中,引起部分挤土效应,桩周土体受到一定程度的扰动。一般底端开口的钢管桩、H型钢桩、冲孔灌注桩和开口薄壁预应力钢筋混凝土桩等属于部分挤土桩。

(3) 非挤土桩。采用钻孔或挖孔方式,在成孔过程中将孔中土清除,故没有产生设桩时的排挤土作用。一般现场灌注的钻、挖孔桩或先钻孔再打入的预制桩属于非挤土桩。

7.1.3 桩基础构造与识图

7.1.3.1 桩基础一般构造

桩的间距(中心距)一般采用3~4倍桩径。间距太大会增加承台的体积和用料,太小则将使桩基(摩擦型桩)的沉降量增加,且给施工造成困难。

桩的最小中心距应符合表7-2的规定。确定桩的间距尚应考虑施工工艺中挤土等效应对邻近桩的影响,因此,对于大面积桩群,尤其是挤土桩,桩的最小中心间距应按表列值适当加大。

另外,扩底灌注桩除应符合表7-2的要求外,尚应满足表7-3的规定。

表7-2 桩的最小中心距(一)

土类与成桩工艺	排数不少于三排且桩数 $n \geqslant 9$ 的摩擦型桩基	其他情况
非挤土和部分挤土灌注桩	$3.0d$	$2.5d$
挤土灌注桩穿越非饱和土	$3.5d$	$3.0d$
挤土灌注桩穿越饱和软土	$4.0d$	$3.5d$
挤土预制桩	$3.5d$	$3.0d$
打开式敞口管桩和H型钢桩	$3.5d$	$3.0d$

注 d 为圆桩直径或方桩边长。

表7-3 桩的最小中心距(二)

成桩方法	最小中心距
钻、挖孔灌注桩	$1.5D$ 或 $D+1m$(当$D>2m$时)
沉管扩底灌注桩	$2.0D$

注 D 为扩大端设计直径。

应选择较硬土层作为桩端持力层。桩端全断面进入持力层的深度,对于黏性土、粉土不宜小于$2d$,砂土不宜小于$1.5d$,碎石类土不宜小于d。当存在软弱下卧层时,桩端以

7.1 基础知识

下硬持力层厚度不宜小于$3d$。

对于嵌岩桩，嵌岩深度应综合荷载、上覆土层、基岩、桩径、桩长等因素确定。

（1）对于嵌入倾斜的完整和较完整岩的全断面深度不宜小于$0.4d$且不小于$0.5m$，倾斜度大于30%的中风化岩，宜根据倾斜度及岩石完整性适当加大嵌岩深度。

（2）对于嵌入平整、完整的坚硬岩和较硬岩的深度不宜小于$0.2d$，且不应小于$0.2m$。

7.1.3.2 桩的平面布置

布置原则：桩位的布置应尽可能使上部荷载的中心与桩群的中心重合。

布置形式：方形、矩形、三角形或梅花形等，如图7-6所示。

常用形式：柱基，通常采用梅花形或行列式布置；条基，常采用单排或双排布置。

7.1.3.3 桩身构造

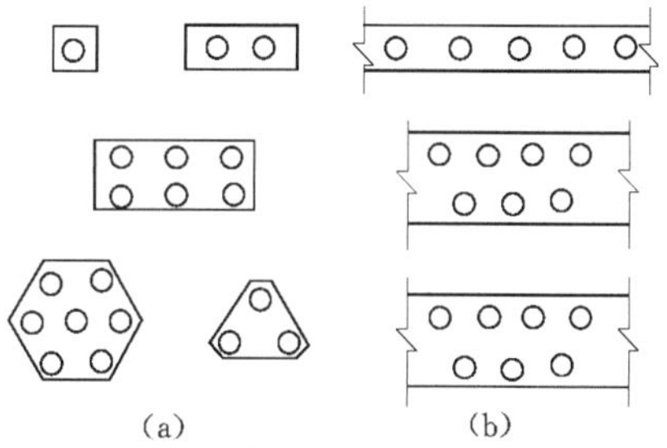

桩的主筋应经计算确定。打入式预制桩的最小配筋率不宜小于0.8%，静压预制桩的最小配筋率不宜小于0.6%；灌注桩最小配筋率不宜小于0.2%～0.65%（小直径桩取大值）。

配筋长度要求如下：

（1）受水平荷载和弯矩较大的桩，配筋长度应通过计算确定。

图7-6 桩的平面布置示例

（2）桩基承台下存在淤泥、淤泥质土或液化土层时，配筋长度应穿过淤泥、淤泥质土层或液化土层。

（3）坡地岸边的桩、8度及8度以上地震区的桩、抗拔桩、嵌岩端承柱应通长配筋。

（4）桩径大于600mm的钻孔灌注桩，构造钢筋的长度不宜小于桩长的2/3。

（5）桩顶嵌入承台内的长度不宜小于50mm。主筋伸入承台内的锚固长度不宜小于钢筋直径（Ⅰ级钢）的30倍和钢筋直径（Ⅱ级钢和Ⅲ级钢）的35倍。对于大直径灌注桩，当采用一柱一桩时，可设置承台或将桩和柱直接连接。桩和柱的连接可按高杯口基础的要求选择截面尺寸和配筋，柱纵筋插入桩身的长度应满足锚固长度的要求。

（6）在承台及地下室周围的回填中，应满足填土密实性的要求。

7.1.3.4 承台的构造要求

承台的最小宽度不应小于500mm，边桩中心至承台边缘的距离不宜小于桩的直径或边长，且桩的外边缘至承台边缘的距离不小于150mm。对于墙下条形承台，桩的外边缘至承台边缘的距离不小于75mm，如图7-7所示。

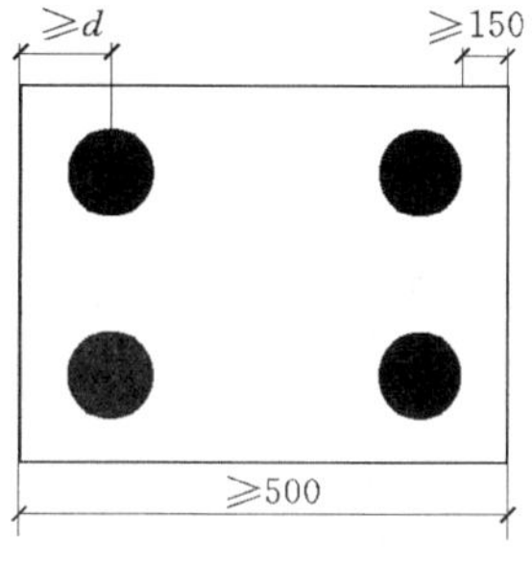

为满足承台的基本刚度、柱与承台的链接等构造需要，条形承台和柱下独立桩基承台的最小厚度为300mm。

承台混凝土强度等级不应低于C20，承台底面钢筋的混凝土保护层厚度不应小于70mm，当有混凝土垫层时，不应小于40mm。

图7-7 承台构造要求（一）

承台的配筋，对于矩形承台，钢筋应按双向均匀通长布置，钢筋直径不宜小于10mm，间距不宜大于200mm；对于三桩台，钢筋应按三向板带均匀布置，且最里面的三根钢筋围成的三角形应在柱截面范围内，如图7-8所示。

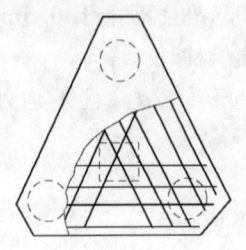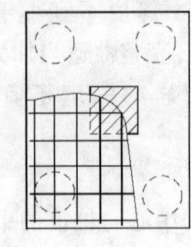

图7-8 承台构造要求（二）

桩顶嵌入承台内的长度对于大直径桩，不宜小于100mm；对于中等直径桩不宜小于50mm。混凝土桩的桩顶主筋应伸入承台内，其锚固长度不宜小于钢筋直径（HPB235级钢筋）的30倍和钢筋直径（HRB335级钢筋和HRB400级钢筋）的35倍，对于抗拔桩基不应小于钢筋直径的40倍。

承台之间的连接，对于单桩承台，宜在两个互相垂直的方向上设置联系梁；对于两桩承台，宜在其短向设置联系梁；有抗震要求的柱下独立承台，宜在两个主轴方向设置联系梁。联系梁顶面宜与承台位于同一标高。

7.2 预制桩施工准备

7.2.1 施工前的准备工作
7.2.1.1 场地准备

清除障碍、做好三通一平：打桩前应认真清除现场高空、地上和地下的障碍物，做好危房或危险构筑物的加固。打桩前一般应对现场（一般10m以内）的建筑物或构筑物作全面检查，避免因打桩中的振动影响而导致倒塌。桩机进场及移动范围内的场地应平整压实，使地面承载力满足施工要求，并保证桩架的垂直度。施工场地及周围应保持排水通畅。妥善布置水、电线路，接通水、电源等。

7.2.1.2 打桩试验

打桩试验目的是检验打桩设备及工艺是否符合要求。了解桩的贯入深度、持力层强度及桩的承载力，以确定打桩方案及工艺参数。

打桩前进行试桩，数量取总数的1%，并不少于2根；深水处的试桩，根据具体情况，由有关部门研究确定。先确定贯入度，并应校验打桩设备的技术性能、施工工艺及技术措施是否适宜。

试桩的单桩容许承载力确定方法如下：
（1）承压静载试验。
（2）采用可靠的动力振动波方法估算。
（3）根据锤击沉桩的贯入度，选用适当的动力公式计算。

贯入度的测定，一般以接近设计要求最后3次10锤的平均贯入度或入土标高为控制标准，确定贯入度。测量条件为：①锤的落距符合规定；②锤击没有偏心；③桩帽和弹性垫层等正常情况；④桩顶没有破坏或破坏处已经凿平。

7.2.1.3 定桩位和确定打桩顺序

在打桩前应根据设计图纸中的桩基平面图，确定桩基轴线，并将桩的准确位置测设到地面上，桩基轴线位置偏差不得超过 20mm，单排桩的轴线位置偏差不得超过 10mm。当桩不密时可用小木桩定位；如桩位较密，设置龙门板定桩位，比较容易检查和校正。

在桩基中，往往有几根桩到数十根桩，为了使桩能顺利地达到设计标高，保证质量和进度，减少因桩打入先后对邻桩造成的挤压和变位，防止周围建筑物破坏，打桩前应根据桩的规格、入土深度、桩的密集程度和桩架在场地内的移动方便来拟定打桩顺序。

打桩顺序是否合理，会直接影响打桩速度、打桩工程质量及周围环境。当桩距小于 4 倍桩的边长或桩径时，打桩顺序尤为重要。打桩前应根据桩的密集程度、桩的规格、长短和桩架移动方便程度来正确选择打桩顺序。打桩顺序一般有逐排打、自中央向边缘打、自边缘向中央打和分段打四种，如图 7-9 所示。

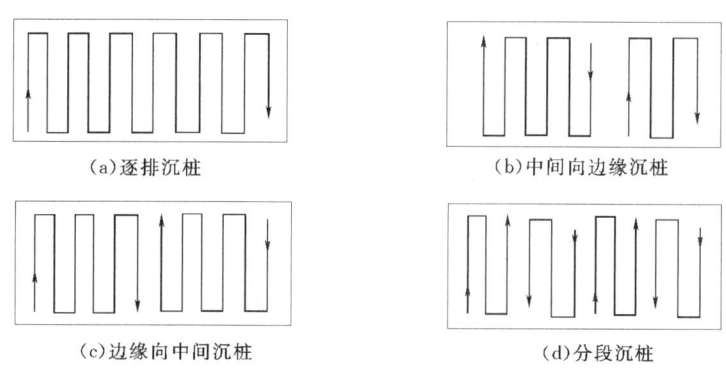

图 7-9 打桩方向

当桩不太密集，桩的中心距不小于 4 倍桩的直径时，可采取逐排打桩和自边缘向中间打桩的顺序。逐排打桩［图 7-9（a）］时，桩架单向移动，桩的就位与起吊均很方便，故打桩效率较高。但当桩较密集时，逐排打桩会使土体向一个方向挤压，导致土体挤压不均匀，后面的桩不容易打入，最终会引起建筑物的不均匀沉降。自边缘向中间打桩［图 7-9（c）］，当桩较密集时，中间部分土体挤压较密实，桩难以打入，而且在打中间桩时，外侧的桩可能因挤压而浮起。因此这两种打设方法适用于桩不太密集时施工。

当桩较密集时，即桩的中心距小于 4 倍桩的直径时，一般情况下应采用自中央向边缘打［图 7-9（b）］和分段打［图 7-9（d）］。按这两种打桩方式打桩时土体由中央向两侧或向四周均匀挤压，易于保证施工质量。

当桩的规格、埋深、长度不同，且桩较密集时，宜先大后小、先深后浅、先长后短打设，这样可避免后施工的桩对先施工的桩产生挤压而发生桩位偏斜。当一侧毗邻建筑物时，由毗邻建筑物处向另一方向打设。

7.2.1.4 抄平放线、设标尺和水准点

为了抄平和控制桩顶水平标高，打桩现场或附近需设置水准点，其设置位置应不受打桩影响，数量不少于两个。为便于控制桩的入土深度，打桩前应在桩的侧面画上标尺或在

桩架上设置标尺,以观测和控制桩身的入土深度。

7.2.1.5 其他工作

打桩前应提前准备垫木、桩帽等材料机具等;还应做好测量和记录等技术准备工作;根据需要做好接桩、送桩、截桩的准备工作;应准备好足够的填料及运输设备等。

7.2.2 打桩设备

预制桩沉桩方法采用打入法、振动法和静压法三种方法施工。所用的机械:打入法主要用落锤、柴油锤、液压锤等;振动法用振动锤;各种桩锤和桩架合起来称为打桩机(静压法则用静力压桩机)。

7.2.3 桩的制作、运输、堆放

钢筋混凝土预制桩是目前应用最广泛的一种桩基施工方式。

预制钢筋混凝土桩分实心桩和空心管桩两种。实心混凝土方桩截面边长通常为200~550mm,长7~25m,可在现场预制或在工厂制作成单根桩或多节桩。混凝土空心管桩外径一般为300~550mm,每节长度为4~12m,管壁厚为80~100mm,在工厂内采用离心法制成,与实心桩相比可大大减轻桩的自重。

钢筋混凝土预制桩施工包括制作、起吊、运输、堆放、沉桩和接桩等过程。

7.2.3.1 桩的制作

实心混凝土方桩现场预制多采用工具式木模板或钢模板,支在坚实平整的地坪上,模板应平整牢靠,尺寸准确。制作预制桩的方法有并列法、间隔法、重叠法和翻模法等,现场多用间隔重叠法施工,如图7-10所示,一般重叠层数不宜超过四层。施工时,须待邻桩或下层桩的混凝土达到设计强度的30%以后才能进行后续相邻桩的施工。

钢筋混凝土桩预制程序为:压实、整平现场制作场地(场地地坪作三七灰土或浇筑混凝土)—支模—绑扎钢筋骨架、安设吊环—浇筑混凝土—养护至30%强度拆模—支间隔端头模板、刷隔离剂、绑扎钢筋—浇筑间隔桩混凝土—同法间隔重叠制作第二层桩—养护至70%强度起吊—达100%强度后运输、堆放。

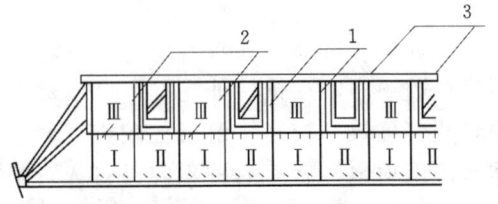

图7-10 间隔重叠法施工
1—侧模板;2—隔离剂或隔离层;3—卡具
Ⅰ、Ⅱ、Ⅲ—第一、第二、第三批浇筑桩

长桩可分节制作,预制桩单节长度应根据桩架高度、制作场地条件,运输和装卸能力等方面情况来确定,并应避免桩尖处于硬持力层接桩。如在工厂制作,为便于运输,单节长度不宜超过12m;如在现场预制,长度不宜超过30m。

桩中的钢筋应严格保证位置的正确。桩身配筋与沉桩方法有关,锤击沉桩的纵向钢筋配筋率不宜小于0.8%,压入桩不宜小于0.4%,桩的纵向钢筋直径不宜小于14mm,桩截面宽度或直径不小于350mm时,纵向钢筋不应少于8根。钢筋骨架主筋连接宜采用对焊或电弧焊;主筋接头配置在同一截面内的数量,对于受拉钢筋不得超过50%;相邻两根主筋接头截面的距离应大于35倍的主筋直径,并不小于500mm。桩顶一定范围内的箍

筋应加密，并设置钢筋网片。

混凝土强度等级应不低于C30，粗骨料用粒径5～40mm碎石或开口卵石，用机械拌制混凝土，坍落度不大于60mm，混凝土浇筑应由桩顶向桩尖方向连续浇筑，不得中断，并应防止一端砂浆积聚过多。浇筑完毕应覆盖、洒水养护不少于7天，如用蒸汽养护，在蒸养后，尚应适当自然养护，达到设计强度等级后方可使用。

预制桩制作的允许偏差：横截面边长＋5mm；保护层厚度±5mm；桩顶对角线之差10mm；桩顶平面对桩中心线的位移10mm；桩身弯曲矢高不大于0.1%桩长，且不大于20mm；桩顶平面对桩中心线的倾斜不大于30mm。桩的表面应平整、密实，掉角的深度不应超过10mm，且局部蜂窝和掉角的缺损总面积不得超过该桩表面全部面积的0.5%，并不得过分集中；由于混凝土收缩产生的裂缝，深度不得大于20mm，宽度不得大于0.25mm；横向裂缝长度不得超过边长的一半（管桩、多角形桩不得超过直径或对角线的1/2）；桩顶或桩尖处不得有蜂窝、麻面、裂缝和掉角。

7.2.3.2 起吊

待桩身强度达到设计强度的70%后方可以起吊，达到设计强度的100%才能运输和打桩，如需提前起吊，必须进行强度和抗裂验算，吊点的位置应符合设计规定。无规定时，可按以下规定：用一个吊点吊桩时，吊点设于距桩上端约0.3倍桩长处；用两个吊点时，吊点设于距两端各0.21倍桩长处；用三个吊点时，吊点设置在桩长中点及距离两端各0.15倍桩长处。吊点的位置偏差不应超过设计位置20mm，吊点位置如图7-11所示。

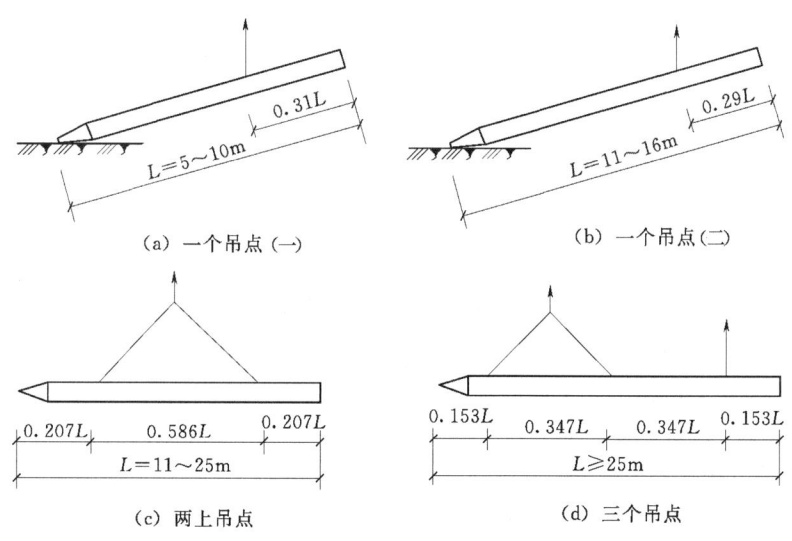

图7-11 吊点的合理位置

7.2.3.3 运输

一般按打桩顺序随打随运，减少二次搬运。运前检查桩的质量、尺寸、桩靴的牢固性以及打桩中使用的标志是否准确齐全等。桩运到现场后应进行外观检查。运输距离不大时，可以在桩下垫滚筒（桩与滚筒间应放有托板），用卷扬机拖动桩身前进；当运距较大时,采用轻便轨道小平台车运;对于短桩运输可采用载重汽车,现场运距较近时,可用起重机吊运,也可采用轻轨平板车运输;长桩运输可采用平板拖车、平台挂车等。装载时桩支承点应按设计吊点位置设置,并垫实、支撑和绑扎牢固,以防止运输中晃动或滑动。

7.2.3.4 堆放

堆放桩的场地应平整坚实,排水良好。桩应按规格、桩号分层叠置,支承点垫木位置应与吊点位置相同,各层垫木应上下对齐,并位于同一垂直线上,支承平稳,堆放层数不宜超过4层。桩应堆置在打桩架附设的起重钩工作半径范围内,并考虑起重方向,避免空中转向。

7.3 沉 桩 施 工

预制桩的沉桩方法有锤击法、振动法、静压法及水冲法等,其中锤击法和静压法在工程中应用最多。

预制桩的施工工艺流程如图7-12所示。

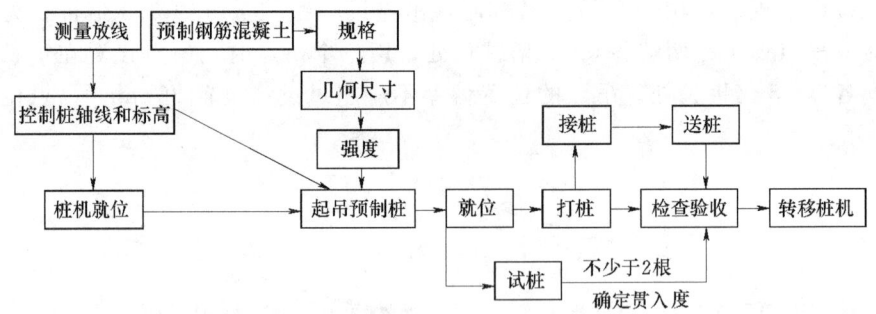

图7-12 预制桩施工工艺流程图

7.3.1 打入桩施工

锤击法也称打入法,是利用桩锤落到桩顶上的冲击力来克服土对桩的阻力,使桩沉到预定的深度或达到持力层的一种打桩施工方法。锤击沉桩是混凝土预制桩常见的沉桩方法,它施工速度快、机械化程度高、适用范围广,但施工时噪声大,对地表层有振动,在城市和夜间施工有所限制。打桩机包括桩锤、桩架和动力装置。

7.3.1.1 打桩机械设备及选用

打桩所用的机械设备主要有桩锤、桩架及动力装置三部分组成。桩锤是对桩施加冲击力,将桩打入土中的机具;桩架的主要作用是支持桩身和桩锤,并在打入过程中引导桩的方向不偏移;动力装置一般包括启动桩锤用的动力设施,取决于所选桩锤,如采用蒸汽锤时,则需配蒸汽锅炉、卷扬机等。

1. 桩锤

(1) 选择桩锤类型。常用的桩锤有落锤、柴油桩锤、单动汽锤、双动汽锤、振动桩锤、液压桩锤等。桩锤的工作原理、适用范围和特点见表7-4。

7.3 沉 桩 施 工

表 7-4　　　　　　　　　　　各类桩锤特点及适用范围

桩锤种类	原 理	适 用 范 围	特 点
落锤	用人力或卷扬机提起桩锤，然后自由下落，利用锤的重力夯击桩顶，使桩沉入土中	(1) 适宜于打木桩及细长尺寸的钢筋混凝土预制桩。 (2) 在一般土层、黏土和含有砾石的土层均可使用	(1) 装置简单，使用方便，费用低。 (2) 冲击力大，可调整锤重和落距以简便地改变打击能力。 (3) 锤击速度慢（每分钟约 6~20 次），桩顶部易打坏，效率低
柴油桩锤	以柴油为燃料，利用冲击部分的冲击力和燃烧压力为驱动力，引起锤头跳动夯击桩顶	(1) 适宜于打各种桩。 (2) 适宜于一般土层中打桩	(1) 重量轻，体积小，打击能量大。 (2) 不需外部能量，机动性强，打桩快，桩头不易打坏，燃料消耗少。 (3) 振动大，噪声高，润滑油飞散，遇硬土或软土不宜使用
单动汽锤	利用外供蒸汽或压缩空气的压力将冲击体托升至一定高度，配气阀释放出蒸汽，使其自由下落锤击打桩	(1) 适宜于打各种桩，包括打斜桩和水中打桩。 (2) 尤其适宜于套管法打灌注桩	(1) 结构简单，落距小，精度高，桩头不易损坏。 (2) 打桩速度及冲击力较落锤大，效率较高（每分钟 25~30 次）
双动汽锤	利用蒸汽或压缩空气的压力将锤头上举及下冲，增加夯击能量	(1) 适于打各种桩，并可打斜桩和水中打桩。 (2) 适应各种土层。 (3) 可用于拔桩	(1) 冲击力大，工作效率高（每分钟 100~200 次）。 (2) 设备笨重，移动较困难
振动桩锤	利用锤高频振动，带动桩身振动，使桩身周围的土体产生液化，减小桩侧与土体间的摩阻力，将桩沉入或拔出土中	(1) 适于施打一定长度的钢管桩、钢板桩、钢筋混凝土预制桩和灌注桩。 (2) 适用于粉质黏土、松砂、黄土和软土，不宜用于岩石、砾石和密实的黏性土层	(1) 施工速度快，使用方便，施工费用低，施工无公害污染。 (2) 结构简单，维修保养方便。 (3) 不适宜于打斜桩
液压桩锤	单作用液压桩锤是冲击块通过液压装置提升到预定的高度后快速释放，冲击块以自由落体方式打击桩体。而双作用锤是冲击块通过液压装置提升到预定高度后，再次从液压系统获得加速能量来提高冲击速度，打击桩体	(1) 适宜于打各种桩。 (2) 适宜于一般土层中打桩	(1) 施工无公害污染，打击力峰值小，桩顶不易损坏，可用于水下打桩。 (2) 结构复杂，保养与维修工作量大，价格高，冲击频率小，作业效率较低

(2) 选择桩锤重量。选定桩锤类型以后，还必须合理选用锤重。施工中宜选择重锤低击。桩锤过重，所需动力设备也大，不经济；桩锤过轻，必将加大落距，锤击功能很大部分被桩身吸收，桩不易打入，使锤击次数过多，且桩容易被打坏；桩锤锤重过大，使桩顶

锤击应力过大，造成混凝土破碎。因此，应选择稍重的锤，用重锤低击和重锤快击的方法效果较好。锤重一般根据地质条件、桩型、桩的密集程度、单桩竖向承载力及现有施工条件等选择。表7-5为锤重选择表示例。

表7-5　　　　　　　　　　　　锤重选择表示例

锤 型		柴油锤/t					
		2.0	2.5	3.5	4.5	6.0	7.2
锤的动力性能	冲击部分重/t	2.0	2.5	3.5	4.5	6.0	7.2
	总重/t	4.5	6.5	7.2	9.6	15.0	18.0
	冲击力/kN	2000	2000~2500	2500~4000	4000~5000	5000~7000	7000~10000
	常用冲程/m			1.8~2.3			
适用的桩规格	预制方桩、预应力管桩的边长或直径/mm	250~350	350~400	400~450	450~500	500~550	550~600
	钢管桩直径/mm	400	400	400	600	900	900~1000
持力层	黏性土粉土 一般进入深度/m	1~2	1.5~2.5	2~3	2.5~3.5	3~4	3~5
	静力触探比贯入阻力p_s平均值/MPa	3	4	5	>5	>5	>5
	砂土 一般进入深度/m	0.5~1	0.5~1.5	1~2	1.5~2.5	2~3	2.5~3.5
	标准贯入度击数	15~25	20~30	30~40	40~45	45~50	50
锤的常用控制贯入度/(cm/10击)		—	2~3	—	3~5	4~8	—
设计单桩极限承载力/kN		400~1200	800~1600	2500~4000	3000~5000	5000~7000	7000~10000

2. 桩架

桩架是支持桩身和桩锤，在打桩过程中引导桩的方向，并保证桩锤能沿着所要求方向冲击的打桩设备。桩架的形式多种多样，常用的通用桩架（能适应多种桩锤）有两种基本形式：一种是沿轨道行驶的多能桩架；另一种是装在履带底盘上的桩架。

多功能桩架（图7-13）由立柱、斜撑、回转工作台、底盘及传动机构组成。它的机动性和适应性很大，在水平方向可作360°回转，立柱可前后倾斜，底盘下装有铁轮，可在轨道上行走。这种桩架可适应各种预制桩，也可用于灌注桩施工。缺点是机构较庞大，现场组装和拆迁比较麻烦。

履带式桩架（图7-14）以履带式起重机为底盘，增加立柱和斜撑用以打桩。性能较好，桩架灵活，移动方便，可适应各种预制桩施工，目前应用最多。

选择桩架时应考虑：①桩的材料、材质、断面形状与尺寸、桩长和接桩方式；②桩的种类、数量、桩施工精度要求；③施工场地条件，作业环境，作业空间；④所选定的桩锤的型式、质量和尺寸；⑤投入桩架数量；⑥施工进度要求。

7.3 沉 桩 施 工

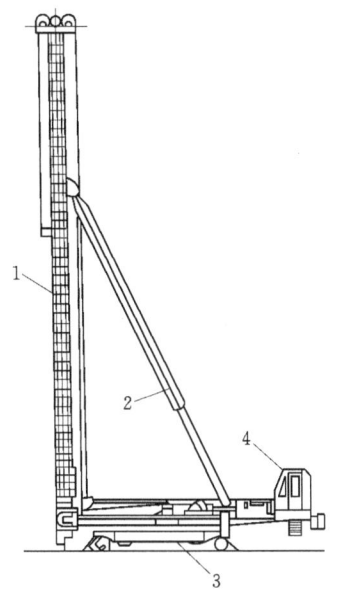

图 7-13 多功能桩架
1—立柱；2—斜撑；3—底盘；
4—司机室

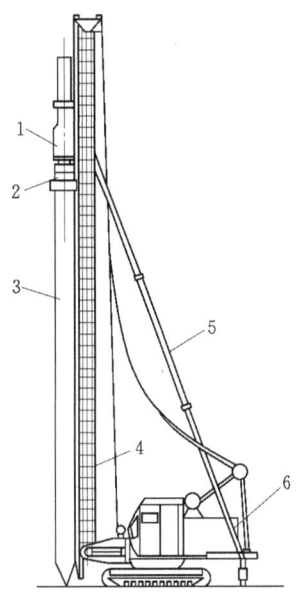

图 7-14 履带式桩架
1—桩锤；2—桩帽；3—桩；
4—立柱；5—斜撑；6—车体

桩架高度一般可按桩长需要分节接长，桩架高度应满足以下要求：桩架高度＝单节桩长＋桩帽高度＋桩锤高度＋滑轮组高度＋起锤位移高度（1～2m）。

7.3.1.2 打桩施工

（1）吊桩就位。打桩机就位后，将桩锤和桩帽吊起，然后吊桩并送至导杆内，垂直对准桩位，在桩的自重和锤重的压力下，缓缓送下插入土中，桩插入时的垂直度偏差不得超过 0.5%。桩插入土后即可固定桩帽和桩锤，使桩、桩帽、桩锤在同一铅垂线上，确保桩能垂直下沉。在桩锤和桩帽之间应加弹性衬垫，如硬木、麻袋、草垫等；桩帽和桩顶周围四边应有 5～10mm 的间隙，以防损伤桩顶。

（2）打桩。打桩开始时，应选较小的桩锤落距，一般为 0.5～0.8m，以保证桩能正常沉入土中。待桩入土一定深度（1～2m），桩尖不易产生偏移时，再按要求的落距锤击。打桩时宜用重锤低击。用落锤或单动汽锤打桩时，最大落距不宜大于 1m，用柴油锤时，应使锤跳动正常。在整个打桩过程中应做好测量和记录工作，遇有贯入度剧变、桩身突然发生倾斜、移位或有严重回弹、桩顶或桩身出现严重裂缝或破碎等异常情况时，应暂停打桩，及时研究处理。

（3）送桩。如桩顶标高低于地面，用送桩管将桩送入土中时，桩与送桩管的纵轴线应在同一直线上，锤击送桩将桩送入土中，送桩结束，拔出送桩管后，桩孔应及时回填或加盖。

7.3.1.3 接桩

钢筋混凝土预制长桩，受运输条件和桩架高度限制，一般分成若干节预制，分节打入，在现场进行接桩。常用接桩的方法有焊接法、法兰接法和硫黄胶泥锚接法等，如图

173

7-15所示。

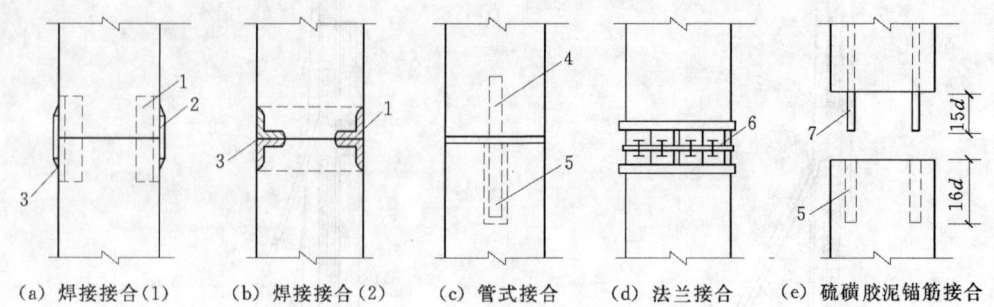

(a) 焊接接合(1)　(b) 焊接接合(2)　(c) 管式接合　(d) 法兰接合　(e) 硫磺胶泥锚筋接合

图 7-15　桩的接头形式

1—角钢与主筋焊接；2—钢板；3—焊缝；4—预埋钢管；5—浆锚孔；6—预埋法兰；
7—预埋锚筋；d—锚栓直径

(1) 焊接法接桩。焊接法接桩的节点构造如图 7-15 (a)、(b) 所示。接桩时，必须对准下节桩并垂直无误后，用点焊将拼接角钢连接固定，再次检查位置正确无误后，则进行焊接。施焊时，应两人同时对角对称地进行，以防止节点变形不均匀而引起桩身歪斜，焊缝要连续饱满。

(2) 法兰接桩法。法兰接桩法节点构造如图 7-15 (d) 所示。它是用法兰盘和螺栓连接，其接桩速度快，但耗钢量大，多用于混凝土管桩。

(3) 硫黄胶泥锚接法接桩。硫黄胶泥锚接法接桩节点构造如图 7-15 (e) 所示。接桩时，首先将上节桩对准下节桩，使四根锚筋插入锚筋孔（孔径为锚筋直径的 2.5 倍），下落上节桩身，使其结合紧密。然后将桩上提约 200mm（以四根锚筋不脱离锚筋孔为度），安设好施工夹箍（由四块木板，内侧用人造革包裹 40mm 厚的树脂海绵块而成），将熔化的硫黄胶泥注满锚筋孔和接头平面上，然后将上节桩下落。当硫黄胶泥冷却并拆除施工夹箍后，可继续加荷施压。硫黄胶泥锚接法接桩，可节约钢材，操作简便，接桩时间比焊接法要大为缩短，但不宜用于坚硬土层中。

桩停止锤击的控制原则如下：

桩端（指桩的全断面）位于一般土层时（摩擦型桩），以控制桩端设计标高为主，贯入度可作参考；桩端达到坚硬、硬塑的黏性土、中密以上粉土、砂土、碎石类土、风化岩时（端承型桩），以贯入度控制为主，桩端标高可作参考。贯入度已达到而桩端标高未达到时，应继续锤击 3 阵，按每阵 10 击的贯入度不大于设计规定的数值加以确认，必要时施工控制贯入度应通过试验与有关单位会商确定。当遇到贯入度剧变，桩身突然发生倾斜、移位或有严重回弹，桩顶或桩身出现严重裂缝、破碎等情况时，应暂停打桩，并分析原因，采取相应措施。

测量最后贯入度应在下列正常条件下进行：桩顶没有破坏；锤击没有偏心；锤的落距符合规定；桩帽和弹性垫层正常；汽锤的蒸汽压力符合规定。如果沉桩尚未达设计标高，而贯入度突然变小，则可能土层中夹有硬土层，或遇到孤石等障碍物，此时切勿盲目施打，应会同设计勘察部门共同研究解决。此外，由于土的固结作用，打桩过程中断，会使桩难以打入，因此应保证施打的连续进行。

打桩过程中，应做好沉桩记录，以便工程验收。

7.3.1.4 截桩

当预制钢筋混凝土桩的桩顶露出地面并影响后续桩施工时，应立即进行截桩头。截桩头前，应测量桩顶标高，将桩头多余部分凿去。截桩一般可采用人工或风动工具（如风镐等）方法来完成。截桩时不得把桩身混凝土打裂，并保证桩身主筋伸入承台内。其锚固长度必须符合设计规定。一般桩身主筋伸入混凝土承台内的长度：受拉时不少于25倍主筋直径；受压时不少于15倍主筋直径。主筋上黏着的混凝土碎块要清除干净。

7.3.1.5 打桩质量要求及控制

打桩的质量控制包括打桩前、打桩过程中的控制以及施工后的质量检查。

施工前应对成品桩做外观及强度检验，锤击预制桩，在强度与龄期均达到要求后，方可锤击。接桩用焊条或半成品硫黄胶泥应有产品合格证书，或送有关部门检验。

打桩开始前应对桩位的放样进行验收，桩位放样允许偏差对群桩为20mm、对单排桩为10mm。

施工过程中应检查桩的桩体垂直度、沉桩情况、贯入情况、桩顶完整状况、电焊接桩质量、电焊后的停歇时间等。对电焊接桩，重要工程应对电焊接头做10%的焊缝探伤检查。

打桩时，桩顶破碎或桩身严重裂缝，应立即暂停，在采取相应的技术措施后，方可继续施打。打桩时，除了注意桩顶与桩身由于桩锤冲击破坏外，还应注意桩身受锤击拉应力而导致的水平裂缝，在软土中打桩，在桩顶以下1/3桩长范围内常会因反射的张力波使桩身受拉而引起水平裂缝。开裂的地方往往出现在吊点和混凝土缺陷处，这些地方容易形成应力集中。采用重锤低速击桩和较软的桩垫可减少锤击拉应力。

打桩施工结束后，应进行桩基工程的桩位验收。打入桩的桩位偏差，必须符合表7-6的规定。此外，还应监测打桩施工对周围环境有无造成影响。

表7-6　　　　　　　预制桩（钢桩）桩位的允许偏差

序号	项目	允许偏差/mm
1	盖有基础梁的桩：①垂直基础梁的中心线；②沿基础梁的中心线	$100+0.01H$ $150+0.01H$
2	桩数为1~3根桩基中的桩	100
3	桩数为4~16根桩基中的桩	1/2桩径或边长
4	桩数大于16根桩基中的桩：①最外边的桩；②中间桩	1/3桩径或边长 1/2桩径或边长

注　H为施工现场地面标高与桩顶设计标高的距离。

1. 打桩停锤的控制原则

为保证打桩质量，应遵循以下停打控制原则：①摩擦桩以控制桩端设计标高为主，贯入度可作参考；②端承桩以贯入度控制为主，桩端标高可作参考；③贯入度已达到而桩端标高未达到时，应继续锤击3阵，按每阵10击的平均贯入度不大于设计规定的数值加以确认，必要时施工控制贯入度应通过试验与相关单位会商确定。此处的贯入度是指桩最后

10 击的平均入土深度。

2. 打桩允许偏差

桩平面位置的偏差，单排桩不大于 100mm，多排桩一般为 0.5～1 个桩的直径或边长；桩的垂直偏差应控制在 0.5% 之内；按标高控制的桩，桩顶标高的允许偏差为 −50～+100mm。

3. 承载力检查

施工结束后应对承载力进行检查。桩的静载荷试验根数应不少于总桩数的 1%，且不少于 3 根；当总桩数少于 50 根时，应不少于 2 根；当施工区域地质条件单一，又有足够的实际经验时，可根据实际情况由设计人员酌情而定。

4. 钢桩施工

(1) 制作、运输和堆放。钢桩包括钢管桩、H 型桩及其他异型钢桩。常用钢管桩与 H 型钢桩。钢管桩直径为 400～1000mm，钢管壁厚为 9～18mm；H 型钢则有 200mm×200mm～400mm×400mm，其翼缘和腹板厚度为 12～25mm。钢桩的分段长度一般不宜超过 12～15m。钢桩的端部形式，应根据桩所穿越的土层、桩端持力层性质、桩的尺寸、挤土效应等因素综合考虑确定。钢管桩常采用两种形式：带加强箍或不带加强箍的敞口形式以及平底或锥底的闭口形式。H 型钢桩则可采用带端板和不带端板的形式，不带端板的桩端可做成锥底或平底。

制作钢桩前应检查桩的材料是否符合设计要求，并应检查出厂合格证和试验报告。现场制作钢桩应有平整的场地及挡风防雨设施。钢桩制作的容许偏差应符合有关规定。

钢桩的运输与堆存除应满足一般的运输与堆存要求外，还应注意桩的两端应有适当保护措施，钢管桩应设保护圈；搬运时应防止桩体撞击而造成桩端、桩体损坏或弯曲；钢桩应按规格、材质分别堆放，堆放层数不宜太高，对钢管桩，直径 900mm 放置三层，600mm 放置四层，400mm 放置五层；对 H 型钢桩最多放置六层；支点设置应合理，钢管桩的两侧应用木楔塞住，防止滚动。

(2) 沉桩施工。钢桩沉桩施工与混凝土桩类似。钢管桩如锤击沉桩有困难，可在管内取土以助沉；H 型钢桩断面刚度较小，采用柴油锤打桩时锤重不宜大于 4.5t 级，在锤击过程中桩架前应有横向约束装置，以防止横向失稳。持力层较硬时，H 型钢桩不宜送桩。地表层如有大块石、混凝土块等回填物，则应在插入 H 型钢桩前进行触探并清除桩位上的障碍物，保证沉桩质量。

(3) 接桩。钢桩焊接头应采用等强度连接，使用的焊条、焊丝和焊剂及焊接质量应符合有关规定。钢管桩应采用上下节桩对焊连，其构造如图 7-16 所示。H 型钢桩接头可采用对焊或采用连接板贴角焊，其构造如图 7-17 所示。

钢桩的焊接时端部的浮锈、油污等脏物必须清除，保持干燥，下节桩顶经锤击后的变形部分应割除；上下节桩焊接时应校正垂直度，对口的间隙为 2～3mm；焊接应对称进行。气温低于 0℃ 或雨雪天，无可靠措施确保焊接质量时，不得焊接。

焊接接头除应进行外观检查外，还应按接头总数的 5% 做超声或 2% 做 X 拍片检查，在同一工程内，探伤检查不得少于 3 个接头。

7.3 沉 桩 施 工

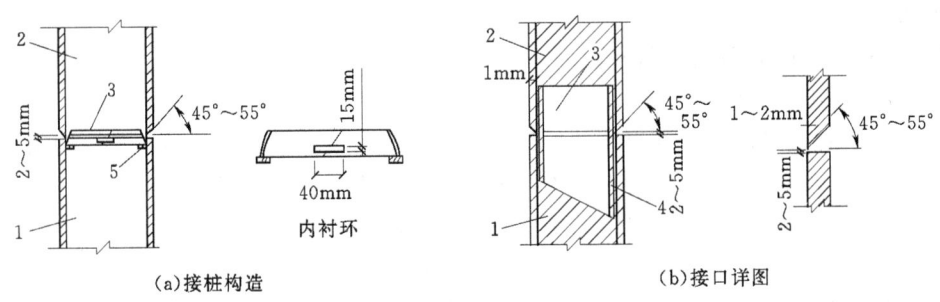

图 7-16 钢管桩接桩构造
1—下节桩；2—上节桩；3—上节桩内衬套；4—焊缝；5—托块

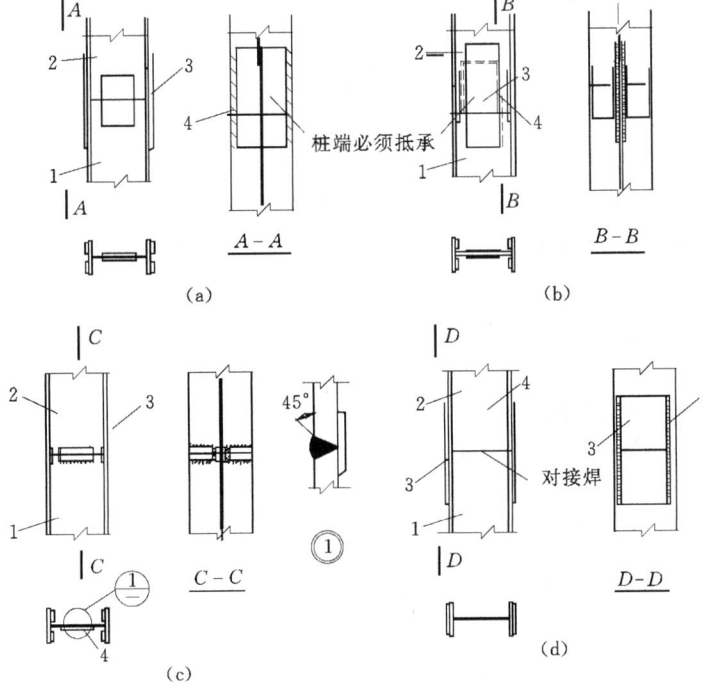

图 7-17 H型钢桩接桩构造
1—下节桩；2—上节桩；3—连接钢板；4—焊缝

7.3.1.6 打桩过程控制

打桩时，如果沉桩尚未达到设计标高，而贯入度突然变小，则可能土层中央有硬土层，或遇到孤石等障碍物，此时应会同设计勘探部门共同研究解决，不能盲目施打。打桩时，若桩顶或桩身出现严重裂缝、破碎等情况时，应立即暂停，分析原因，在采取相应的技术措施后，方可继续施打。

打桩时，除了注意桩顶与桩身由于桩锤冲击被破坏外，还应注意桩身受锤击应力而导致的水平裂缝。在软土中打桩，桩顶以下1/3桩长范围内常会因反射的应力波使桩身受拉而引起水平裂缝，开裂的地方常出现在易形成应力集中的吊点和蜂窝处，采用重锤低击和较软的桩垫可减少锤击拉应力。

7.3.1.7 打桩中的问题及处理方法

1. 桩顶、桩身破坏

（1）由于直接受冲击产生很高的局部应力。桩顶的钢筋做特别处理，纵向钢筋对桩的顶部起到箍筋作用，同时又不会直接受冲击而颤动，避免引起混凝土剥落。

（2）保护层太厚。主筋放得不正是保护层过厚的主要原因。

（3）桩帽垫层材料选用不合适，或已经被打坏。

（4）桩的顶面和桩身的轴线不重合，偏心受力。预制时使桩顶和桩的轴线保持垂直，桩帽放平整，发现歪斜及时纠正。

（5）打桩过程中下沉速度慢而施打时间长，过打。遇到过打分应析地质情况，改善操作方法，采取有效的措施解决。

（6）桩身混凝土的强度不高。

桩身破坏可加钢夹箍用螺栓拉紧焊牢补强。

2. 打歪

（1）检查打桩机的导架两个方向的垂直度。

（2）桩尖对准桩位，桩顶正确地套入桩锤下的桩帽内，勿偏打一边。

（3）打桩开始时，桩锤小落距将桩打入土中，随时检查垂直度，到达一定深度后并稳定后，再按要求的落距打桩。

（4）桩顶不平、桩尖偏心。严格控制桩的制作质量和桩的验收、检查工作。

3. 打不下

（1）桩顶、桩身已经破坏。

（2）土层有较厚砂层或其他硬土层，或遇到孤石、等障碍物，应与设计勘探部门共同解决。

（3）由于特殊原因，打桩不得已中断，停歇一段时间后往往不能顺利将桩打入。应在打桩前做好个项准备工作，保证连续进行。

4. 一桩打下而邻桩上升

多在软土中发生，当桩的中心距不大于 $5d$（桩径）时，采取分段施打，以免土向一个方向运动。

5. 桩基复打

对于发生"假极限""吸入"现象的桩和射水下沉的桩基上浮现象的桩，应采取复打。复打前的"休息"天数及复打的要求按下面试桩试验办法中的有关规定处理。

（1）桩穿过砂类土、桩尖位于大块碎石土、紧密的砂类土或坚硬的黏性土上，不少于 1 天。

（2）在粗、中砂和不饱和粉细砂里，不少于 3 天。

（3）在黏性土和饱和的粉细砂里，不少于 6 天。

7.3.1.8 打桩对周围环境影响控制

打桩时，邻桩相互挤压导致桩位偏移，产生浮桩，则会影响整个工程质量。在已有建筑群中施工，打桩还会引起已有地下管线、地面交通道路和建筑物的损坏和不安全。为避

免或减小沉桩挤土效应和对邻近建筑物、地下管线等的影响,施打大面积密集桩群时,可采取下列辅助措施:

(1) 预钻孔沉桩,预钻孔孔径比桩径(或方桩对角线)小 50~100mm,深度视桩距和土的密实度、渗透性而定,深度宜为桩长的 1/3~1/2,施工时应随钻随打,桩架宜具备钻孔锤击双重性能。

(2) 设置袋装砂井或塑料排水板消除部分超孔隙水压力,减少挤土现象。

(3) 设置隔离板桩或开挖地面防震沟,消除部分地面震动。

(4) 沉桩过程应加强邻近建筑物、地下管线等的观测、监护。

7.3.2 静力压桩法

静力压桩是利用静压力将桩压入土中,施工中虽然仍然存在挤土效应,但没有振动和噪音。静力压桩适用于软弱土层,当存在厚度大于 2m 的中密以上砂夹层时,不宜采用静力压桩。

静力压桩机有机械式和液压式之分,根据压桩的部位又分为在桩顶顶压式的压桩机以及在桩身抱压的抱压式压桩机。目前使用的多为液压式静力压桩机,压力可达 6000kN 甚至更大。

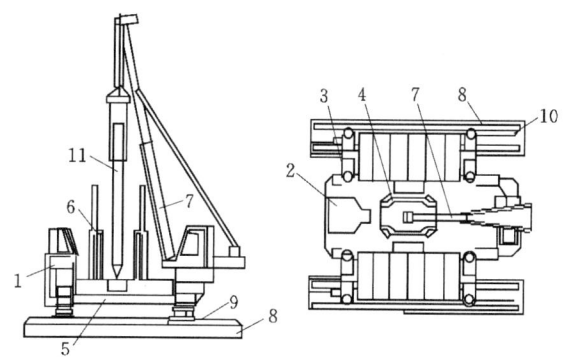

图 7-18 液压式静力压桩机
1—操纵室;2—电气控制台;3—液压系统;4—导向架;
5—配重;6—夹持装置;7—吊桩把杆;8—支腿平台;
9—横向行走与回转装置;10—纵向行走装置;11—桩

液压式静力压桩机由液压吊装机构、液压夹持器、压桩机构、行走及回转机构等组成,如图 7-18 所示是一种采用抱压式的液压静力压桩机。

7.3.2.1 施工准备

(1) 压桩前了解土层和地质情况,并据以估算压桩阻力。

(2) 根据估算阻力选择压桩设备。

(3) 压桩前仔细检查并做好一切准备工作,使压桩工作不间断。

7.3.2.2 压桩施工

(1) 用桩机吊桩时压桩架底盘较宽,必须将桩运至底盘前然后起吊。

(2) 吊桩竖直后用撬棍将桩稳住并推到底盘插桩口缓慢落下,离地面 10cm 左右,再利用撬棍协助对准桩位插桩。

(3) 两台卷扬机同时启动,放下压梁、桩帽套住桩顶顺势下压。两台卷扬机"同步",确保压梁不偏斜,使桩在压桩过程中保持压梁中轴线与桩中轴线在同一直线上。

(4) 多节桩施工时,接桩面应距地面 1m 以上。

(5) 压桩沉入深度以设计标高或允许静压力值控制,或标高与静压力值同时控制。

(6) 压桩时尽量避免中途停歇。

(7) 当桩尖到砂层时,可采用最大的压桩力作用在桩顶,采用停车再开、忽停忽开的办法,使桩缓慢下沉穿过砂层。

(8) 当桩阻力超过压桩机能力,或由于来不及调整平衡,压桩机发生较大倾斜时,应立即停压并采取安全措施,以免造成断桩或其他事故。

(9) 沉桩过程中,桩身倾斜或下沉速度加快时,暂停施压。

(10) 施工中应密切关注压桩力是否与桩轴线符合,压梁导轮和龙口的接触是否正常,有无卡住现象。

(11) 快达到设计标高时,不能过早停压,严格控制一次成功。

7.3.2.3 压桩程序和接桩方法

1. 压桩程序

压桩程序如图 7-19 所示。

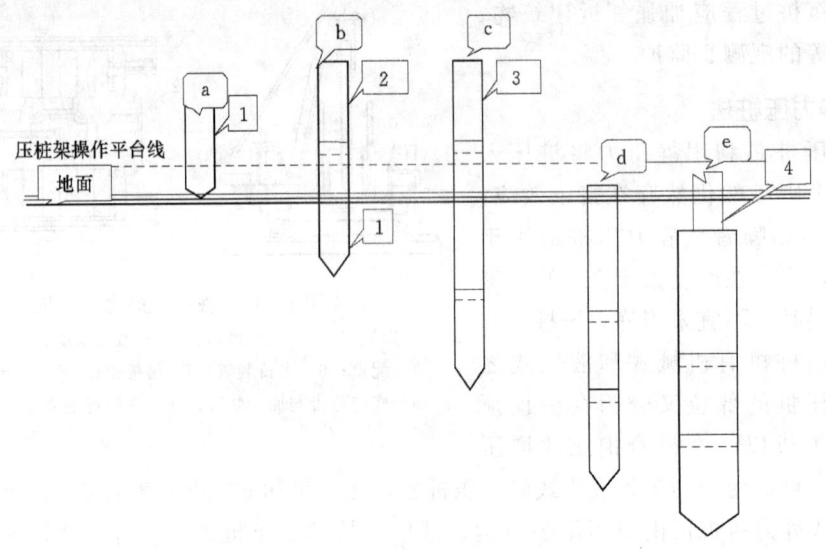

图 7-19 压桩程序

1—第一段桩;2—第二段桩;3—第三段桩;4—送桩;
a—准备压第一段桩;b—接第二段桩;c—接第三段桩;
d—整根桩压平至地面;e—采用送桩压桩完毕

2. 接桩方法

接桩方法分为焊接法接桩和浆锚法接桩。

(1) 施焊时应两人同时对角对称地进行,以防止节点变形不匀而引起桩身歪斜。

(2) 一般采用"硫黄胶泥浆锚法"。

上下桩对齐,使四根锚筋插入筋孔,落下压梁并套住桩顶,然后将上节桩和压梁同时上升约 200mm(以四根锚筋不脱离筋孔为度),安设施工夹箍(由四块木板,内侧用人造革包裹 40mm 厚的树脂海绵块而成),将溶化的硫黄胶泥注满锚筋孔内,并使之溢出桩面,然后将上节桩和压梁同时落下,当硫黄胶泥冷却并拆除施工夹箍后,即可继续加荷施压。

硫黄胶泥配合比(质量比):硫黄:水泥:粉砂:聚硫 780 胶=44:11:44:1 或硫黄:石英砂:石墨粉:聚硫橡胶=60:34.3:5:0.7。其中聚硫 780 胶和聚硫橡胶可以改善胶泥的韧性,硫黄胶泥还可用于接桩。

(3) 一个墩、台桩基中,同一水平面内的桩接头数量不得超过基桩总数的 1/4,但采用法兰盘按等强度设计的接头，可不受此限制。

7.3.3 振动沉桩法

振动沉桩法与锤击沉桩法的原理基本相同，不同之处是用振动箱代替桩锤。振动沉桩机（图 7-20）由电动机、弹簧支承、偏心振动块和桩帽组成。振动机内的偏心振动块分左、右两组对称，其旋转速度相等，方向相反。所以，工作时，两组偏心块的离心力的水平分力相抵消，但垂直分力则相叠加，形成垂直方向的振动力。由于桩与振动机是刚性连接在一起的，故桩也随着振动力沿垂直方向振动而下沉。

振动沉桩法主要适用于砂石、黄土、软土和亚黏土，在含水砂层中的效果更为显著，但在砂砾层中采用此方法时，尚需配以水冲法。沉桩工作应连续进行，以防间歇过久难以沉下。

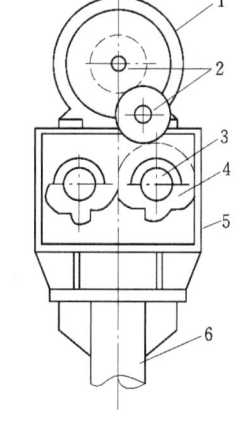

图 7-20 振动沉桩机
1—电动机；2—传动齿轮；3—轴；
4—偏心块；5—箱壳；6—桩

振动沉桩中应该注意的问题如下：

（1）了解地层和地质情况，选择合适的振动锤，选择振动沉桩锤时，应验算振动上拔力对桩身结构的影响。

（2）振动沉桩机、机座、桩帽应连接牢固；沉桩机和桩中心轴线应尽量保持在同一直线上。

（3）沉桩。

1）开始沉桩时宜采用自重下沉，待桩身有足够稳定性后，再采用振动下沉。为了加速下沉，可配合水冲法。水冲法是在桩旁插入一根与之平行的射水管，管下有喷嘴，沉桩时从喷嘴射出 400kPa 的水，冲松土体。在射水下沉缓慢或不下沉时，可开动振动锤并同时射水下沉。振动持续一段时间后，当桩下沉有趋于缓慢或桩顶大量涌水时，停止振动，只用射水冲刷。经过相当时间射水后，再振动下沉。如此交替进行，沉到接桩高度时，拆去振动锤和输水管，先接长输水管再接桩，重新装上振动锤，继续沉桩。

2）振动沉桩过程中，如下沉速度突然减小，可能遇到硬土层，应停止沉桩而将桩提升 0.5~1.0m，重新加速振动冲下，可能穿破硬层而顺利下沉。

3）当桩沉接近设计标高（至少 1m）时，停止射水，将射水管拔出，只开动激振器将桩沉到设计标高。

4）每根桩的沉桩作业，应一次完成，不可中途停顿过久，以免土的摩擦阻力恢复，继续下沉困难。

5）振动沉桩的停振标准，应以通过试桩验证的桩尖标高控制为主，以最终贯入度或可靠的振动承载力公式计算的承载力作为校核。如桩尖已达到设计标高，而最终贯入度或计算承载力相差较大时，应查明原因，报有关单位研究后另行确定。

7.3.4 射水法沉桩

射水法沉桩又称水冲法沉桩，是将射水管附在桩身上，用高压水流束将桩尖附近的土体冲松液化，桩借自重（或稍加外力）沉入土中，如图 7-21 所示。

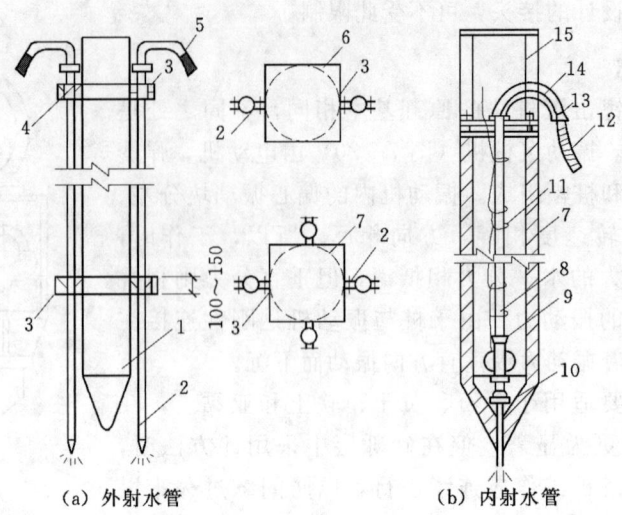

图 7-21 射水法沉桩装置
1—预制实心桩；2—外射水管；3—夹箍；4—木楔打紧；
5、13—胶管；6—两侧外射水管夹箍；7—管桩；8—射水管；
9—导向环；10—挡砂板；11—保险钢丝绳；12—弯管；
14—电焊加强圆钢；15—钢进桩

射水法沉桩一般配以锤击或振动相辅使用。沉桩时，应使射水管末端经常处于桩尖以下 0.3～0.4m 处。射水进行中，射水管和桩必须垂直，并要求射水均匀，水冲压力一般为 0.5～1.6MPa。施工时，桩下沉缓慢时，可开锤轻击，下沉转快时停止锤击。当桩沉至距设计标高 0.5～2m 时应停止射水，拔出射水管，用锤击或振动打至设计标高，以免将桩尖处土体冲坏，降低桩的承载力。

在坚实的砂土中沉桩，桩难以打下时，使用射水法可防止将桩打断、打坏桩头，比锤击法可提高工效 2～4 倍，但需一套冲水装置。射水法沉桩最适用于坚实砂土或砂砾石土层中桩的施工，在黏性土中也可使用。

7.4 桩基检测与验收

7.4.1 预制桩工程质量检查与验收标准
预制桩工程质量检查与验收标准应符合表 7-7 规定。

7.4.1.1 主控项目
(1) 质量检验。包括完整性、裂缝、断桩等。对于设计等级为甲级或复杂地质条件，抽检数量不少于总数的 30%，且不少于 20 根。其他桩不少于总数的 20%，且不少于 10 根。对预制桩及地下水位以上的桩，不少于检查总数的 10%，且不少于 10 根，每个柱子承台下不少于 1 根。

(2) 桩位偏移。项目见表 7-8，尺量检查，根据桩位放线检查。

7.4 桩基检测与验收

表 7-7　　混凝土预制桩施工（打桩）质量标准和检验方法

类别	序号	检查项目			质量标准	单位	检验方法及器具
主控项目	1	承载力			必须符合设计要求		按基桩检测技术规范
	2	桩位偏差	盖有基础梁的桩	垂直基础梁中心线	≤100+0.01H_2	mm	经纬仪、钢尺检查
				沿基础梁中心线	≤150+0.01H_2	mm	
			桩数为1~3根桩基中的桩		≤100	mm	经纬仪、钢尺检查
			桩数为4~16根桩基中的桩		不大于1/2桩径或边长	mm	
			桩数大于16根桩基中的桩	最外边的桩	不大于1/3桩径或边长	mm	
				中间桩	不大于1/2桩径或边长	mm	
	3	斜桩倾斜度偏差☆			±0.15斜角正切		角度尺或吊线、用钢尺检查
	4	桩体质量检验			应符合《建筑基桩检测技术规范》（JGJ 106—2014）的规定		按《建筑基桩检测技术规范》（JGJ 106—2014）的规定
	5	接桩材质			应符合设计要求和有关现行标准的规定		检查合格证书
	6	贯入度			应符合设计要求或试桩确定的控制值		按控制指标，检查施工记录
一般项目	1	电焊接桩	上下节端部错口	外径不小于700mm	≤3	mm	用钢尺检查
				外径小于700mm	≤2	mm	用钢尺检查
			焊缝质量	焊缝咬边深度	≤0.5	mm	焊缝检查仪
				焊缝加强层高度偏差	≤2	mm	焊缝检查仪
				焊缝加强层宽度偏差	≤2	mm	焊缝检查仪
				焊缝电焊质量外观	无气孔，无焊瘤，无裂缝		观察检查
				焊缝探伤检验	应符合设计要求		按设计要求
			电焊结束后停歇时间		>1.0	min	秒表测定
			上下节平面偏差		<10	mm	用钢尺检查
			节点弯曲矢高		小于1/1000两节桩长		用钢尺检查
	2	硫黄胶泥接桩	胶泥浇注时间		<2	min	秒表测定
			浇注后停歇时间		>7	min	
	3	停锤标准			应符合设计要求		现场实测或查沉桩记录
	4	桩顶标高偏差			±50	mm	水准仪
	5	接桩上下节中心错位			≤10	mm	用钢尺检查

注　H_2 为施工现场地面标高与桩顶设计标高的距离。

表7-8 桩位偏移检查

序号	项目	允许偏差
1	盖有基础梁的桩：①垂直基础梁的中心线；②沿基础梁的中心线	$100+0.01H$ $150+0.01H$
2	桩数1~3根桩基中的桩	100
3	桩数为4~16根桩基中的桩	1/2桩径或边长
4	桩数大于16根桩基中的桩：①最外边的桩；②中间桩	1/3桩径或边长 1/2桩径或边长

（3）承载力。对于设计等级为甲级或复杂地质条件，成桩质量可靠性低的桩，应采用静载荷试验。数量不少于总桩数的1%，且不少于3根。总桩数少于50根时，为2根。其他桩应用高应变动力检测。对地质条件、桩型、成桩机具和工艺相同、同一单位施工的桩基，检验桩数不少于总桩数的2%，且不少于5根。

7.4.1.2 一般项目

（1）砂、水泥、钢材原材料质量（现场预制时才检查）。符合设计要求；检查产品合格证及试验报告。

（2）混凝土配合比强度（现场预制时才检查）。通过试验的配合比单配制的计量记录；按规定留置试块，28天强度符合设计要求；检查配合比单、计量记录、试验报告。

（3）成品桩外形表面平整，掉角深度小于10mm，蜂窝面积小于总面积的0.5%，颜色均匀，观察检查。

（4）成品桩裂缝（收缩或起吊、运输、堆放引起的裂缝）。深度小于20mm，宽度小于0.25，横向裂缝不超过边长的一半；用裂缝测定仪测量；对于地下水侵蚀地区，锤击数超过500击的长桩不适用；检查测定记录。

（5）成品桩尺寸。横断面边长误差不超过±5mm，桩项对角线差小于10mm，桩尖中心线小于10mm，桩身弯曲矢高小于$1/1000L$，用尺量检查，桩顶平整度小于2mm，用水平尺检查。

（6）电焊接桩。检查焊缝质量，按钢桩电焊接桩焊缝检查；焊后停歇时间大于1分钟，秒表测定；上下节平面偏差小于10mm，尺量检查；节点弯曲矢高小于$1/1000L$，尺量检查。

（7）硫黄胶泥接桩。胶泥浇注时间小于2分钟，秒表测定；浇注后停歇时间大于7分钟，秒表测定。

（8）桩顶标高。桩顶标高偏差应在±50mm以内，水准仪测定。

（9）停锤标准。符合设计要求，现场实测或检查沉桩记录。

桩在现场预制时，检查原材料、钢筋骨架、混凝土强度；采购预制桩，检查桩的外观及尺寸。对长桩和总锤击数超过500击的桩，对其强度和龄期进行双控。

施工中对桩体垂直度、沉桩情况、桩顶完整状况、接桩质量等进行检查，对电焊接桩，重要工程应做10%的焊缝探伤检查。施工结束后做承载力质量检验。检查后形成施工记录或检验报告。

7.4.2 预制桩基础验收资料

桩基是地基与基础这个分部工程的子分部工程。桩基验收规范规定分项工程、分部（子分部）工程质量的验收，均应在施工单位自检合格的基础上进行，施工单位确认自检合格后提出工程验收申请。

7.4.2.1 工程验收时应提供的技术文件和记录

（1）原材料的质量合格证和质量鉴定文件。
（2）半成品（如预制桩、钢桩、钢筋笼等）的产品合格证书。
（3）施工记录及隐蔽工程验收文件。
（4）检测试验及见证取样文件。
（5）其他必须提供的文件或记录。

分部（子分部）工程验收应由总监理工程师或建设单位项目负责人组织勘察，设计单位及施工单位项目负责人、技术质量负责人共同按设计要求和桩基验收规范《建筑桩基础设计与施工验收规范》（DB 150—200—2014）及其他有关规定进行。

7.4.2.2 验收工程的相关规定

（1）分项工程的质量验收应分别按主控项目和一般项目进行验收。
（2）隐蔽验收工程应在施工单位自检合格后，在隐蔽前通知有关人员检查验收，并形成中间验收文件。
（3）分部（子分部）工程的验收，应在分项工程通过验收的基础上，对必要的部位进行见证检验。

主控项目必须符合验收标准规定，发现问题应立即处理直至符合要求，一般项目应有80%合格。混凝土试件强度评定不合格或对试件的代表性有怀疑时，应采用钻芯取样，检测结果符合设计要求可按合格验收。

7.4.2.3 桩基验收的相关工作

（1）桩及桩基施工时所要用的其他材料如焊条、水泥、砂石等的验收。包括质量合格的证明材料和现场验收的记录。通常只要有桩的质量合格证、生产厂家的生产许可证和检验报告，其他材料只要有合格证就可以了。此外还应有材料报验单。
（2）桩施工过程中的记录，包括放线记录、打桩记录。
（3）桩完成后的位置复核。
（4）桩完成后的检测：包括静载和小应变。
（5）如果施工过程中有失误，还应改有改正的申请、设计变更等方面的资料。

除了这些资料外，还包括施工的依据：施工合同、施工许可证、施工图纸、施工组织设计、施工相关人员的上岗证，同时还包括放线引测点的资料。甚至还要有相关施工设备的资料：如经纬仪（全站仪）的资料、桩基的资料，以及正式施工前的试桩（试打）记录。

7.4.2.4 验收的组织

最后验收的组织,按规定相关单位的责任人要到场,包括设计、勘察、监理、甲方,并且要在质量监督员的监督下进行。

验收前要签到,验收过程中要实地观察和审阅资料,验收会议中各方要发表自己的意见。如有质量问题要提出整改方案,如没有就表态合格。最后形成会议纪要和填写验收表格(表格上要有四方的项目负责人签字)。

7.4.3 预制桩工程安全技术

7.4.3.1 桩机的组装和移动安全要求

(1) 用扒杆安装塔式桩机时,升降扒杆动作要协调,到位后应拉紧揽风绳,绑牢底脚。组装时应用工具找正螺孔,严禁把手指伸入孔内。

(2) 安装履带式及轨道式柴油打桩机,连接各杆件应放在支架上进行。竖立导杆时,必须锁住履带或用轨钳夹紧,并设置溜绳。导杆升到75°时,必须拉紧溜绳。待导杆竖直装好撑杆后,溜绳方可拆除。

(3) 桩机移动时必须先将桩锤落下,左右缆风绳应有专人操作同步收放,严禁将锤吊在顶部移动桩机。

(4) 电动打桩机移动时,电缆应有专人移动,弯曲半径不得过小,不得强力拖拉防止履板碾压。

(5) 桩机转向时,对走方木的桩机底盘,四支点中不得有任何一点悬空,步履式桩机横移液压缸的行程不得超过100cm。

(6) 移动塔式桩机时,禁止行人跨越滑车组。其地锚必须牢固,缆风绳附近10m内不得站人。

(7) 横移直式桩机时,左右缆风要有专人松紧,两个卷筒要同时绕,度盘距扎沟滑轮不得小于1m。注意防止侧滑倾倒。

(8) 纵向移动直式桩机时应将走管上扎沟滑轮及木棒取下,牵引钢丝绳及其滑车组应与桩机底盘平行。移动桩机钢丝绳的空端不得拴在吊装滑轮上。

(9) 用卷扬机副卷筒移动桩机时,一根钢丝绳不得同时绕在两个卷筒上。

(10) 绕卷筒应戴帆布手套,手距卷筒不得小于60cm。

(11) 移动桩机和停止作业时,桩锤应放在最低位置。

7.4.3.2 打混凝土预制桩安全要求

(1) 起吊和搬运桩时,吊索应绑扎在设计规定之处。起吊时应平稳,避免摇晃和震动。

(2) 堆放时应按规格、桩号分层堆置在平整、坚实的地面上,支点应设于吊点处,各层垫木应搁置在同一垂直线上,最下层垫木应适当加宽,堆放高度不应超过四层。

(3) 工作前要检查机具并加润滑油以利操作,桩架起落准备工作完成后,当班人员重新检查确认无误,方可进行操作。

(4) 利用桩机吊桩时,桩与桩架的垂直方向距离不应大于4m,偏吊距离不应大于2.5m,吊桩时要慢起,桩身应在两个以上不同方向系上缆索。由人工控制使桩身稳定。

（5）吊桩前应将桩锤提升到一定位置固定牢靠，防止吊桩时桩锤坠落。

（6）起吊时吊点必须正确，速度要均匀，桩身要平稳，必要时桩架应设缆风绳。

（7）桩身附着物要清除干净，起吊后人员不准在桩下通过。

（8）吊桩与运桩发生干扰时，应停止运桩。

（9）插桩时，手脚严禁伸入桩与龙门架之间。

（10）用撬棍或板舢等工具矫正桩时，用力不宜过猛。

（11）打桩时应采取与桩型、桩架和桩锤相适应的桩帽及衬垫，发现损坏应及时修整和更换。

（12）锤击不宜偏心，开始落距要小。如遇贯入度突然增大，桩身突然倾斜、位移，桩头严重损坏，桩身断裂，桩锤严重回弹等情况，应停止锤击，经采取措施后方可继续作业。

（13）工作时司机不得擅离岗位，精神要集中，开机时先启动操纵机构，起锤后应将保险装置固定牢靠，下班时应将电源切断并将电动机盖好。

（14）打桩过程中遇有地坪隆起或下降时，应随时将桩架调直，把路轨垫平或调平。

（15）在打桩过程中应随时注意打桩机的运转情况，发现异常情况应立即停止，并及时纠正后方可继续进行。

（16）打桩时，严禁用手去拨正桩头垫料，同时严禁桩锤未打到桩顶即起锤或刹车，以避免损坏桩机设备。

（17）熬制胶泥要穿好防护用品。工作棚应通风良好，注意防火；容器不准用锡焊，防止熔穿泄漏；胶泥浇注后，上节应缓慢放下，防止胶泥飞溅。

（18）套送桩时，应使送桩、桩锤和桩三者中心在同一轴线上。

（19）拔送桩时应选择合适的绳扣，操作时必须缓慢加力，随时注意桩架、钢丝绳的变化情况。

（20）送桩拔出后，地面孔洞必须及时回填或加盖。

（21）工作中使用规定的各种联系手势或讯号，全组工作人员均应服从指挥人的指挥。如果所发讯号不明，应立即反映以免引起事故，司机对任何人所发的危险讯号均应听从。

（22）在施工现场必须做好防风、防雨、防雷、防火、防止机具散失的一切工作。

7.5 工 程 案 例

一、编制依据

(1)《地基基础设计规范》(DBJ 08—11—2010)

(2)《建筑工程施工质量验收统一标准》(GB 50300—2001)

(3)《建筑地基基础工程施工质量验收规范》(GB 50202—2002)

(4)《建筑地基基础设计规范》(GB 50007—2002)

(5)《建筑桩基技术规范》(JGJ 94—2008)

(6)《预制钢筋混凝土方桩》(04G361)

(7)《混凝土结构工程施工及验收规范》(GB 50204—92)

(8)《建设工程施工现场供用电安全规范》(GB 50194—2014)

(9)《建筑施工安全检查标准》(JGJ 59—2011)

(10)《施工现场临时用电安全技术规范》(JGJ 46—2005)

(11)《建筑机械使用安全技术规程》(JGJ 33—2001)

(12)《施工现场安全生产保证体系》(DBJ 08—903—2003)

二、工程概述和主要内容

工程名称：××街坊桩基工程

建设单位：××置业投资有限公司

设计单位：××建筑设计有限公司

2.1 施工条件

1. 交通运输条件

本工程位于浦东三林镇。场区西临中汾泾，南临松泉路，东临东明路，北面为振兴路。设备及商品桩进出运输便利。

2. 周边环境及场地条件

拟建场地位于浦东三林镇，地貌类型属滨海平原。拟建场地原为旧民宅区，地势有一定起伏。

3. 工程地质条件

根据勘察规范《岩土工程勘察规范》(DGJ 08—37—2002)，揭露深度 45.30m 范围内的地基土均属于第四系沉积物，主要由饱和黏性土、粉性土和砂土组成。土质基本可以划分为 5 个主要层次：

(1) 第①层素填土，上部夹有砖块碎石，下部以黏性土为主，含植物根茎。

(2) 第②层褐黄～灰黄色黏土，该土层具有自上而下逐渐变软的特点，土质较佳。

(3) 第③、④层灰色淤泥质粉质黏土和淤泥质黏土，呈流塑状态，土质差。

(4) 第⑤1层灰色粉质黏土，夹少量粉砂，层顶埋深约 17.0m，整个场区内均有分布。

(5) 第⑤2层灰色黏质粉土，土质不均匀，层顶埋深约 17.6～20.5m，局部缺失。

(6) 第⑤3层灰色粉质黏土，夹薄层粉砂，层顶埋深约 27.0m，厚度大于 19.0m，未钻穿。

2.2 设计和施工要求

1. 根据提供的图纸，本工程±0.000 相当于绝对标高 5.250m。持力层为⑤层粉质黏土层。

2. 本工程采用混凝土预制方桩，桩型选用国标《预制钢筋混凝土方桩》(04G361)。

3. 桩位施工前，应按设计院提供的坐标点进行放线，并经监理和设计单位校核无误后方可施工。

4. 压桩全过程现场应有完整记录，内容包括准确记录桩入土深度和压力表读数的关系，桩顶标高和桩顶平面偏位。

7.5 工程案例

三、工程量

房号		桩 规 格	桩长/m	数量/套	工程量/m³
1号、2号	工程桩	JZHb-230-13,14B	27	340	826.2
	试桩	JZHb-230-14,14B	28	6	15.12
5号、6号	工程桩	JZHb-230-13,14B	27	346	840.78
	试桩	JZHb-230-14,14B	28	6	15.12
7号、8号	工程桩	JZHb-230-13.1,13B	26.1	408	958.392
	工程桩	JZHb-230-11.7,13B	24.7	18	40.014
	工程桩	JZHb-230-10.35,13B	23.5	102	215.73
	试桩	JZHb-230-14,14B	28	6	15.12
9号	工程桩	JZHb-230-13,14B	27	270	656.1
	试桩	JZHb-230-14,14B	28	3	7.56
10号	工程桩	JZHb-230-13,14B	27	317	770.31
	试桩	JZHb-230-14,14B	28	4	10.08
合计					4370.526

四、施工部署

1. 地上地下障碍物清除

(1) 地质报告反映场地第①层为填土，成分复杂，场地内遍布夹大块混凝土碎块等建筑物垃圾，局部厚度较大，底部分布软弱淤泥质土。

(2) 认真处理高空、地上和地下障碍物。对建筑物基线以外4～6m以内的整个区域及打桩机行驶路线范围内的场地进行平整、夯实。在桩架移动路线上，保持地面平整。

(3) 打桩区域及道路近旁应排水畅通。

2. 临时道路

临时道路考虑到桩运输的需要，应使道路畅行无阻。道路宽度拟定为6.0m左右，路基暂定50cm厚的建筑垃圾进行铺垫，道路的转弯半径应满足载重车的运行，并结合地形在道路两侧设排水沟。

五、施工安排

根据图纸文件暂列工程量，初步计划：锤击方桩投入1台打桩机（或1台静力压桩机备用），在60个日历日内完成桩基任务。

六、锤击桩主要施工技术措施

6.1 打桩前的施工准备

(1) 在打桩现场或附近需设置水准点，数量为两个以上，用以抄平场地和检查桩的入土深度。根据建筑物的轴线控制桩定出桩基每个桩位，作出标志，并在打桩前，应对桩的轴线和桩位进行复验。

(2) 打桩机进场后，应按施工顺序铺设轨垫，安装桩机和设备，接通电源、水源，并进行试机。然后移机至起点桩就位,桩架应垂直平稳。

6.2 打桩顺序

根据原则和施工现场实际情况及要求,确定其打桩流程和打桩顺序。对打桩流程进行编号。施工时应按编号顺序,由小至大施打。桩机按螺旋形方式从基地内圈往外打设,以减少挤土效应。施工中,如需要改变打桩流程和顺序必须经过工程认可后方能变更。

6.3 沉桩施工要点

(1) 由卷扬机单点起吊,用钢丝绳绑在桩上部约 $0.295L$(L 为桩长)处,即为单点起吊点位置。桩帽与桩接触的表面应平整,与桩身应在同一直线上。

(2) 当桩吊起就位后,要缓缓放下,插入土中,进行桩位和垂直度校正后,并在桩身侧面或桩架上设置标尺,做好记录,才能开始施打,开始时应起锤轻压或轻击数锤,待锤以及桩身等垂直度一致后,即可转入正常施打。

(3) 为了避免打桩过程中桩顶部的损坏,可在桩顶放上弹性垫层,如草纸、麻袋或草绳等,放下桩帽套入桩顶时,将桩帽放上垫木。桩锤底面、桩帽上下面和桩顶应保持水平。桩锤、桩帽和桩身中心线应在同一线上。

打桩应"重锤低击""低提重打"。桩开始打入时,桩锤落距宜小。一般为 $1.5\sim0.8m$,打入一定深度后方可增加落距,最大不超过 $1.8m$。

6.4 桩停止锤击的控制原则

(1) 桩端位于一般土层时,以控制桩端设计标高为主,贯入度可作参考。

(2) 桩端过到坚硬、硬塑的黏性土、粉土、中密以上砂土时,以贯入度控制为主,桩端标高作参考。

(3) 贯入度已达到而桩端标高未达到时,应继续锤击 3 阵,按每阵 10 击的贯入度不大于设计规定的数值加以确认,必要时贯入度应通过试验或与有关单位确定。

6.5 方桩焊接

桩的连接采用角钢帮焊连接。端头钢板与桩的轴线垂直,钢板平整,以使相连接的二桩节轴线重合,连接后桩身保持竖直。接头施工时,当下节柱沉至桩顶离地面 $0.8\sim1.5m$ 处便吊上接桩。若二端头钢板之间有缝隙,用薄钢片垫实焊牢,然后由两人进行对称对角分段焊接,沿接桩处共焊接三遍。在焊接前要清除预埋件表面的污泥杂物,焊缝应连续饱满。

6.6 雨季施工措施

(1) 雨季时要注意做好施工现场排水系统,及时将现场的水排除流走。

(2) 中雨、大雨天严禁施工,小雨天必须采用以下措施方可进行施工。

1) 电焊接桩处必须采取搭棚等有效防雨措施。

2) 接头处必须将雨水擦干或烘干。

3) 使用的电焊条不能被雨水淋湿。

七、静力压桩施工主要的技术措施

7.1 全液压静力压桩施工工艺及沉桩机理

我公司采用的全液压静力压桩是通过静压力将桩压入土中的一种沉桩工艺,其全部动作均由液压驱动,具有"自行移动"的全部功能,能独立完成"吊桩—喂桩—压桩"的全过程。移位时，行走机构采用提携式步履，把船体当作铺设的轨道，通过纵、横向油缸的伸缩，实现压桩机的纵横向行走。压桩时，利用压桩机本身的重量作反力，由桩机配备的吊机将管桩吊入压桩机的抱箍内，对准桩位，压桩油缸伸程把桩压入地层中，压桩完毕后，压桩油缸回程，重复上述动作，可实现连续压桩操作，直至用送桩器把桩送入预定标高。因此，静力压桩具有无振动、无噪音、无污染、综合造价低、施工速度快、施工场地文明干净等优点。全液压静力压桩机由于其本身的先进技术装备为优质施工创造了条件，压桩时桩位偏差都较易控制，并且每根桩的承载力均能从压桩机上的压力表反映出来，因而可对所压的桩进行评估，及时处理不能满足设计要求的桩，确保施工质量。

桩在静力贯入过程中，桩尖直接使土体产生冲剪破坏，孔隙水受到冲剪挤压作用形成水压，产生了超孔隙水压力，扰动了土体结构，使桩周一定范围内土体强度降低，发生了土动软化，从而桩可势如破竹地被压入土中。由于超孔隙水压力不能迅速消失，土的强度不能立即恢复，使得桩在贯入时的侧摩阻力很小，沉桩时所施加的静压力主要用来克服端阻力，因此，一般来说土体强度恢复后的单桩竖向极限承载力要大得多。

7.2 压桩施工工艺流程

本工程采用液压步履式压桩机进行施工，施工工艺流程如下：

1. 桩位定位

（1）根据测设的控制点（轴线测量基准点），用经纬仪、水准仪建立基准点和临时水准点，并建立明显保护标志。

（2）测出桩位轴线及桩位点、标高，并执行测量复核、检验制度，经总承包方、监理复检验收后方可施工。

（3）在正式压桩前对桩位再次复验。对测量基线要定期复核，并及时修正，保存记录。

2. 桩机就位

压桩机就位时应对准桩位中心，启动平台支腿油缸，校正平台处于水平状态。

3. 起吊方桩

工程施工前卸桩由起重机采用两点起吊，平移至桩架前，然后再由卷扬机单点起吊，用钢丝绳绑在桩上部约 $0.295L$（L 为桩长）处，即为单点吊吊点位置。

4. 压桩和稳压

压桩时启动压桩油缸，当桩入土至 50cm 时，再次校正桩的垂直度和平台的水平度，保证桩的纵横双向垂直偏差不超过 0.5%，然后启动压桩油缸，把桩徐徐压下；控制施压速度，一般不宜超过 3m/min。压桩应连续，同一根桩中间间歇时间不宜超过 30 分钟。

5. 接桩

（1）采用焊接法，接桩预埋铁件表面清洁，上下桩节间的缝隙应用铁片垫密焊牢，焊接时采取措施对称施工，以减少焊缝变形引起节点弯曲，焊缝应连续饱满，无咬肉、夹渣等缺陷，验收合格后，才能压入土中。

（2）接桩一般在距离地面 1m 左右进行，上下桩的中心线偏差不得大于 3mm。

6. 送桩

把送桩杆的中心线与桩身吻合一致。

7. 施工记录

由压桩机操作人员做好施工记录，开始压桩时，记录每节桩施压的压力值，当下沉至设计标高时记录最终施压的压力值。

八、工程竣工交接、验收方案

（1）从施工结束、设备退场至工程质量经质监部门核验通过为竣工验收阶段。工程质量的核验会议按规定由申报质监手续的单位通知质监部门到现场核验，经核验会议核验通过。

（2）项目经理安排专人进行开挖值班，项目工程师负责主持工程质量的自检与竣工报告的编写工作。在基坑开挖过程中有专人负责看护桩头，对发生野蛮作业损坏桩头的现象予以坚决的制止，并书面报告建设单位和监理单位。

（3）竣工验收包括以下内容：

1）记录验收：对原始施工记录和质量检测记录、隐蔽工程验收应齐全、清晰、无漏项、验收手续符合要求。

2）桩位验收：对整个工程中各桩位的偏差、桩顶标高、桩数进行测定检查，编制桩位竣工平面图。

3）桩的检测：按要求进行桩身质量、试块强度和单桩承载力测试测定。

4）竣工报告的编写。竣工报告包括以下内容：

a. 工程概况。概要介绍工程名称、工程位置、工程结构、设计要求及本次施工的范围、工程监理单位、供料情况和施工配合等。

b. 工程完成情况。包括计划进度和实际进度、计划工程量和实际完成工程量等。

c. 工程质量评述。详细介绍根据施工组织设计要求使采用的施工技术措施、施工工艺及其有关的质量保证措施、全面质量管理的实施情况、质量自检和互检情况、工程监理和质监部门的监理结果、测试单位的各项检测结果。逐项分析归纳质量情况（桩位偏差、桩顶标高、桩身质量等），最后对整个工程的质量做出评估（优良、合格、不合格）。

d. 提交的工程施工技术资料按现行《上海建筑安装工程质量竣工资料》执行。

九、质量保证措施

9.1 施工质量管理措施

本工程按全面质量管理要求，派出一批富有实践经验的、具有高级职称的工程技术人员，担任该工程项目的组织、管理和把关工作。实施全面、全员、全过程的质量管理，并接受业主、设计、质量监督及监理工程师的质量监督。

（1）实行以项目经理负责制为主体的岗位质量责任制，做好技术质量监控工作，认真贯彻各项技术管理制度，开工前落实岗位责任制，做好技术交底，使每个施工人员对工程的总体技术要求明确，对质量要求和设计要求有深刻的了解。

（2）实行工序管理制度，由施工员及时协调，使各工序紧密衔接，专职检验员跟班制检查，验收控制各个工序质量，各班实行自检，互检和交接检验制度，并要特别注重交班工作。

（3）认真做好各种原始记录和施工日记，做到准确、整洁、齐全，并及时整理、汇总信息反馈，进一步指导施工。

7.5 工程案例

(4) 制定严格的质量奖罚制度,严格执行先验收、后签证的工作程序。

(5) 把好原材料的质量关。

9.2 打桩及压桩质量技术保证措施

(1) 保证材料质量。材料必须采用正规厂家的产品,每批进场后都要有质保书,并按规定进行复试。电焊条性能必须满足国家标准,采购时必须有质保书。

(2) 保证测量定位准确。用经纬仪进行桩样定位,压桩前应复核测量基线、桩位,桩机就位后,认真对准桩位中心,由质检员复验、监理认可后方可开工。为便于竣工后桩位准确性的测量,桩位定位基准点必须在不受影响、不易破坏的地方,并树立明显保护标志。桩位偏差和标高应符合《建筑地基基础工程施工质量验收规范》(GB 50202—2002)规范要求。

(3) 用经纬仪检查和校正桩垂直度,并由质检员复检后方可开始打桩。在打桩过程中,随时跟踪检查的垂直度,以便及时修正。

(4) 桩顶标高控制。为确保桩顶标高达到设计要求,打桩前确定基准面的高程,在送桩至桩顶标高后,必须认真丈量送桩器余尺,确保桩顶标高达到设计要求。

(5) 方桩质量。方桩在使用前进行复验,由专人严格把关,验看桩的龄期报告和强度报告,并逐根进行检查:①桩外观有无质量问题,发现桩身有裂缝或桩身麻面等情况及时汇报;②混凝土强度达到设计强度后方可压桩。

(6) 桩的堆放和吊运。堆放底层应在吊点位置放好垫枕,现场场地应坚实、平整,确保垫枕支承点在同一平面上。堆放层数严格参照《预制钢筋混凝土方桩》(04G361),一般不宜超过2层,桩的吊运必须符合《预制钢筋混凝土方桩》(04G361),吊运过程保持平稳,吊点布置如图7.22所示。

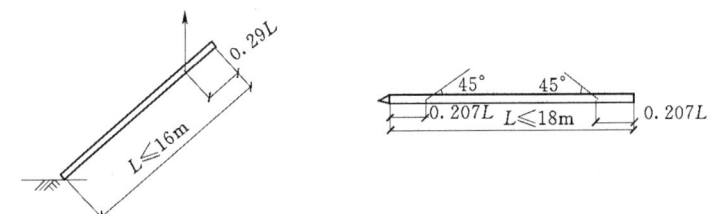

图 7-22 方桩吊运规范图

(7) 打桩中发现下列情况之一应立即停止打桩:

1) 荷载已达到设计要求而未压至设计标高时。

2) 桩体突然发生倾斜、移位或严重回弹。

3) 桩身或桩顶出现严重裂缝或破碎。

4) 因挤土效应产生报警,甲方下令通知停工。

9.3 常见质量问题现象,原因分析与防治措施

1. 桩身断裂

(1) 现象。

1) 桩在沉入过程中,桩身突然倾斜错位,若桩尖处土质条件没有特殊变化,这时可能是桩身断裂。

2) 由于地基土低耐力达不到桩机所行走的低耐力要求，使桩机行走时下陷，使打好的桩位在土层中断裂。

(2) 原因。

1) 桩入土后，遇到大块坚硬的障碍物，把桩尖挤向一侧。

2) 沉桩不垂直，打入地下一定深度后，再用移架方法校正，使桩身产生曲折。

3) 两节桩施工时，相接的两节桩不在同一轴线上，产生了弯曲。

4) 制作桩的混凝土强度不够，桩在堆放、吊运过程中产生裂纹或断裂未被发现。

5) 土的地耐力不够。

(3) 预防措施。

1) 施工前应对桩位下的障碍物清理干净，必要时对每个桩位用钎探了解。对桩构件要进行检查，桩身弯曲超过规定（$L/1200$）时不宜使用。

2) 在沉桩过程中如发现桩不垂直应及时纠正，桩打入一定深度发生严重倾斜时，不宜采用移架方法来校正。接桩时要保证上下两节桩在同一轴线上，接头处应严格按照操作执行。

3) 桩在堆放、吊运过程中，应严格按照有关规定执行，发现桩开裂超过有关验收规定时不得使用。

4) 较硬的建筑物基础需挖除。

5) 地基土的不均匀起伏变化变形，如在压桩过程中发生因压力过大，且不能沉桩的情况，可采取控制压力的方法来控制沉桩，或与设计联系且须认可。

6) 压桩前应先填1m厚碎石来满足压桩要求。

2. 桩顶位移

(1) 现象。在沉桩过程中，相邻的桩产生横向位移或桩身上浮。

(2) 原因。

1) 桩入土后，遇到大块坚硬障碍物，把桩尖挤向一侧。

2) 两节桩或多节桩施工时，相接的两桩不在同一轴线上，产生了曲折。

3) 桩数较多，土饱和密实，桩间距较小，在沉桩时土被挤到极限密实度而向上隆起，相邻的桩被浮起。

4) 在软土地基施工较密集的群桩时，由于沉桩引起的孔隙水压力把相邻的桩推向一侧或浮起。

(3) 预防措施。

1) 施工前应对桩位下的障碍物清理干净，对桩构件要进行检查，发现桩身弯曲超过规定或桩尖不在桩纵轴线上的不宜使用。

2) 在压桩过程中，如发现桩不垂直应及时纠正，接桩时要保证上下两节桩在同一轴线上，接头处应严格按照操作要求执行。

3) 采用井点降水、砂井或盲沟等降水或排水措施。

4) 沉桩期间不得开挖基坑，需要沉桩完毕后相隔适当时间方可开挖，相隔时间应视具体地质情况、基坑开挖深度和面积、桩的密集程度及孔隙水压力消散情况来确定，一般宜两周左右。

【复习与思考题】

1. 按受力情况桩分为哪几类?
2. 试述打桩顺序有几种?如何确定合理的打桩顺序?
3. 预制桩基础的沉桩工艺有哪些?
4. 锤击法施工机械类型及选择原理是什么?简述锤击法施工工艺及注意事项。
5. 简述静力压桩法施工原理、施工工艺及施工注意事项。
6. 简述预制桩接桩方法。各自适用于什么情况?
7. 预制桩基础质检和验收标准有哪些?
8. 桩基础验收资料有哪些内容?
9. 静压桩施工在施工前期准备工作有哪些?
10. 简述振动沉桩的适用条件和施工工艺。
11. 简述水冲沉桩的特点。

第8章 灌注桩基础施工

【学习目标】
通过本章的学习，要求学生达到以下学习目标：
1. 了解灌注桩施工的机具设备的种类、型号，以及各类机械的配套使用；了解桩基承台施工方法。
2. 了解泥浆护壁成孔的工艺原理，掌握泥浆护壁成孔的施工方法。
3. 了解干作业螺旋成孔、人工挖孔等成孔工艺。
4. 熟悉钢筋笼制作质量控制要点。
5. 掌握水下混凝土的配制与灌注施工。
6. 掌握灌注桩桩基检测与验收。

8.1 灌注桩基础施工准备

灌注桩施工之前应具备以下资料：建筑场地岩土工程勘察报告，桩基工程施工图及图纸会审纪要，建筑场地和邻近区域内的地下管线、地下构筑物、危房、精密仪器车间等的调查资料；主要施工机械及其配套设备的技术性能资料；桩基工程的施工组织设计；水泥、砂、石、钢筋等原材料及其制品的质检报告；有关荷载、施工工艺的试验参考资料。

根据桩基工程的施工组织设计，结合工程特点进行施工前的准备工作。

8.1.1 桩基础施工图识读

桩基础包括基桩和承台，基桩平法施工图参考上部结构柱内容。这里学习桩基承台平法施工图的基本规则。

8.1.1.1 桩基承台平法施工图的一般规定

（1）桩基承台平法施工图，有平面注写与截面注写两种表达方式，设计者可根据具体工程情况选择一种，或将两种方式相结合进行桩基承台施工图设计。

（2）当绘制桩基承台平面布置图时，应将承台下的桩位和承台所支承的上部钢筋混凝土结构、钢结构、砌体结构或混合结构的柱、墙平面一起绘制。当设置基础连梁时，可根据图面的疏密情况，将基础连梁与基础平面布置图一起绘制，或将基础连梁布置图单独绘制。

（3）当桩基承台的柱中心线或墙中心线与建筑定位轴线不重合时，应标注其偏心尺寸；对于编号相同的桩基承台，可仅选择一个进行标注。

8.1.1.2 桩基承台编号

桩基承台分为独立承台和承台梁，编号分别见表8-1和表8-2。

8.1 灌注桩基础施工准备

表8-1　　　　　　　　　　　独立承台编号

类　型	独立承台截面形状	代　号	序　号	说　明
独立承台	阶形	CT_J	××	单阶截面即为平板式独立承台
	坡形	CT_P	××	

注　杯口独立承台代号可为 BCT_J 和 BCT_P，设计注写方式可参照杯口独立基础，施工详图应由设计者提供。

表8-2　　　　　　　　　　　承台梁编号

类　型	代　号	序　号	跨数及有否悬挑
承台梁	CTL	××	（××）端部无外伸 （××A）一端有外伸 （××B）两端有外伸

8.1.1.3　独立承台的平面注写方式

（1）独立承台的平面注写方式，分为集中标注和原位标注两部分内容。

（2）独立承台的集中标注，系在承台平面上集中引注：独立承台编号、截面竖向尺寸、配筋三项必注内容，以及当承台板底面标高与承台底面基准标高不同时的相对标高高差和必要的文字注解两项选注内容。具体规定如下：

1）注写独立承台编号（必注内容），见表8-1。独立承台的截面形式通常有两种：

a. 阶形截面，编号加下标"J"，如 $CT_J××$。

b. 坡形截面，编号加下标"P"，如 $CT_P××$。

2）注写独立承台截面竖向尺寸（必注内容）。注写 $h_1/h_2/\cdots$，具体标注如下：

a. 当独立承台为阶形截面时，如图8-1和图8-2所示。图8-1为两阶，当为多阶时各阶尺寸自下而上用"/"分隔顺写。当阶形截面独立承台为单阶时，截面竖向尺寸仅为一个，且为独立承台总厚度，如图8-2所示。

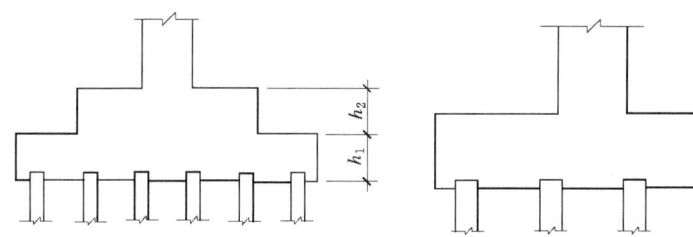

图8-1　阶形截面独立承台竖向尺寸　　图8-2　单阶截面独立承台竖向尺寸

b. 当独立承台为坡形截面时，截面竖向尺寸注写为 h_1/h_2，如图8-3所示。

3）注写独立承台配筋（必注内容）。底部与顶部双向配筋应分别注写，顶部配筋仅用于双柱或四柱等独立承台，当独立承台顶部无配筋时则不注顶部。注写规定如下：

a. 以B打头注写底部配筋，以T打头注写顶部配筋。

b. 矩形承台X向配筋以X打头，Y向配筋以Y打头；当两向配筋相同时，则以X&Y打头。

c. 当为等边三桩承台时，以"△"打头，注写三角布

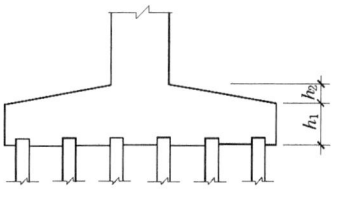

图8-3　坡形截面独立承台竖向尺寸

置的各边受力钢筋(注明根数并在配筋值后注写"×3"),在"/"后注写分布钢筋。

d. 当为等腰三桩承台时,以"△"打头注写等腰三角形底边的受力钢筋+两对称斜边的受力钢筋(注明根数并在两对称配筋值后注写"×2"),在"/"后注写分布钢筋。

e. 当为多边形承台或异型独立承台,且采用 X 向和 Y 向正交配筋时,注写方式与矩形独立承台相同。

4)注写独立承台配筋(选注内容)。当独立承台的底面标高与桩基承台底面基准标高不同时,应将独立承台底面相对标高高差注写在"( )"内。

5)必要的文字注解(选注内容)。当独立承台的设计有特殊要求时,宜增加必要的文字注解。例如,当独立承台底部和顶部均配置钢筋时,注明承台板侧面是否采用钢筋封边以及采用何种形式的封边构造等。参见《混凝土结构施工图平面整体表示方法制图规则和构造详图(筏形基础)》(11G101—3)的相关规定。

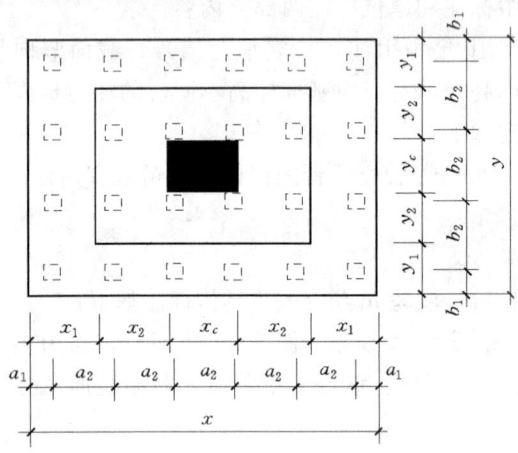

图 8-4 矩形独立承台平面原位标注

(3)独立承台的原位标注,系在桩基承台平面布置图上标注独立承台的平面尺寸,相同编号的独立承台,可仅选择一个进行标注,其他相同编号者仅注编号。注写规定如下:

1)矩形独立承台。原位标注 x、y、x_c、y_c(或圆柱直径 d_c)、x_i、y_i、a_i、b_i,$i=1,2,3,\cdots$。其中,x、y 为独立承台两向边长,x_c、y_c 为柱截面尺寸,x_i、y_i 为阶宽或坡形平面尺寸,a_i、b_i 为桩的中心距及边距(a_i、b_i 根据具体情况可不注),如图 8-4 所示。

2)三桩承台。结合 X、Y 双向定位,原位标注 x 或 y、x_c、y_c(或圆柱直径 d_c)、x_i、y_i,$i=1,2,3,\cdots,a$。其中,x 或 y 为三桩独立承台平面垂直于底边的高度,x_c、y_c 为柱截面尺寸,x_i、y_i 为承台分尺寸和定位尺寸,a 为桩中心距切角边缘的距离。等边三桩独立承台平面原位标注,如图 8-5 所示。等腰三桩独立承台平面原位标注,如图 8-6 所示。

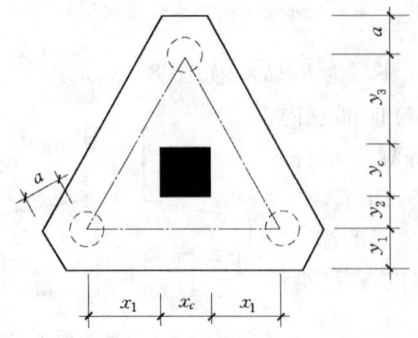

图 8-5 等边三桩独立承台平面原位标注

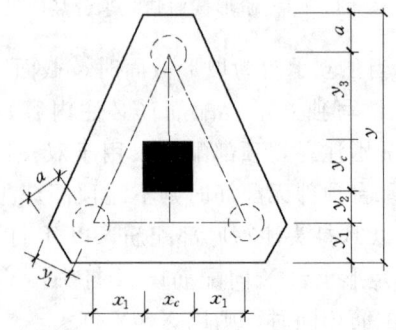

图 8-6 等腰三桩独立承台平面原位标注

3) 多边形独立承台。结合 X、Y 双向定位，原位标注 x 或 y，x_c、y_c（或圆柱直径 d_c），x_i，y_i，a_i，$i=1, 2, 3, \cdots$，具体设计时，可参照矩形独立承台或三桩独立承台的原位标注规定。

8.1.2 施工场地准备

8.1.2.1 施工场地平整

设备进场前要做到"三通一平"，即路通、水通、电通，施工场地平整。

（1）清除施工场地内部障碍物。桩基础施工前，应清除可能妨碍施工的地面、地下障碍物，对保证顺利进行桩基础施工非常重要。

（2）施工设备进场前首先做好场地平整工作，对松软场地进行夯实处理；雨季施工必须要有排水措施。临时房屋等临时设施，必须在开工前准备就绪。

8.1.2.2 施工放样

1．控制要点

（1）建筑物的外框线定位应满足《工程测量规范》（GB 50026—2007）的要求。

（2）建筑物的纵横轴线及坐标点定位准确，控制放线误差在 10mm 以内。

（3）桩位测放偏差控制在 20mm 以内。

2．技术措施

（1）依据总平面图标示，利用全站仪测放建筑物外框线，定出具体位置，并经业主、监理等单位检查验收后交付使用，同时作出建筑物定位图并备案存档。

（2）依据外框线和桩位平面布置图，利用全站仪和钢尺测放出纵横轴线，并根据现场情况将轴线外延，做好轴线控制桩（一般控制桩外延 4m 以上，不受打桩影响）。控制轴线放样偏差在 10mm 以内，同时用混凝土固定好控制桩，利用钢管搭架保护控制桩。

（3）测放好的轴线桩位及其控制桩经业主、监理验收后交予使用。

（4）依据轴线位置，用全站仪和钢尺逐一测放出具体桩位，打上木桩，桩位偏差控制在 20mm 以内，用短钢筋作出标志，经业主、监理验收后交予使用。

（5）测定好的轴线桩位、控制桩位、具体桩位现场予以妥善保护，基桩轴线的控制点和水准点应设在不受施工影响的地方，开工前，经复核后应妥善保护，施工中应经常复测，同时作出桩位复测图并备案存档。

（6）利用水准仪将标高引至施工区域并作出标识保护好。经业主、监理验收后交付使用，同时作书面图示并备案存档。

（7）施工中经常复核轴线及具体桩位。

8.1.3 施工机械选择

混凝土灌注桩是直接在施工现场桩位上成孔，然后在孔内安放钢筋笼，浇筑混凝土成桩。与预制桩相比，具有施工低噪声、低振动、桩长和直径可按设计要求变化自如、桩端能可靠地进入持力层或嵌入岩层、单桩承载力大、挤土影响小、含钢量低等特点。但成桩工艺较复杂，成桩速度较预制桩施工慢。按成孔的方法不同，混凝土灌注桩可以分为沉管灌注桩、干作业螺旋钻孔灌注桩、泥浆护壁成孔灌注桩和人工挖孔灌注桩。

成孔施工机械根据实际情况进行选择。钻孔灌注桩施工作业简单实用，水中陆地均可施工，尤其对于处理复杂地层中的基础，有较显著的特点。干作业螺旋钻孔机械常采用长螺旋钻孔机的螺旋钻头和短螺旋钻机的螺旋钻头。泥浆护壁成孔施工常用成孔机械有冲击钻、旋转钻、冲抓钻等，各种钻机适用情况见表 8-3。钻头形式如图 8-7～图 8-10 所示。

表 8-3　　　　　　　　　　钻孔机具的适用范围

钻机类型	适 用 范 围
冲击钻	适用于岩层、坡积层、漂砾、卵石等土层；在砂黏土、黏砂层钻进效率较低
旋转钻	适用于砂黏土、黏砂土层及风化页岩等地层
冲抓钻	适用于砂黏土、黏砂土及砂夹卵（砾）石地层

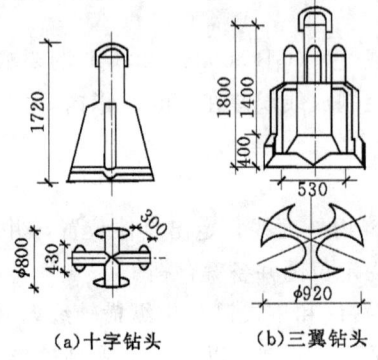

(a) 十字钻头　　(b) 三翼钻头

图 8-7　冲击钻钻头（单位：mm）

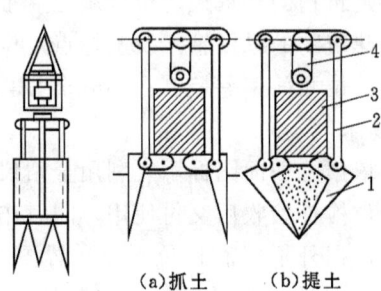

(a) 抓土　　(b) 提土

图 8-8　冲抓锥斗

1—抓片；2—连杆；3—压重；4—滑轮组

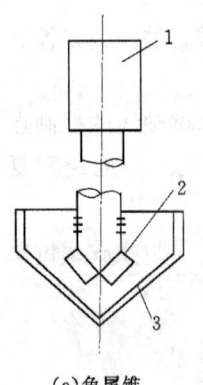

(a) 鱼尾锥

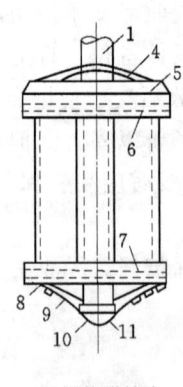

(b) 圆柱形钻头

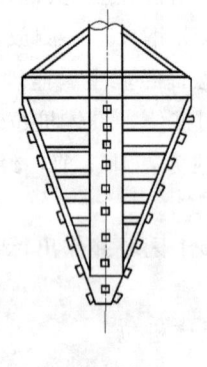

(c) 刺猬钻头

图 8-9　正循环旋转钻头

1—钻杆；2—出浆口；3—刀刃；4—斜撑；5—斜挡板；
6—上腰围；7—下腰围；8—耐磨和金刚；9—刮板；
10—超前钻；11—出浆口

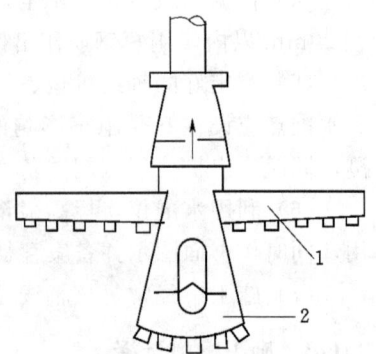

图 8-10　反循环钻头

1—三翼刀板；2—剑尖

8.2 成孔与清孔

成孔施工对土没有挤密作用的钻孔灌注桩、干作业成孔灌注桩，一般按现场条件和桩机行走最方便的原则确定成孔顺序。对土有挤密作用和振动影响的冲孔灌注桩、锤击（或振动）沉管灌注桩、爆扩桩等，一般可结合现场施工条件，采用下列方法确定成孔顺序：①间隔一个或两个桩位成孔；②在邻桩混凝土初凝前或终凝后成孔；③一个承台下桩数在五根以上者，中间的桩先成孔，外围的桩后成孔；④同一个承台下的爆扩桩，可采用单爆或联爆法成孔；⑤当人工挖孔桩的桩净距小于2倍桩径且小于2.5m时，应采用间隔开挖。排桩跳挖的最小施工净距不得小于4.5m，孔深不宜大于40m。

按照成孔方法不同，灌注桩可以分为泥浆护壁成孔灌注桩、干作业钻孔灌注桩、沉管灌注桩、人工挖孔灌注桩。

8.2.1 泥浆护壁成孔

泥浆护壁成孔是灌注桩施工的主要方法，泥浆护壁成孔灌注桩工艺流程如图 8-11 所示。

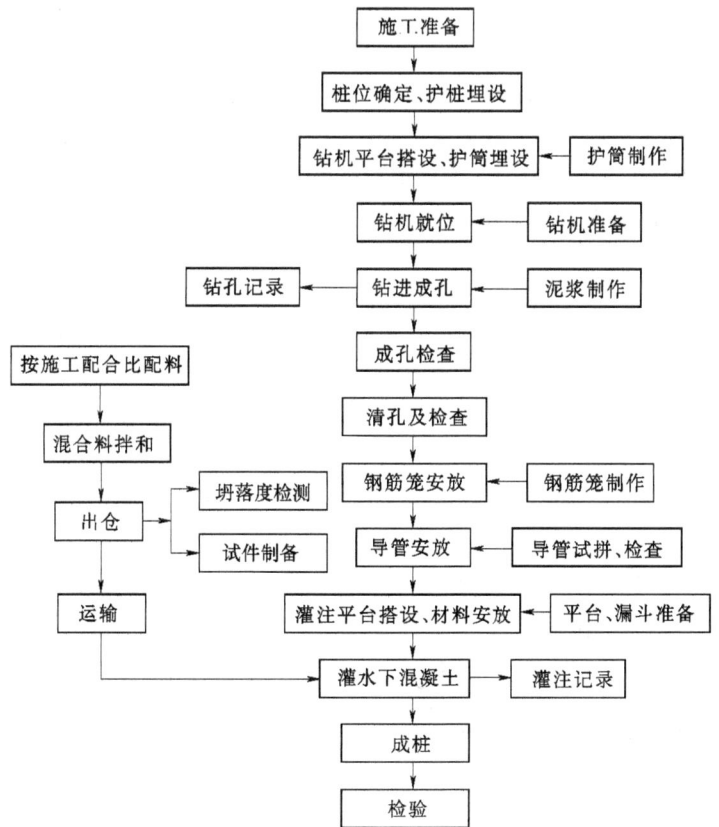

图 8-11 泥浆护壁成孔灌注桩工艺流程图

施工准备中通过施工放样确定好桩位,埋设好护桩,埋设护筒,开始钻孔。

8.2.1.1 护筒埋设

1. 护筒的作用

(1) 固定钻孔位置。

(2) 开始钻孔时对钻头起导向作用。

(3) 保护孔口防止孔口土层坍塌。

(4) 隔离孔内孔外表层水,并保持钻孔内水位高出施工水位,以产生足够的静水压力稳固孔壁。因此埋置护筒要求稳固、准确。

护筒制作要求坚固、耐用、不易变形、不漏水、装卸方便和能重复使用。一般用木材、薄钢板或钢筋混凝土制成,如图 8-12 所示。护筒内径应比钻头直径稍大,旋转钻须增大 0.1～0.2m,冲击或冲抓钻增大 0.2～0.3m。护筒选用 4～8mm 厚钢板卷制成圆筒,其端口、接缝处补焊加强;其上部开设 1～2 个溢浆孔。

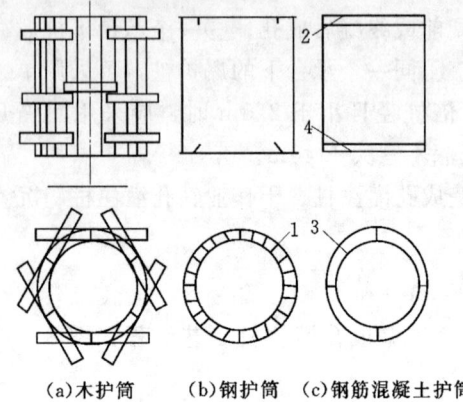

图 8-12 护筒
1—连接螺栓孔;2—连接钢板;3—纵向钢筋;4—连接钢板或刃脚

2. 埋设护筒

护筒埋设可采用下埋式[适于旱地埋置,如图 8-13 (a) 所示]、上埋式[适于旱地或浅水筑岛埋置,如图 8-13 (b)、(c) 所示]和下沉埋设[适于深水埋置,如图 8-13 (d) 所示]。埋置护筒时特别应注意下列几点:

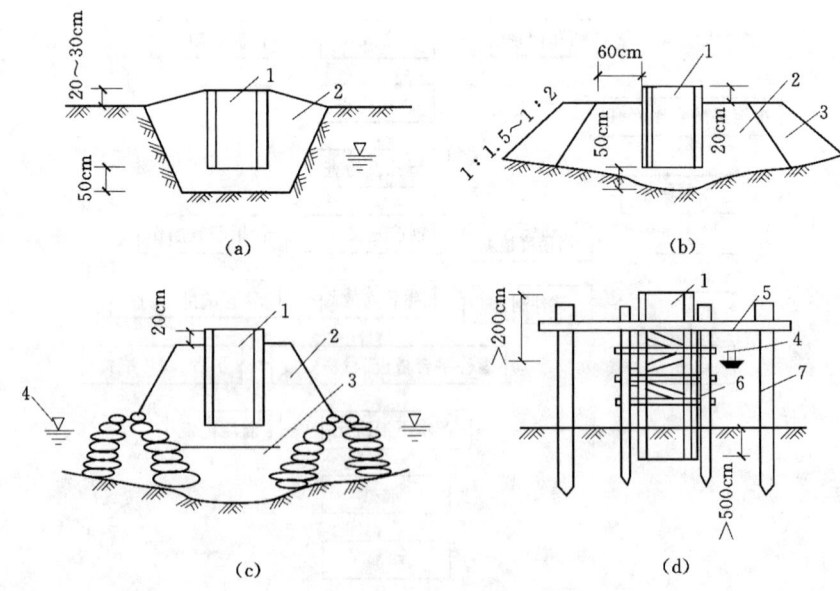

图 8-13 护筒的埋设
1—护筒;2—夯实黏土;3—砂土;4—施工水位;5—工作平台;6—导向架;7—脚手架

(1) 护筒平面位置应埋设正确,偏差不宜大于 50mm。

(2) 护筒顶标高应高出地下水位和施工最高水位 1.5~2.0m。无水地层钻孔因护壁顶部设有溢浆口,筒顶也应高出地面 0.2~0.3m。

(3) 护筒底应低于施工最低水位(一般低于 0.1~0.3m 即可)。深水下沉埋设的护筒应沿导向架借自重、射水、振动或锤击等方法将护筒下沉至稳定深度,入土深度黏性土应达到 0.5~1m,砂性土则为 3~4m。

(4) 下埋式及上埋式护筒挖坑不宜太大(一般比护筒直径大 0.1~0.6m),护筒四周应夯填密实的黏土,护筒应埋置在稳固的黏土层中,否则应换填黏土并密实,其厚度一般为 0.5m。

(5) 护筒埋设好以后,由施工员及时将桩中心用十字轴线标识于护筒内侧,并在桩位上打入 $\phi16$ 定位钢筋一根,供钻机对桩位用。

(6) 护筒固定后经监理验收签字后方可钻机就位,就位时钻头中心对准护筒中心(或定位钢筋)保证误差不大于 2cm。

8.2.1.2 钻机就位

钻架是钻孔、吊放钢筋笼、灌注混凝土的支架。我国生产的定型旋转钻机和冲击钻机都附有定型钻架,其他还有木质的和钢制的四脚架(图 8-14)、三脚架或人字扒杆。安装钻机时,底架应垫平,不得产生位移和沉陷。钻机顶端应用缆风绳对称拉紧。必须达到周正、水平、稳固,天车、立轴、井口三点一线,并用水平尺认真找平。钻头或者钻杆的中心与护筒的顶面中心的偏差不得大于 5cm。

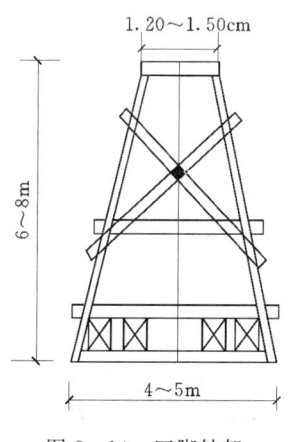

图 8-14 四脚钻架

旋转钻机就位后,立好钻架并调整和安设好起吊系统,使起重滑轮和固定钻杆的卡孔与护筒中心在同一垂直线上,将钻头吊起,徐徐放进护筒,开启卷扬机把转盘吊起,将钻头调平并对准钻孔。

冲击钻机就位一般都是利用钻机本身的动力与安设的地锚配合,将钻机移动大致就位,再用千斤顶将机架顶起,准确定位,使起重滑轮、钻头与护筒中心在同一垂直线上,以保证钻机的垂直度。

8.2.1.3 泥浆制备

1. 制备泥浆准备

除能自行造浆的黏性土层外,均应制备泥浆。首先根据桩孔容积、泵组设备确定泥浆池、沉淀池、循环池的数量和容积,泥浆池容积一般不小于钻孔容积的 1.2 倍。泥浆池、沉淀池位置如图 8-15 和图 8-16 所示。

制备泥浆应选用高塑性黏性土或膨润土。泥浆应根据施工机械、工艺及穿越土层的情况进行配合比设计。泥浆比重应控制在 1.1~1.2;在砂土和较厚的夹砂层中,泥浆比重应控制在 1.1~1.3;砂夹卵石土层或容易塌孔的土层,泥浆比重应控制在 1.3~1.5。施工中要经常测定泥浆比重,并定期测定黏度、含砂率和胶体率等指标。

2．制备泥浆的方法

（1）原土造浆：在黏性土中成孔时可在孔内注入清水，钻机旋转切削土屑形成泥浆。

（2）人工造浆：在砂性土层、砂夹卵石土质中，选用高塑性黏性土或膨润土投入孔中和水拌和形成混合物，并根据需要掺入少量的其他物质，如增重剂、分散剂、增黏剂及堵漏剂等，以改善泥浆的品质。

3．泥浆的作用

（1）吸附孔壁的作用：将土壁上孔隙填渗密实避免孔内壁漏水。

（2）固壁防坍的作用：泥浆的比重大，加大孔内水压力，可以固壁防坍。

（3）携砂排土的作用：泥浆有一定黏度，通过循环泥浆可以将削碎的泥石渣屑悬浮后排出。

（4）冷却润滑的作用：能保证钻头正常工作。

8.2.1.4 钻孔

1．常用钻孔方法

（1）回转钻钻进成孔。回转钻成孔是国内灌注桩施工中常用方法之一。成孔的方法是由钻头切削土壤，通过泥浆循环携土、排砂后成孔。根据排渣方式不同，分为正循环回转钻成孔和反循环回转钻成孔。对孔深较大的端承型桩和粗粒土层中的摩擦型桩，宜采用反循环成孔或清孔，也可根据土层情况采用正循环钻进，反循环清孔。

1）正循环回转钻成孔：如图8-15所示，钻机回转装置带动钻杆和钻头回转切屑破碎岩土，由泥浆泵输进泥浆，泥浆沿孔壁上升，从孔口溢出流入泥浆池，经沉淀返回循环池，通过循环泥浆，一方面协助钻头破碎岩土将钻渣排出孔外，另一方面起护壁作用。正循环回转钻成孔泥浆的上返速度较慢，携带土粒直径小，排渣能力差，泥土重复破碎现象严重。适用于填土、淤泥、黏土、粉土、砂土等地层，对卵砾石含量不大于15％、粒径小于10mm的部分砂卵砾石

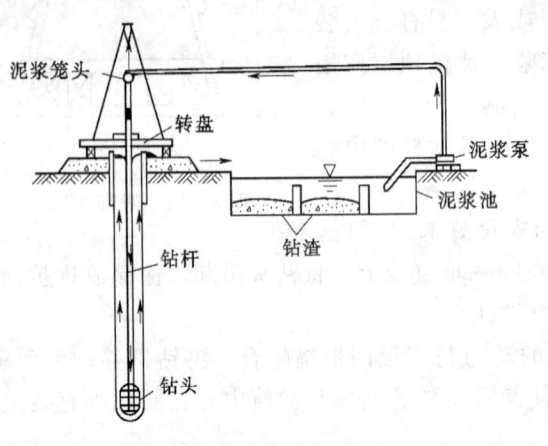

图8-15 正循环回转钻成孔

层和软质基岩、较硬基岩也可使用。桩孔直径不宜大于1 000mm，钻孔深度不宜超过40m。

正循环回转钻机主要由动力机、泥浆泵、卷扬机、转盘、钻架、钻杆、水龙头等组成。利用钻杆加压的正循环回转钻机，在钻具中应加设扶正器。

正循环钻进主要参数有冲洗液量、转速和钻压。保持足够的冲洗液（指泥浆或水）量是提高正循环钻进效率的关键。转速的选择除了满足破碎岩土的扭矩需要外，还要考虑钻头的不同部位切削具的磨耗情况。一般砂土层硬质合金钻进时，转速取40～80r/min，较硬或非均质地层转速可适当调慢；对于钢粒钻进成孔，转速一般取50～120r/min，大桩取小值，小桩取大值；对于牙轮钻头钻进成孔，转速一般取60～180r/min。在松散地层

8.2 成孔与清孔

中,确定给进钻压时,以冲洗液畅通和钻渣清除及时为前提,灵活加以掌握;在基岩中钻进可通过配置重块来提高钻压。对于硬质合金钻钻进成孔,钻压应根据地质条件、钻杆与桩孔的直径差、钻头形式、切削具数目、设备能力和钻具强度等因素综合考虑确定。一般按每片切削刀具的钻压为 800~1200N 或每颗合金的钻压为 400~600N 确定钻头所需的钻压。

2) 反循环回转钻成孔:如图 8-16 所示,钻机回钻装置带动钻杆和钻头回转切削破碎岩土,利用泵吸、气举、喷射等措施抽吸循环护壁泥浆,挟带钻渣从钻杆内腔抽吸出孔外。反循环回转钻成孔法根据抽吸原理不同可分为泵吸反循环、气举反循环与喷射(射流)反循环三种施工工艺。

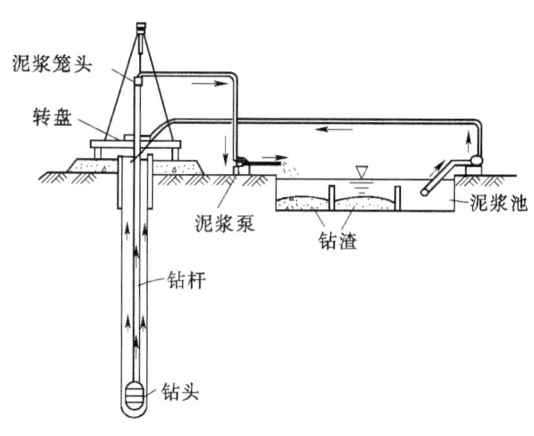

图 8-16 反循环回转钻成孔

泵吸反循环是直接利用泥浆泵的抽吸作用使钻杆的水流上升而形成反循环;喷射反循环是利用射流泵射出的高速水流产生的负压使钻杆内的水流上升而形成反循环。这两种方法在浅孔时效率较高,但孔深大于 50m 以后效率降低。气举反循环如图 8-17 所示,是利用送入压缩空气使水循环,钻杆内水流上升速度与钻杆内外液柱重度差有关,随孔深增加,效率增大,当孔深超过 50m 以后即能保持较高而稳定的钻进效率。因此,应根据孔深情况来选择合适的反循环施工工艺。

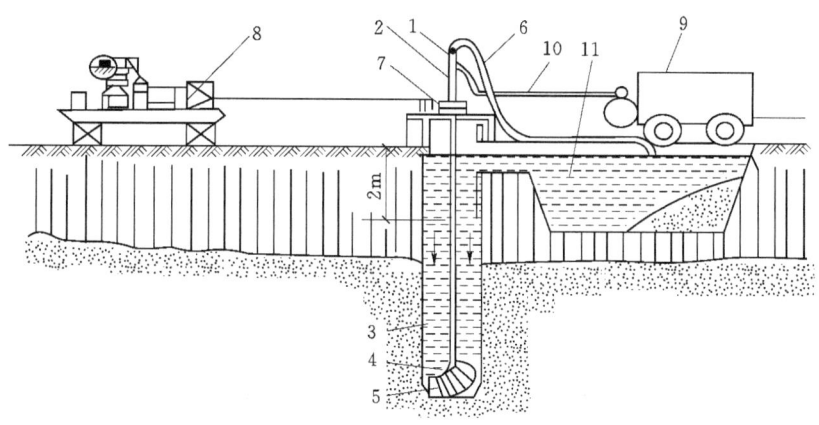

图 8-17 气举反循环施工
1—气密式旋转接头;2—气密式传动杆;3—气密式钻杆;4—喷射嘴;5—钻头;
6—压送软管;7—旋转台盘;8—液压泵;9—压气机;10—空气软管;11—水槽

反循环钻进成孔适用于填土、淤泥、黏土、粉土、砂土、砂砾等地层。反循环钻机与正循环钻机基本相同,但还要配备吸泥泵、真空泵或空气压缩机等。

(2) 潜水钻成孔。潜水钻机的动力装置沉入钻孔内,封闭式防水电动机和变速箱及钻头组装在一起潜入泥浆下钻进，如图 8-18 所示。潜水钻的钻头上应有不小于 $3d$ 长度的导向装置。

潜水钻机钻进时出渣方式也有正循环与反循环两种。潜水钻正循环是利用泥浆泵将泥浆压入空心钻杆并通过中空的电动机和钻头射入孔底；潜水钻的反循环有泵举法、气举法和泵吸法三种。

潜水钻体积小、质量轻、机动灵活、成孔速度快，适用于地下水位高的淤泥质土、黏性土及砂质土等，选择合适的钻头也可钻进岩层。成孔直径为 800～1500mm，深度可达 50m。

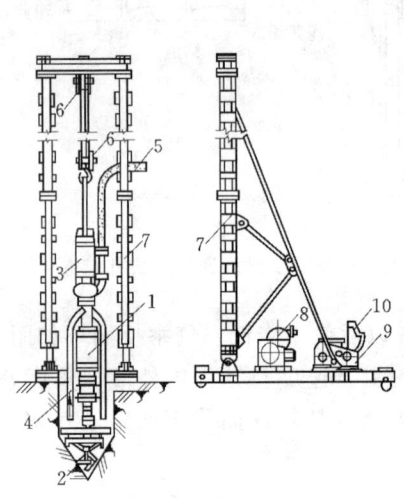

图 8-18 潜水钻成孔示意图
1—潜水电钻；2—钻头；3—潜水砂石泵；
4—吸泥管；5—排泥胶管；6—三轮滑车；
7—钻机架；8—副卷扬机、电缆卷筒；
9—慢速主卷扬机；10—配电箱

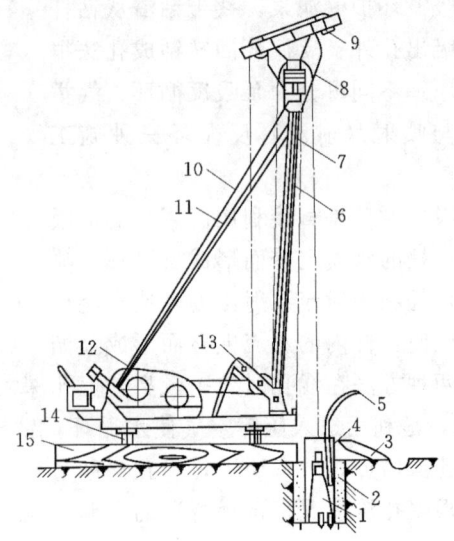

图 8-19 简易冲击式钻机
1—钻头；2—护筒回填土；3—泥浆渡槽；4—溢流口；
5—供浆管；6—前拉索；7—主杆；8—主滑轮；
9—副滑轮；10—后拉索；11—斜撑；12—双筒
卷扬机；13—导向轮；14—钢管；15—垫木

（3）冲击钻成孔。如图 8-19 所示，在钻头锥顶和提升钢丝绳之间应设置保证钻头自动转向的装置。冲击钻成孔是把带钻刃的重钻头（又称冲锤）提高，靠自由下落的冲击力来破碎岩层或冲挤土层，排出碎渣成孔。它适用于碎石土、砂土、黏性土及风化岩层等。桩径可达 600～1500mm。大直径桩孔可分级成孔，第一级成孔直径为设计桩径的 0.6～0.8 倍。开孔时钻头应低提（冲程不大于 1m）密冲，若为淤泥、细砂等软土，要及时投入小片石和黏土块，以便冲击造浆，并使孔壁挤压密实，直到护筒以下 3～4m 后，才可加大冲击钻头的冲程，提高钻进效率。孔内被冲碎的石渣，一部分会随泥浆挤入孔壁内，其余较大的石渣用泥浆循环法或掏渣筒掏出。进入基岩后，应低锤冲击或间断冲击，每钻进 100～500mm 应清孔取样一次，以备终孔验收。如果冲孔发生偏斜，应回填片石（厚 300～500mm）后重新冲击。施工中应经常检查钢丝绳的磨损情况、卡扣松紧程度和转向装置是否灵活，以免掉钻。

8.2 成孔与清孔

2. 钻进工艺

根据地质条件、钻孔直径、钻进深度选用钻机和钻头。

（1）冲击钻进成孔。开孔时，应低锤密击，当表土为淤泥、细砂等软弱土层时，可加黏土块夹小片石反复冲击造壁，孔内泥浆面应保持稳定。在各种不同的土层、岩层中成孔时，可按照表8-4的操作要点进行；进入基岩后，应采用大冲程、低频率冲击。当发现成孔偏移时，应回填片石至偏孔上方300～500mm处，然后重新冲孔；当遇到孤石时，可预爆或采用高低冲程交替冲击，将大孤石击碎或挤入孔壁；应采取有效的技术措施防止扰动孔壁、塌孔、扩孔、卡钻和掉钻及泥浆流失等事故。每钻进4～5m应验孔一次，在更换钻头前或容易缩孔处，均应验孔；进入基岩后，非桩端持力层每钻进300～500mm和桩端持力层每钻进100～300m时，应清孔取样一次，并应做记录。

表8-4 冲击成孔操作要点

项 目	操 作 要 点
在护筒刃脚以下2m范围内	小冲程1m左右，泥浆相对密度1.2～1.5，软弱土层投入黏土块夹小片石
黏性土层	中、小冲程1～2m，泵入清水或稀泥浆，经常清除钻头上的泥块
粉砂或中粗砂层	中冲程2～3m，泥浆相对密度1.2～1.5，投入黏土块，勤冲、勤掏渣
砂卵石层	中、高冲程3～4m，泥浆相对密度1.3左右，勤掏渣
软弱土层或塌孔回填重钻	小冲程反复冲击，加黏土块夹小片石，泥浆相对密度1.2～1.5

注 1. 土层不好时提高泥浆相对密度或加黏土块。
2. 防黏钻可投入碎砖石。
3. 旋挖钻进成孔。

排渣可采用泥浆循环或抽渣筒等方法，当采用抽渣筒排渣时，应及时补给泥浆。冲孔中遇到斜孔、弯孔、梅花孔、塌孔及护筒周围冒浆、失稳等情况时，应停止施工，采取措施后方可继续施工。

大直径桩孔可分级成孔，第一级成孔直径应为设计桩径的0.6～0.8倍。

（2）旋挖钻机成孔。泥浆护壁旋挖钻机成孔应配备成孔和清孔用泥浆及泥浆池（箱），在容易产生泥浆渗漏的土层中可采取提高泥浆相对密度、掺入锯末、增黏剂提高泥浆黏度等维持孔壁稳定的措施。

泥浆制备的能力应大于钻孔时的泥浆需求量，每台套钻机的泥浆储备量不应少于单桩体积。旋挖钻机施工时，应保证机械稳定、安全作业，必要时可在场地铺设能保证其安全行走和操作的钢板或垫层（路基板）。

每根桩均应安设钢护筒，护筒应满足规范的规定。成孔前和每次提出钻斗时，应检查钻斗和钻杆连接销子、钻斗门连接销子以及钢丝绳的状况，并应清除钻斗上的渣土。

旋挖钻机成孔应采用跳挖方式，钻斗倒出的土距桩孔口的最小距离应大于6m，并应及时清除。应根据钻进速度同步补充泥浆，保持所需的泥浆面高度不变。

钻孔达到设计深度时，应采用清孔钻头进行清孔。

3. 钻进注意事项

（1）在钻进过程中，随时检测泥浆性能并作相应调整。
（2）准确记录钻杆加杆根数及长度，准确记录钻具总长及机上余尺。

(3) 经常检查钻机平整度及稳固性。

(4) 经常清理泥浆池沉淀物，定期检查清洗泥浆泵。

(5) 注意控制钻具升降速度，以减轻对孔壁的扰动。

(6) 钻进过程中，应防止扳手、管钳、垫叉等金属工具掉落孔内。

(7) 经常检查钻头，磨损部分应及时修复，保证成桩直径。

4. 常见钻进施工事故及处理措施

常见钻进事故有坍孔、梅花孔、弯孔与斜孔、卡钻、掉钻、流砂、缩孔、钻孔漏水、钻杆折断等。

(1) 坍孔（孔壁坍落）。在不良地层（如软土、细砂、粉砂及松软堆积层）中钻孔，容易发生坍孔。在开钻阶段坍孔，会使护筒沉陷、歪斜，失去导向作用，造成偏孔；在正常钻进中坍孔，会造成扩孔及埋钻事故；在灌注混凝土时坍孔，则会造成断桩。当在钻进中发现孔内水位突然下降、水面冒细密水泡、钻具进尺很慢（或不进尺）、有异常声响等现象时，表示可能发生了孔壁坍落现象，应立即停钻处理。钻孔中发生坍孔后，应查明原因和位置，进行分析和处理。坍孔不严重时，可加大泥浆相对密度继续钻进，严重者回填重钻。

1) 产生原因：

a. 护壁泥浆面高度不够或者泥浆密度和浓度不足，对孔壁的压力小，起不到可靠的护壁作用。

b. 护筒的埋置深度不够（埋设在砂或者粗砂层中）或者护筒周围未用黏土回填夯实。

c. 钻头、抽渣筒经常撞击孔壁。

d. 孔内水头高度不够或者向孔内加水时，流速过大并直接冲刷孔壁。

e. 射水（风）时压力太大，延续时间太长引起孔壁（尤其是护筒底附近）坍孔。

f. 钻头转速过快或空转时间过久，易引起钻孔下部坍塌。

g. 安放钢筋笼时碰撞了孔壁。

h. 排除较大障碍物形成较大的空洞而漏水使孔壁坍塌。

i. 清孔吸泥时风压、风量过大，工序衔接不紧、拖延时间等也易引起坍孔。

2) 预防和处理方法：

a. 坍孔主要是由于施工操作不当造成的，以下六点可供预防坍孔时参考："埋设护筒是关键，莫把孔内水位变，把好泥浆质量关，孔口周围水不见，吸泥射水掌握好，精心操作处处严"。

b. 将护筒的底部置入黏土中 0.5m 以上。

c. 在松散的粉砂土或流砂地层中钻进，应控制进尺，选用较大密度、黏度、胶体率的优质泥浆，在有地下水流动的流砂地层，选用密度大、黏度高的泥浆。

d. 在钻进过程中，井孔内保持足够的水头高度，埋设的护筒符合规定，终孔后仍保持一定的水头高度并及时灌注水下混凝土，向井孔内注水时，水管不直接射向孔壁。

e. 成孔速度应根据地质情况选取。

f. 坍塌严重者，需用黏土加片石回填至坍塌部位以上 0.5m 重钻；必要时，也可下钢套管护壁，在灌注水下混凝土时，随灌随将套管拔出。

8.2 成孔与清孔

g. 发生孔口坍塌时,立即拆除护筒并回填钻孔,重新埋设护筒后再钻进。发生钻孔内坍塌时,根据地质情况,分析判断坍孔的位置。然后用砂黏土混合物回填钻孔到超出坍方位置以上为止,并暂停一段时间,使回填土沉积密实,水位稳定后,再继续钻进。

(2) 梅花孔,如图 8-20 所示。

1) 产生原因:

a. 钻进中没有适应地层情况,猛冲猛打,钻头转动失灵,以致不转动,老在一个方向上下冲击,泥浆太稠,妨碍钻头转动。

b. 冲程太小,钻头刚提起又放下,得不到充分的转动时间,很少转向等;梅花孔在硬黏土、基岩、漂卵石、堆积层中钻孔都比较容易出现。

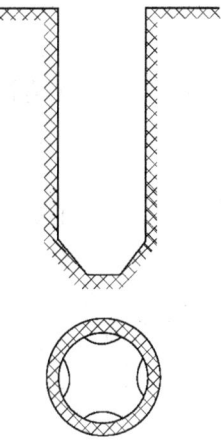

图 8-20 梅花孔

2) 预防和处理的方法:

a. 根据地层情况,采用适当的冲程,同时加强钻头的旋转,采用大捻角的钢丝绳作大绳,并使用合金套活动接头联结钻头,保证转动灵活。

b. 加大钻头的摩擦角,以减少钻头与孔壁的摩擦力,随时调整泥浆稠度。

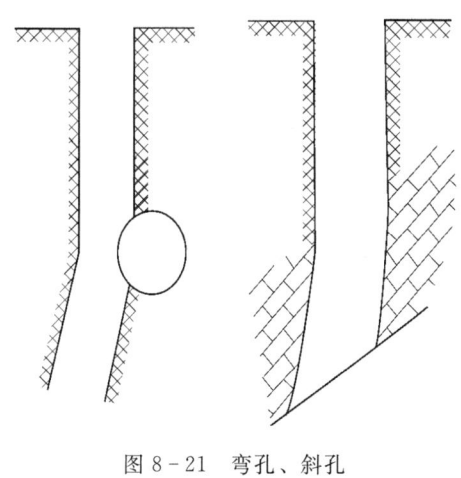

c. 一旦出现梅花孔,应回填片石至梅花孔顶部以上 0.5m,用小冲程重钻。

(3) 弯孔与斜孔,如图 8-21 所示。

1) 产生原因:

a. 产生偏斜的原因主要由地质条件、技术措施和操作方法等三方面造成。

b. 在钻进过程中,由于缆风绳松紧不一致,钻机不稳,产生位移或不均匀沉陷,又未及时纠正。

c. 遇到软硬不均的地层或探头石,岩层倾斜不平等原因,造成成孔不直。

d. 开孔时,钻头安放不平,使钻杆和钻头沿着一定偏斜方向钻进。

图 8-21 弯孔、斜孔

e. 机架底座支承不均,钻具连接后不垂直,都会发生钻孔偏斜。

2) 预防和处理的方法:

a. 安装钻机时,应使钻盘顶面完全水平,立轴中心同钻孔中心必须在同一铅垂线上。

b. 开钻时,钻杆不可过长,以免钻杆上部摇动过大,影响钻孔垂直度。

c. 钻进中要经常检查,钻机位置有无变动,钻头弹跳、旋转是否正常。

d. 地层有无变化,预先探明地下障碍物情况并预先清除干净。

e. 钻杆、接头应逐个检查,弯曲和有缺陷的均不得使用。

f. 遇到有倾斜度的软硬变化的地层,特别在由软变硬的地段,应控制进尺并低速钻进。

g. 加强技术管理，钻进时必须经常检查钻孔情况，发现偏斜，及时纠正。

h. 发现钻孔偏斜后，应先查清偏斜的位置和偏斜程度，然后进行处理；目前处理钻孔偏斜多采用扫孔法。将钻头提到出现偏斜的位置，吊住钻头缓缓旋转扫孔，并上下反复进行，使钻孔逐渐正位。

i. 向钻孔回填黏土加卵石到偏斜的位置以上，待沉积密实后，提住钻头缓缓钻进。

j. 弯孔不严重时，可重新调整钻机继续钻进，发生严重弯孔、探头石时，应回填修孔，必要时应反复几次修孔，回填黏土加硬质带角棱的石块，填至不规则孔段以上 0.5m，再用小冲程重新造壁；在基岩倾斜处发生弯孔时，应用混凝土回填至不规则孔段以上 0.5m，待终凝后重新钻孔。

（4）卡钻。卡钻分为上卡和下卡两种，如图 8-22 所示。

1）产生原因：

a. 上卡多由于坍孔落石，使钻头卡在距孔底一定高度上，往上提不动，但可以向下活动。如果出现探头石，提钻过猛，会使钻刃挤入孔壁被卡住，这时，钻头既提不上来又放不下去。

b. 下卡是钻头在孔底被卡住，上下都不能活动。产生下卡的主要原因是钻头严重磨损未及时焊补，形成孔径上大下小，孔壁倾斜，此时如用焊补后的钻头（直径增大）钻孔，很可能被孔壁挤紧而卡住。另外，孔底形成较深的十字槽也会造成下卡。

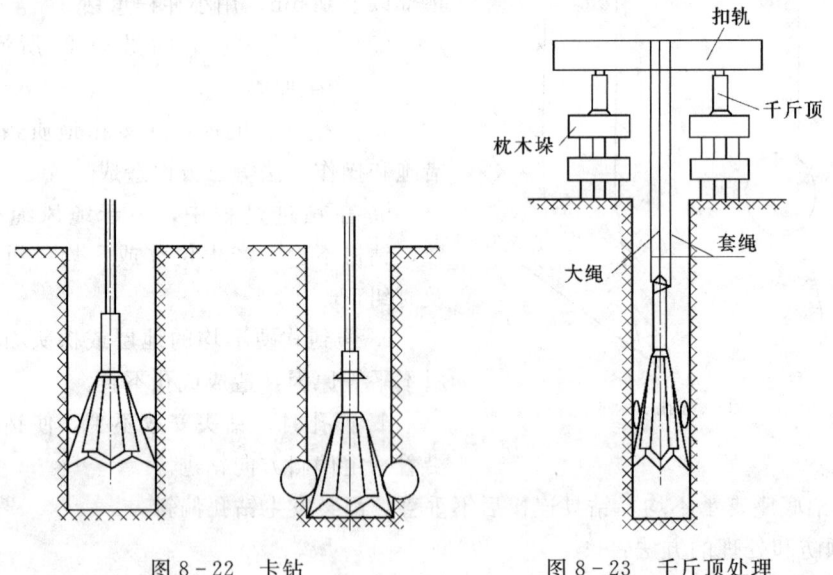

图 8-22　卡钻　　　　　图 8-23　千斤顶处理

2）预防和处理的方法：

a. 要经常检查钻头直径，如磨损超过规定（小于直径 3cm）时应及时焊补。

b. 发生卡钻后，应查清被卡的位置和性质，不可强提硬拉，以免造成断绳掉钻，或越卡越紧的不利情况。

c. 对于落石引起的上卡，可放松并摇动大绳使钻头慢动或转动再上拉；因探头石引起的上卡，可用小钻头把探头石冲碎或用重物冲动钻头使之下落，转动一定角度再上提，如在孔底卡钻，则需下钢丝绳套住钻头，利用另立的小扒杆（或吊车）绞车与钻机上的大绳一起同时上提。

d. 钻头下卡时，先用吸泥机吸泥和清除钻渣，提前必须加上保护绳，防止拉断大绳而掉钻，强提支撑使用枕木垛时，它的位置要离开孔口一定距离，以免孔口受压而坍塌。如钻机的起重能力不够，为了加大上拔力可以采用滑车组、杠杆、滑车与杠杆联合使用、千斤顶等起重设备提钻，如图 8-23～图 8-26 所示。

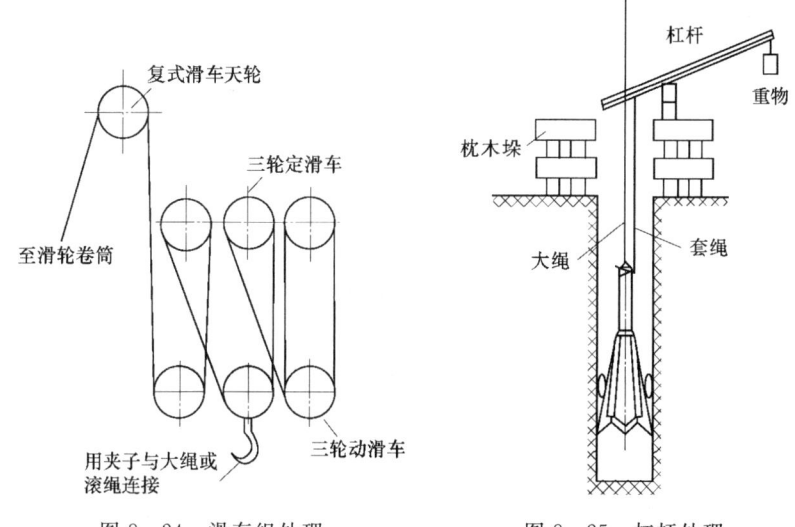

图 8-24 滑车组处理　　　　　图 8-25 杠杆处理

e. 处理卡钻时为防止孔 1∶1 受压发生坍塌，可用枕木在孔口两侧各搭枕木垛一个。搭枕木垛时，底层的枕木应垂直孔口安放，各枕木之间用扒钉钉牢，成为一个整体结构；两枕木垛之间应加支撑，保持两枕木垛的稳定，横梁所采用的型钢（或钢轨）规格，应根据跨度、工地存料情况确定。用千斤顶顶拔时，应慢慢进行，不可一直顶拔，以减少土的压力和摩阻力。

（5）掉钻。

1）产生的原因：

a. 卡钻时强提、强扭。

b. 操作不当使钢丝绳或钻杆疲劳断裂。

c. 钻杆接头不良或滑丝。

d. 马达接线错误，使不应反转的钻机反转，钻杆松脱。

e. 冲击钻头合金套质量差，钢丝绳拔出。

f. 转向环、转向套等焊接处断开。

g. 钢丝绳与钻头连接的钢丝夹子数量不足或松弛等。

2）预防和处理的方法：

a. 在钻进过程中，一定要遵守操作规程，并勤检查，发现问题应及时进行处理，并在接头处设钢丝绳保险，或在钻杆上端加焊角钢、钢筋环等。

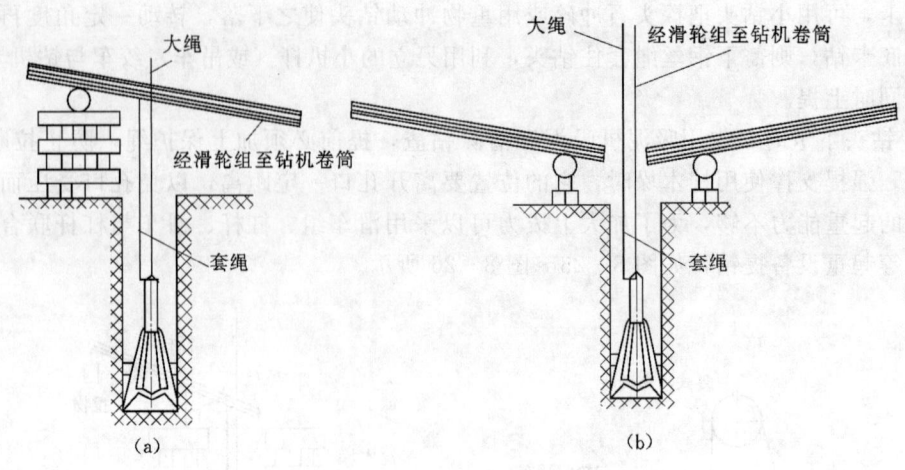

图 8-26 滑车与杠杆联合处理

b. 在钻进过程中,如发现缓冲弹簧突然不伸缩、钢丝绳松弛,则表明钻头掉落,应立即停机检查,找出原因,测量掉钻部位,探明钻头在井中的情况,立即组织人力进行处理,以防时间过长,沉渣埋住钻头。

c. 掉钻后,钻头可采用捞叉、捞钩、绳套、夹钳等工具捞取,如图 8-27 所示。常用的方法有:①套绳法:用钢丝绳套将钻杆拉出;②钩取法:冲击和冲抓钻头顶上预先焊有钢筋环或打捞横梁等可用钩子钩起;③平钩法:钻杆折断后,将平钩施入孔内,使其朝一个方向旋转,卡住钻杆后,将钻杆拉出;④打捞钳法:将打捞钳送入孔中,夹住钻杆提出;⑤捞锥器法:将捞锥器系在钢丝绳上,在孔内上下提动,卡住钻头提出孔外;⑥电磁打捞法:用电磁打捞器吸住钻头,提出孔外。

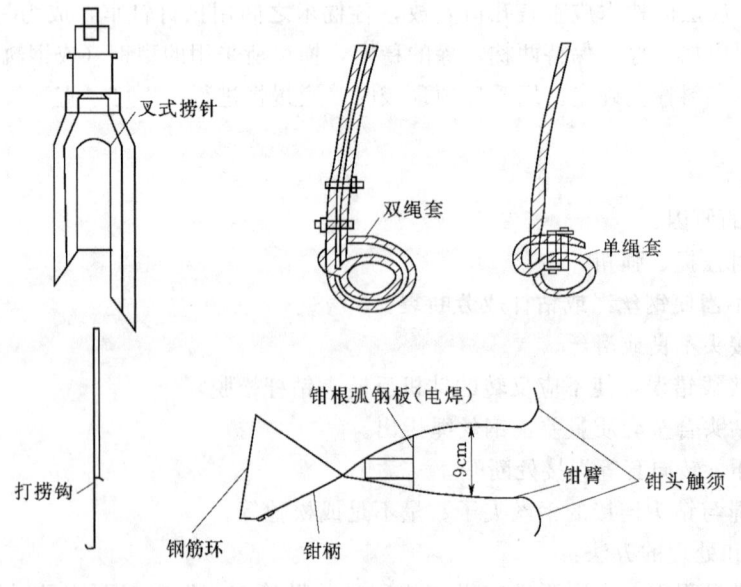

图 8-27 钻头打捞工具

8.2 成孔与清孔

(6) 流砂。

1) 产生的原因。当钻头通过细砂或粉砂层时，由于孔外渗水量大，孔内水压低，容易发生流砂，使钻进很慢，甚至钻孔被流砂填高，严重者，钻孔会被流砂回填。

2) 预防和处理方法。发生流砂时，应增大泥浆密度，提高孔内水位，必要时可投入泥砖或黏土块，使其很快沉入孔底，堵住流砂，或利用钻头的冲击，将黏土挤入流砂层，以加固孔壁，堵住流砂。如流砂严重，可安装钢护筒防护。

(7) 缩孔。

1) 产生的原因。地层中夹有塑性土壤（俗称橡皮土）遇水膨胀或流塑性软土使孔径缩小。

2) 预防和处理的方法。可采用提高孔内泥浆面、加大泥浆密度和上下反复扫孔，使之扩大和加强内壁。成孔后应尽量缩短从提钻到下导管的间歇时间。

(8) 钻孔漏水。

1) 产生的原因：

a. 在透水性强的砂砾或流砂中，特别在有地下水流动的地层中钻进时，过稀的泥浆向孔壁外的漏失较大。

b. 埋设护筒时，回填土夯实不够，埋设太浅，护筒脚漏水。

c. 护筒制作不良，接缝处不密合或焊缝有砂眼等，造成漏水。

2) 预防和处理的方法。发现漏水时，首先应集中力量加水或泥浆，保持必要的水头，然后根据漏水原因决定处理方法。

a. 属于护筒漏水的，可用黏土在护筒周围加固；如漏水严重，应挖出护筒，修理完善后重新埋没。

b. 如因地层漏水性强而漏水，则可加入较稠的泥浆，经过一段时间循环流动，地层漏水可渐减少。

(9) 钻杆折断。

钻杆折断的处理虽不是很困难，但如处理不及时，钻头或钻杆在孔底留置时间过长，会发生埋钻或埋杆的更大事故。

1) 产生的原因：

a. 由于钻杆的转速选用不当，使钻杆所受的扭转或弯曲等应力增大而折断。

b. 钻具使用过久，各处的连接丝扣磨损严重，使钻杆接头的连接不牢固，发生折断。

c. 使用弯曲的钻杆也易发生折断钻杆事故。

d. 在坚硬地层中，钻杆进尺快，使钻杆超负荷操作。

2) 预防和处理的方法：

a. 不使用弯曲的钻杆，各节钻杆的连接和钻杆与钻头的连接丝扣完好。

b. 接长后的钻杆必须在同一铅垂线上。

c. 不使用接头处磨损过甚的钻杆。

d. 钻进过程中，应控制进尺，遇到复杂的地层，应由有经验的工人操作钻机。

e. 钻进过程中要经常检查钻具各部分的磨损情况和接头强度是否足够，不合要求者，应及时更换。

8.2.2 干作业螺旋钻孔

干作业螺旋钻孔灌注桩按成孔方法可分为长螺旋钻孔灌注桩和短螺旋钻孔灌注桩两种。

长螺旋钻成孔是用长螺旋钻孔机的螺旋钻头,在桩位处就地切削土层,被切土块钻屑随钻头旋转,沿着带有长螺旋叶片的钻杆上升,输送到出土器后自动排出孔外。短螺旋钻成孔是用短螺旋钻机的螺旋钻头,在桩位处就地切削土层,被切土块钻屑随钻头旋转,沿着带有数量不多的螺旋叶片的钻杆上升,积聚在短螺旋叶片上,形成"土柱",此后靠提钻、反转、甩土,将钻屑散落在孔周,一般钻进0.5~1.0m就要提钻一次。

1. 钻机

长、短螺旋钻机如图8-28和图8-29所示。适用于成孔地下水位以上的填土层、黏性土层、粉土层、砂土层和粒径不大的砂砾层。但不宜用于地下水位以下的上述各类土层以及碎石层、淤泥土层。对非均质碎砖、混凝土块、条块石的杂填土层及大卵砾石层,成孔难度大。国产长螺旋钻孔机,桩孔直径为300~800mm,成孔深度在26m以内。国产短螺旋钻孔机,桩孔最大直径可达1828mm,最大成孔深度可达70m。

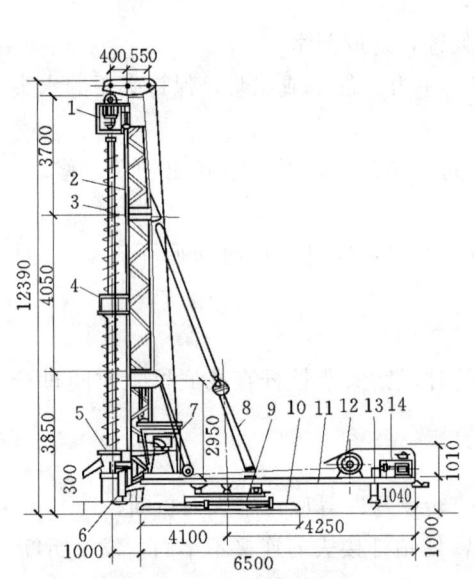

图8-28 液压步履式长螺旋钻机(单位:mm)
1—减速箱;2—臂架;3—钻杆;4—中间导向套;
5—出土装置;6—前支腿;7—操纵室;8—斜撑;
9—中盘;10—下盘;11—上盘;12—卷扬机;
13—后支腿;14—液压系统

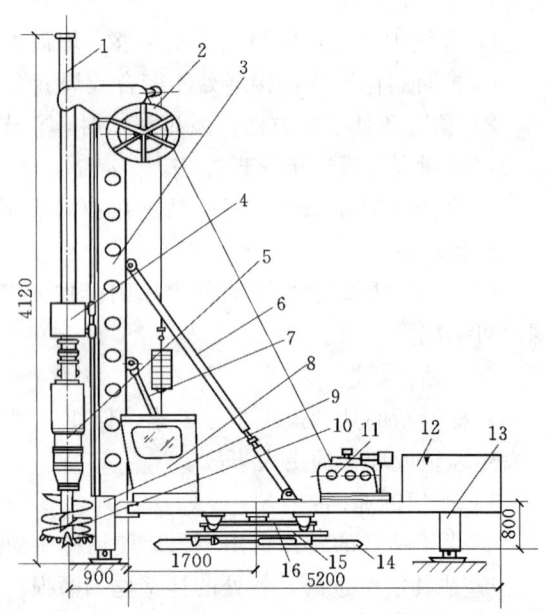

图8-29 KQB1000型液压步履式短螺旋钻机
1—钻杆;2—电缆卷筒;3—臂架;4—导向架;5—主机;
6—斜撑;7—起架油缸;8—操纵室;9—前支腿;
10—钻头;11—卷扬机;12—液压系统;13—后
支腿;14—履靴;15—中盘;16—上盘

2. 施工要点

(1) 钻进时要求钻杆垂直,如发现钻杆摇晃、移动、偏斜或难以钻进时,可能遇到坚硬夹物,应立即停车检查,妥善处理,否则会导致桩孔严重偏斜,甚至钻具被扭断或损坏。钻孔偏移时，应提起钻头上下反复打钻几次，以便削去硬土。纠正无效，可在孔中局部回填黏土至偏孔处以上0.5m，再重新钻进。

（2）钻孔达要求深度后，应用夯锤夯击孔底虚土，或者用压力在孔底灌入水泥浆，以减少桩的沉降和提高桩的承载能力，然后尽快吊放钢筋笼，并浇筑混凝土。浇筑应分层进行，每层高度不得大于1.5m。

8.2.3 沉管灌注桩

沉管灌注桩也是目前常用的一种灌注桩。其施工方法有锤击沉管灌注桩、振动沉管灌注桩、静压沉管灌注桩、沉管夯扩灌注桩和振动冲击沉管灌注桩等。这类灌注桩的施工工艺是：使用锤击式桩锤或振动式桩锤将一定直径的钢管沉入土中，造成桩孔，然后放入钢筋笼（也有的是后插入钢筋笼），浇筑混凝土，最后拔出钢管，便形成所需要的灌注桩。它和打入桩一样，对周围有噪声、振动、挤土等影响。

（1）锤击沉管灌注桩宜用于一般黏性土、淤泥质土、砂土和人工填土地基。施工设备如图8-30所示。

（2）振动沉管灌注桩的适用范围除与锤击沉管灌注桩相同外，更适用于砂土、稍密及中密的碎石土地基。施工设备如图8-31所示。

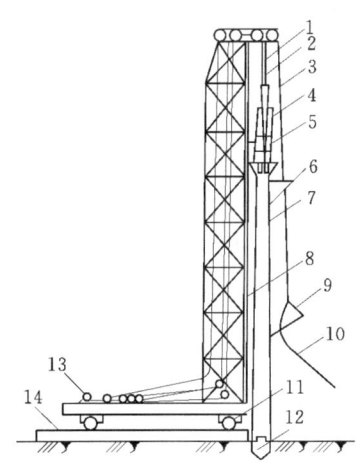

图8-30 锤击沉管灌注桩施工设备示意图
1—桩锤钢丝绳；2—桩管滑轮组；3—吊斗钢丝绳；
4—桩锤；5—桩帽；6—混凝土漏斗；7—桩管；
8—桩架；9—混凝土吊斗；10—回绳；
11—钢管；12—预制桩靴；
13—卷扬机；14—枕木

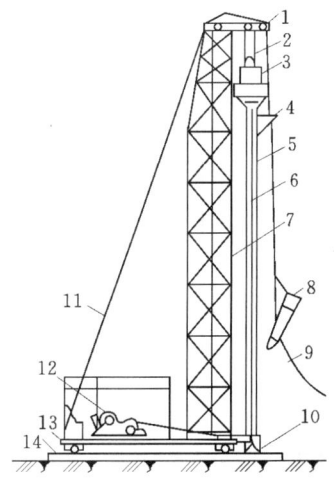

图8-31 振动沉管灌注桩桩机施工设备示意图
1—导向滑轮；2—滑轮组；3—激振器；4—混凝土
漏斗；5—桩管；6—加压钢丝绳；7—桩架；
8—混凝土吊斗；9—回绳；10—桩靴；
11—缆风绳；12—卷扬机；
13—钢管；14—枕木

（3）沉管夯扩灌注桩（简称夯扩桩）是在锤击沉管灌注桩的基础上发展起来的。它是利用打桩锤将内、外桩管同步沉入土层中，通过锤击内桩管夯扩端部混凝土，使桩端形成扩大头，再灌注桩身混凝土。拔外桩管时，用内桩管和桩锤顶压在管内混凝土面上，使桩身密实成型，其施工工艺流程如图8-32所示。夯扩桩桩身直径一般为400~600mm，扩大头直径一般可达 500～900mm，桩长不宜超过 20m。适用于中低压缩性黏土、粉土、砂土、碎石土、强风化岩等土层。

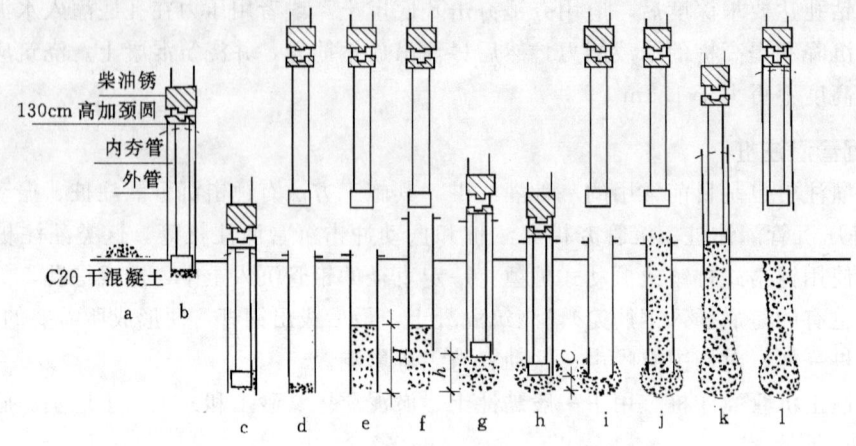

图 8-32 无预制桩尖夯扩桩施工顺序图

a—放干硬混凝土；b—放内外管；c、g—锤击；d—抽出内管；e—灌入部分混凝土；f—放入内管，稍提外管；h—内外管沉入设计深度；i—拔出内管；j—灌满桩身混凝土；k—上拔外管；l—拔出外管，成桩

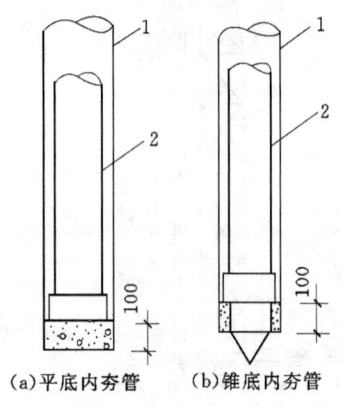

图 8-33 内外管及管塞
1—外管；2—内管

夯扩桩的机械设备同锤击沉管桩，常用 D25 和 D40 型柴油锤。外管底部开口，内夯管底部可采用闭口平底或闭口锥底，如图 8-33 所示。内外管底部间隙不宜过大，通常内管底径比外管内径小 20～30mm，以防沉管过程中土挤入管内。内外管高低差一般为 80～100mm（内管较短）。沉管过程不用桩尖，外管封底采用干硬性混凝土或无水混凝土，经夯击形成柔性阻水和阻泥的管塞。

（4）锤击或振动灌注桩可采用单打法、反插法或复打法施工。

1）单打法。施工时在沉入土中的桩管内灌满混凝土，开动激振器，振动 5～10s，开始拔管，边振边拔。

2）反插法。是在桩管灌满混凝土之后，先振动再开始拔管，每次拔管高度 0.5～1.0m，反插深度 0.3～0.5m；在拔管过程中应分段添加混凝土，保持管内混凝土面始终不低于地表面或高于地下水位 1.0～1.5m 以上，拔管速度应小于 0.5m/min。

3）复打法。是在第一次灌注桩施工完毕，拔出桩管后，清除桩管外壁上的污泥和桩孔周围地面浮土，立即在原桩位再埋预制桩靴或合好桩尖活瓣，进行第二次复打沉桩管，使未凝固的混凝土向四周挤压以扩大桩径，然后再灌注第二次混凝土。拔管方法与初打时相同。施工时要注意：前后两次沉管的轴线应重合，复打施工必须在第一次灌注的混凝土初凝之前进行，钢筋笼应在第二次沉管后放入。

(5) 沉管灌注桩常见质量问题及处理。

沉管灌注桩易发生断桩、颈缩、桩尖进水或进泥砂及吊脚桩等质量问题,施工中应加强检查并及时处理。

1) 断桩的裂缝是水平的或略带倾斜,一般都贯通整个截面,常出现于地面以下1~3m的不同软硬土层交接处。断桩的原因主要有:桩距过小,邻桩施打时土的挤压所产生的水平横向推力和隆起上拔力影响;软硬土层间传递水平力大小不同,对桩产生水平剪应力;桩身混凝土终凝不久,强度弱;承受不了外力的影响。避免断桩的措施有:桩的中心距宜大于3.5倍桩径;考虑打桩顺序及桩架行走路线时,应注意减少对新打桩的影响;采用跳打法或控制时间法以减少对邻桩的影响。对断桩进行检查,在2~3m以内,可用手锤敲击桩头侧面,同时用脚踏在桩上,如桩已断,会感到浮振。如深处断桩,目前常用开挖检查法和动测法检查。断桩一经发现,应将断桩段拔去,把孔清理干净后,略增大面积或加上钢箍连接,再重新灌注混凝土。

2) 缩颈桩又称瓶颈桩,部分桩颈缩小,截面积不符合要求。产生缩颈的原因是:在含水率大的黏性土中沉管时,土体受强烈扰动和挤压,产生很高的孔隙压力,桩管拔出后,这种水压力便作用到新灌注的混凝土桩上,使桩身发生不同程度的缩颈现象;拔管过快;管内混凝土存量过少,和易性差,使混凝土出管时扩散差等也易造成缩颈。施工中应经常测定混凝土落下情况,发现问题及时纠正,一般可用复打法处理。

3) 桩尖进水或进泥,常见于地下水位高、含水率大的淤泥和粉砂土层。处理方法可将桩管拔出,修复改正桩尖缝隙后,用砂回填桩孔重打;地下水量大时,桩管沉到地下水位处,用水泥砂浆灌入管内约0.5m作封底,并再灌1m高混凝土,然后打下。

4) 吊脚桩指桩底部的混凝土隔空,或混凝土中混进泥砂而形成松软层的桩。造成吊脚桩的原因是预制桩尖被打坏而挤入桩管内,拔管时桩尖未及时被混凝土压出或桩尖活瓣未及时张开,如发现问题应将桩管拔出,填砂重打。

8.2.4 人工挖孔桩

人工挖孔灌注桩简称挖孔桩,是采用人工挖掘方法进行成孔,然后安装钢筋笼,浇筑混凝土成型。它的施工特点是:设备简单;施工现场较干净;噪声小,振动小,无挤土现象;施工速度快,可按施工进度要求决定同时开挖桩孔的数量,必要时,各桩孔可同时施工;土层情况明确,可直接观察到地质变化情况,桩底沉渣清除干净,施工质量可靠;桩径不受限制,承载力大;与其他桩相比比较经济。但挖孔桩施工,工人在井下作业,劳动条件差,施工中应特别重视流砂、流泥、有害气体等影响,要严格按操作规程施工,制订可靠的安全措施。

挖孔桩的直径除了能满足设计承载力的要求外,还应考虑施工操作的要求,故桩芯直径不宜小于800mm,桩底一般都扩大,扩底变径尺寸按 $\frac{D_1-D}{2} : h = 1 : 4$,$h_1 \geqslant \frac{D_1-D}{4}$ 进行控制,如图8-34所示。当采用现浇混凝土护壁时,护壁厚度一般不少于 $\frac{D}{10}+5$ (cm),每步高1m,并有1:0.1的坡度。

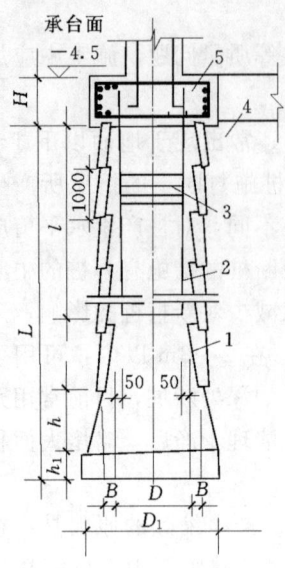

图 8-34 人工挖孔桩构造图
1—护壁；2—主筋；3—箍筋；
4—地梁；5—桩帽

1. 施工机具

挖孔桩施工机具比较简单，主要有：

垂直运输工具：如电动葫芦和提土桶。用于施工人员、材料和弃土等垂直运输。

排水工具：如潜水泵。用于抽出桩孔中的积水。

通风设备：如鼓风机、输风管。用于向桩孔中强制送入空气。

挖掘工具：如镐、锹、土筐等。若遇到坚硬的土层或岩石，还需准备风镐和爆破设备。

此外，尚有照明灯、对讲机、电铃等。

2. 施工工艺

为了确保人工挖孔桩施工过程的安全，必须考虑防止土体坍滑的支护措施。支护的方法很多，例如可采用现浇混凝土护壁、喷射混凝土护壁、型钢或木板桩工具护壁、沉井等。下面以现浇混凝土分段护壁为例说明人工挖孔桩的施工工艺。

人工挖孔桩的施工工艺如下：

（1）按设计图纸放线、定桩位。

（2）开挖土方。采取分段开挖，每段高度取决于土壁保持直立状态的能力，一般以 0.5～1.0m 为一个施工段，开挖范围为设计桩芯直径加护壁的厚度。

（3）支设护壁模板。模板高度取决于开挖土方施工段的高度，一般为 1m，由 4～8 块活动钢模板（或木模板）组合而成。

（4）在模板顶放置操作平台。平台可用角钢和钢板制成半圆形，两个合起来即为一个整圆，用来临时放置混凝土和浇筑混凝土用。

（5）浇筑护壁混凝土。护壁混凝土要注意捣实，因为它起着防止土壁塌陷与防水的双重作用。第一节护壁厚宜增加 100～150mm，上下节护壁用钢筋拉结。

（6）拆除模板继续下一段的施工。当护壁混凝土强度达到 1.2MPa 时，在常温下约 24 小时后方可拆除模板，开挖下一段的土方，再支模浇筑护壁混凝土，如此循环，直至挖到设计要求的深度。

（7）安放钢筋笼。绑扎好钢筋笼后整体安放。

（8）浇筑桩身混凝土。当桩孔内渗水量不大时，抽除孔内积水后，用串筒法浇筑混凝土。如果桩孔内渗水量过大，积水过多不便排干，则应用导管法水下浇筑混凝土。

挖孔桩在开挖过程中，须专门制订安全措施。如施工人员进入孔内必须戴安全帽；孔内有人时，孔上必须有人监督防护；护壁要高出地面 150～200mm，挖出的土方不得堆在孔四周 1.2m 范围内，以防滚入孔内；孔周围要设置 0.8m 高的安全防护栏杆，每孔要设置安全绳及安全软梯；孔下照明要用安全电压；使用潜水泵，而且必须有防漏电装置；桩孔开挖深度超过 10m 时，应设置鼓风机，专门向井下输送洁净空气，风量不少于 25 L/s 等。

8.2.5 清孔

当钻孔达到设计要求深度，经检查孔径、孔形及钻孔深度符合设计要求后，应清除孔底沉渣、淤泥，以减少桩基的沉降量，提高承载能力。

8.2.5.1 清孔的方法

1. 抽浆清孔

用空气吸泥机吸出含钻渣的泥浆而达到清孔的目的。由风管将压缩空气输进排泥管，使泥浆形成密度较小的泥浆空气混合物，在水柱压力下沿排泥管向外排出泥浆和孔底泥渣，同时用水泵向孔内注水，保持水位不变直至喷出清水或沉渣厚度达到设计要求为止。适用于孔壁不易坍塌的各种钻孔方法的柱桩和摩擦桩，如图8-35所示。

2. 掏渣清孔

用掏渣筒或大锅锥掏清孔内粗粒钻渣，适用于冲抓、冲击、简便旋转成孔的摩擦桩，如图8-36和图8-37所示。

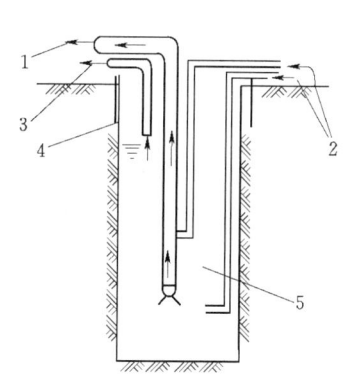
图8-35 抽浆清孔
1—泥浆砂石渣喷出；2—通入压缩空气；
3—注入清水；4—护筒；
5—孔底沉积物

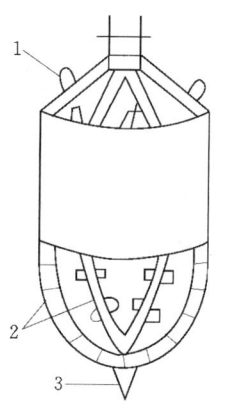
图8-36 大锅锥
1—扩孔刀；2—切泥刀刃；
3—钻尖

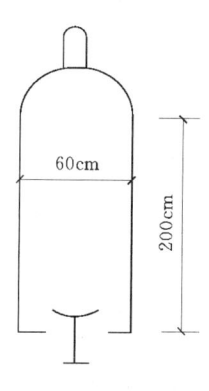
图8-37 掏渣筒

3. 换浆清孔

换浆清孔适用于正、反循环钻机成孔。在钻孔完成后不停钻、不进尺，继续循环换浆清渣。抽渣和吸泥时，应及时向孔内注入新鲜泥浆，保持孔内水位，避免坍塌。清孔时间以排出泥浆的含砂率与换入泥浆的含砂率接近为度。

8.2.5.2 清孔标准

清孔分为一次清孔和二次清孔。第一次清孔的目的是使孔底沉渣厚度、循环泥浆中含钻渣量和孔壁泥皮厚度符合质量和设计要求，也为灌注水下混凝土创造良好的条件。由于第一次清孔完成后，要安放钢筋笼及导管，准备浇筑水下混凝土，这段时间间隙较长，孔底又会产生新的沉渣，所以等钢筋笼和导管安放完成后，再利用导管进行第二次清孔，清孔的方法是在导管顶部安设一个弯头和皮笼，用泥浆泵将泥浆压入导管内，再从孔底沿着导管外置换沉渣。

清孔标准是钻孔达到设计深度，灌注混凝土之前，孔底沉渣厚度指标应符合下列规定：

（1）对端承型桩，不应大于 50mm。

（2）对摩擦型桩，不应大于 100mm。

（3）对抗拔、抗水平力桩，不应大于 200mm。

施工期间护筒内的泥浆面应高出地下水位 1.0m 以上，在受水位涨落影响时，泥浆面应高出最高水位 1.5m 以上。清孔过程中应不断置换泥浆，直至灌注水下混凝土。灌注混凝土前，孔底 500mm 以内的泥浆相对密度应小于 1.25；含砂率不得大于 8%；黏度不得大于 28s。在容易产生泥浆渗漏的土层中应采取维持孔壁稳定的措施。不得用加深孔底深度的方法代替清孔。废弃的浆、渣应进行处理，不得污染环境。

例如，某工程地层软土厚度大，采用二次清孔法。在钻进至设计层位深度后调整泥浆，采用正循环换浆清孔工艺进行第一次清孔，清孔时钻头提离孔底 10~20cm，用比重 1.15 左右的泥浆正循环清孔。清孔时间为 20~40min，随时检测泥浆性能，直到满足要求并报验，监理验收，成孔合格后，起钻并吊放钢筋笼。

下入钢筋笼、导管安装后，利用导管进行第二次清孔，清孔时间为 15~20min。二次清孔后沉渣厚度符合设计要求不大于 50mm，孔内泥浆性能良好，清孔后泥浆比重不大于 1.15，黏度不大于 18s，含砂率不大于 4%。

清孔后孔内注满泥浆，以保持一定的水头高度，并应在 30min 内灌注混凝土，若超过时间，则重新测定沉淤，若沉渣大于 50mm 应重新清孔。沉淤厚度以钻头锥体 1/3 高度的深度起算，量具用合格的水文测绳实测。

8.2.6 成孔检测

8.2.6.1 成孔垂直度检测

成孔垂直度检测一般采用钻杆测斜法和测锤（球）法等方法。

1. 钻杆测斜法

钻杆测斜法是将带有钻头的钻杆放入孔内到底，在孔口处的钻杆上装一个与孔径或护筒内径一致的导向环，使钻杆保持在桩孔中心线位置上。然后将带有扶正圈的钻孔测斜仪下入钻杆内，分点测斜，检查桩孔偏斜情况。

2. 测锤法

测锤法是在孔口沿钻孔直径方向设标尺，标尺中点与桩孔中心吻合，将锤球系于测绳上，量出滑轮到标尺中心距离。将球慢慢送入孔底，待测绳静止不动后，读出测绳在标尺上的偏距，由此求出孔斜值。该法精度较低。

8.2.6.2 孔径检测

孔径检测一般采用声波孔壁测定仪及伞形、球形井径仪和摄影（像）法等测定。

1. 声波孔壁测定仪

声波孔壁测定仪可以用来检测成孔形状和垂直度。测定仪由声波发生器、发射和接收探头、放大器、记录仪和提升机构组成。

声波发生器主要部件是振荡器，振荡器产生一定频率的电脉冲经放大后由发射探头转换为声波，多数仪器振荡频率是可调的，取得各种频率的声波以满足不同检测要求。

放大器把接收探头传来的电信号进行放大、整形和显示,显示时可用标记或数字显示,也可以与计算机连接把信号输入计算机进行谱分析或进一步计算处理,或者波形通过记录仪绘图。

图 8-38 是声波孔壁测定仪检测装置,把探头固定在方形底盘四个角上,底盘是钢制的,通过两个定滑轮、钢丝绳和提升机构连接,两个定滑轮对钢丝绳的约束作用,以及底盘的自重,使探头在下降或提升过程中不会扭转,稳定探头方位。

钻孔孔形检测时安装八个探头,底盘四个角各安装一个发射探头和一个接收探头,可以同时测定正交两个方向的形状。

探头由无级变速电动卷扬机提升或下降,它和热敏刻痕记录仪的走纸速度是同步的,或成比例调节,因此探头每提升或下降一次,可以自动在记录纸上连续绘出孔壁形状和垂直度(图 8-39),当探头上升到孔口或下降到孔底都设有自动停机装置,防止电缆和钢丝绳被拉断。

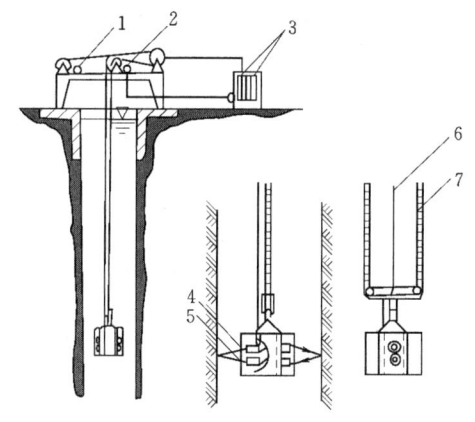

图 8-38 声波孔壁测定仪
1—电机;2—走纸速度控制器;3—记录仪;
4—发射探头;5—接收探头;
6—电缆;7—钢丝绳

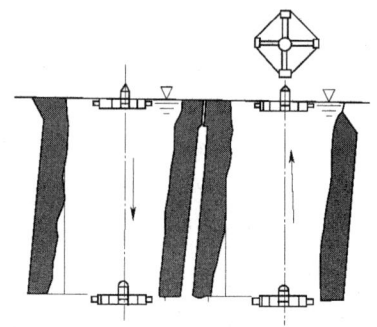

图 8-39 孔壁形状和偏斜

2. 井径仪

井径仪由测头、放大器和记录仪三部分组成 [图 8-40 (b)],它可以检测直径为 $0.08 \sim 0.6 \mathrm{m}$、深数百米的孔,当把测量腿加大后,最大可检测直径 $1.2 \mathrm{m}$ 的孔。

测头是机械式 [图 8-40 (a)] 的,当测头放入测孔之前,四条测腿合拢并用弹簧锁住,测头放入孔内,靠测头本身自重往孔底一墩,四条腿像自动伞一样立刻张开,测头往上提升时,由于弹簧力的作用,腿端部紧贴孔壁,随着孔壁凹凸不平状态相应张开或收拢,带动密封筒内的活塞杆上下移动,从而使四组串联滑动电阻来回滑动,把电阻变化变为电压变化,信号经放大后,可用数字显示或记录仪记录,显示的电压值和孔径建立关系,当用静电影响记录仪记录时,可自动绘出孔壁形状。

当放大器供给滑动电阻电源为恒流源时,电压变化和孔径的关系为

$$\phi = \phi_0 + K\Delta V/I \qquad (8-1)$$

式中 ϕ——被测孔径，m；
   ϕ_0——起始孔径，m；
   ΔV——电压变化，V；
   I——电流，A；
   K——率定系数，m/Ω。

井径仪四条腿靠弹簧弹力张开，如果孔壁是软弱土层，应注意腿端易插入土中引起检测误差。

8.2.6.3 孔底沉渣厚度检测

对于泥浆护壁成孔灌注桩，假如灌注混凝土之前，孔底沉渣太厚，不仅会影响桩端承载力的正常发挥，而且也会影响桩侧阻力的正常发挥，从而大大降低桩的承载能力。

以下介绍几种工程中使用的检测沉渣厚度的方法：

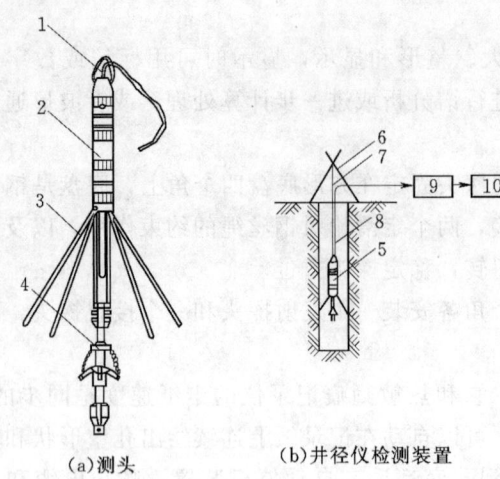

(a) 测头　　(b) 井径仪检测装置

图 8-40　井径仪

1—电缆；2—密封筒；3—测腿；4—锁腿装置；
5—测头；6—三脚架；7—钢丝绳；8—电缆；
9—放大器；10—记录仪

1. 垂球法

垂球法为工程中最常用的简单测定孔底沉渣厚度的方法。一般根据孔深、泥浆比重，采用质量为 1~3kg 的钢、铁、铜制锥、台、桩体垂球，顶端系上测绳，把球慢慢沉入孔内，凭人的手感判断沉渣顶面位置，其施工孔深和量测孔深之差即为沉渣厚度。测量要点是每次测定后须立即复核测绳长度，以消除由于垂球或浸水引起的测绳伸缩产生的测量误差。

2. 电容法

电容法沉渣测定原理是当金属两极板间距和尺寸固定不变时，其电容量和介质的电解率成正比关系，水泥浆和沉渣等介质的电解率有较明显差异，从而由电解率的变化量测定沉渣厚度。

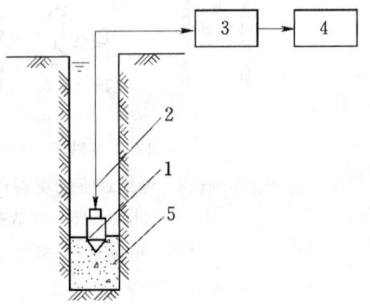

图 8-41　电容法沉渣测定仪

1—测头；2—电缆；3—电源；
4—指示器；5—沉渣

仪器由测头、放大器、蜂鸣器和电机驱动源等组成（图 8-41）：测头装有电容极板和小型电机，电机带动偏心轮可以产生水平振动：一旦测头极板接触到沉渣表面，蜂鸣器发出响声，同时面板上的红灯变亮，当依靠测头重不能继续沉入沉渣深部时，可开启电机使水平激振器产生振动，把测头沉入更深部位；沉渣厚度为施工孔深和电容突然减小时的孔深之差。

3. 声纳法

声纳法测定沉渣厚度的原理是以声波在传播中遇到不同界面产生反射而制成的测定仪。同一个测头具有发射和接收声波的功能，声波遇到沉渣表面时，部分声波被反射回来由接收探头接收，发射到接收的时间差为 t_1，部分声波穿过沉渣厚度直达孔底原状土后产生第二次反射，得到第二个反射时间差 t_2，则沉渣厚度为

$$H = \frac{t_2 - t_1}{2} C \tag{8-2}$$

式中 H——沉渣厚度，m；

C——沉渣声波波速，m/s；

t_1、t_2——时间，s。

8.3 吊放钢筋笼骨架

8.3.1 钢筋笼制作

8.3.1.1 材质要求

钢材的种类、钢号及尺寸规格应符合设计文件的规定要求。钢材进货时，要有质量保证书，并应妥善保管，防止锈蚀。分段制作的钢筋笼其接头应该采用焊接或机械式连接（钢筋直径大于20mm）。焊接用的钢材，应做可焊接质量的检测，主筋搭接接头长度、质量应符合《钢筋焊接及验规程》（JGJ 18—2012）的规定，并应遵守国家现行标准《钢筋机械连接通用技术规程》（JGJ 107—2010）和《钢筋混凝土工程施工质量验收规范收规范》（GB 50204—2015）。

8.3.1.2 制作要求

1. 尺寸允许偏差

（1）钢筋笼的材质、尺寸应符合设计要求，制作允许偏差见表 8-5。

表 8-5　　　　　　　　钢筋笼制作允许偏差

主筋间距	加强筋间距	箍筋间距	钢筋笼直径	钢筋笼长度	主筋弯曲度	钢筋笼弯曲度
±10mm	±10mm	±20mm	±10mm	±100mm	<1%	≤1%

（2）分段制作的钢筋笼，每节钢筋笼的保护层垫块不得少于两组，每组四个，在同一截面的圆周上对称固定。

（3）主筋混凝土的保护层厚度不应小于30mm，水下灌注桩主筋混凝土保护层厚度不应小于50mm。保护层允许偏差应符合下列规定：水下混凝土成桩为±20mm；干孔混凝土成桩为±10mm

2. 焊接要求

（1）分段制作的钢筋笼，主筋搭接焊时，在同一截面内的钢筋接头不得超过主筋总数的50%，两个接头的间距不小于500mm，主筋的焊接长度，双面焊为（4~5）d，单面焊为（8~10）d。

（2）箍筋的焊接长度一般为箍筋直径的8~10倍，接头焊接只允许上下叠搭，不允许径向搭接。加强箍筋与主筋的连接宜采用点焊。

（3）主筋材质为高碳钢时，不宜采用焊接法，可采用绑扎方法连接。

制作钢筋笼的主要设备和工具有电焊机、钢筋切割机、钢筋圈制作台、主钢筋半圆焊

接支撑架等。

8.3.1.3 制作程序

（1）根据设计，计算箍筋用料长度、主筋分段长度，将所需钢筋调直后用切割机成批切好备用。由于切断待焊的主筋、箍筋、缠筋的规格尺寸不尽相同，应注意分别摆放，防止用错。

（2）在钢筋圈制作台上制作箍筋并按要求焊接。

（3）将支撑架按2~3m的间距摆放在同一水平面上对准中心线，然后将配好定长的主筋平直摆放在焊接支撑架上。

（4）将箍筋按设计要求套入主筋（也可将主筋套入箍筋内）并保持与主筋垂直，进行点焊或绑扎。加劲箍筋宜设在主筋外侧，当因施工工艺有特殊要求时也可置于内侧。

（5）箍筋与主筋焊好或绑扎后，将缠筋按规定间距绕于其上，用细铁丝绑扎并间隔点焊固定。

（6）焊接或绑扎钢筋笼保护层钢筋环或混凝土垫块。

（7）将制作好的钢筋笼稳固放置在平整的地面上，搬运和吊装钢筋笼时应防止变形，安放应对准孔位，避免碰撞孔壁和自由落下，就位后应立即固定。

（8）对制作好的钢筋笼应按设计图纸尺寸和焊接质量标准进行检查，不合要求者，应予返工，否则不得使用。

钢筋笼的成型与加固如图8-42所示。

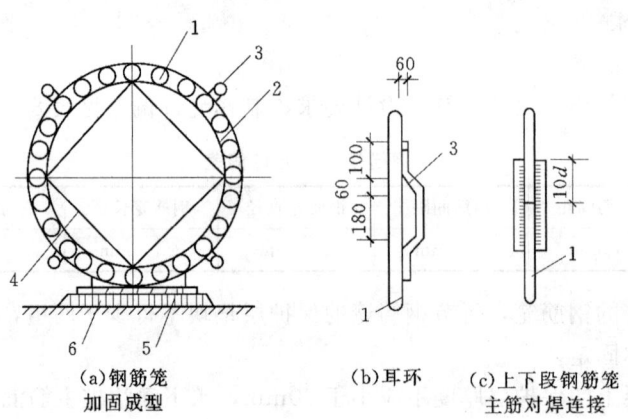

图8-42 钢筋笼的成型与加固
1—主筋；2—箍筋；3—耳环；4—加劲支撑；5—轻轨；6—枕木

8.3.2 钢筋笼的吊放

钢筋笼吊运及安装时，应采取措施防止变形，起吊吊点宜设在加强掖筋部位。钢筋笼的顶端应设置2~4个起吊点。钢筋笼直径大于1200mm，长度大于6m时，应采取措施对起吊点予以加强，以保证钢筋笼在起吊时不致变形。吊放钢筋笼入孔时应对准孔位，保持垂直，轻放、慢放入孔。入孔后应徐徐下放，不得左右旋转，避免碰撞孔壁。若遇阻碍应停止下放，查明原因进行处理。严禁高提猛落和强制下按。钢筋笼吊放入孔位置容许偏差应符合规定：钢筋笼中心与桩孔中心偏差不超过±10mm，钢筋笼定位标高偏差不超过

±50mm 钢筋笼过长时宜分节吊放，孔口焊接。分节长度应按孔深、起吊高度和孔口焊接时间合理选定。孔口焊接时，上下主筋位置应对正，保持钢筋笼上下轴线一致。钢筋笼就位吊放如图 8-43 和图 8-44 所示。

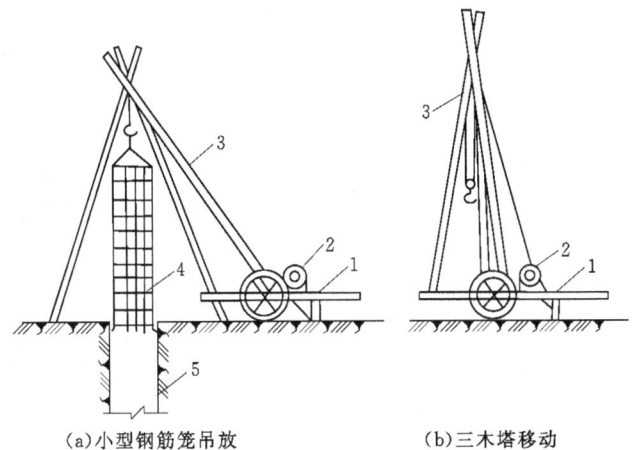

图 8-43 小型钢筋笼吊放
1—双轮架子车；2—卷扬机；3—三木塔；
4—钢筋笼；5—桩孔

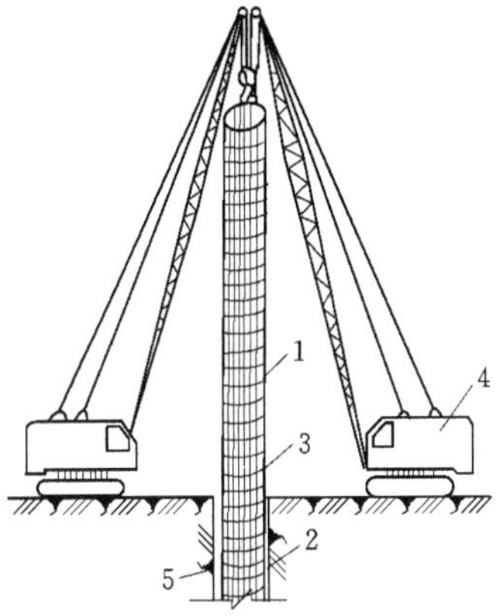

图 8-44 大直径灌注桩钢筋笼的吊放
1—上节钢筋笼；2—下节钢筋笼；3—钢筋
焊接接头；4—履带式或轮胎式起重机；
5—混凝土护壁

采用正循环或压风机清孔，钢筋笼入孔宜在清孔之前进行，若采用泵吸反循环清孔，钢筋笼入孔一般在清孔后进行。若钢筋笼入孔后未能及时灌注混凝土，停隔时间较长，致使孔内沉渣超过规定要求，应在钢筋笼定位可靠后重新清孔。

钢筋笼全部下入孔后，应按设计及钢筋笼吊放入孔位置容许偏差要求，检查安放位置并做好记录。符合要求后，可将主筋点焊于孔口护筒上或用铁丝牢固绑于孔口，以使钢筋笼定位；当桩顶标高低于孔口时，钢筋笼上端可用悬挂器或螺杆连接加长 2~4 根主筋，延长至孔口定位，防止钢筋笼因自重下落或灌注混凝土时往上窜动造成错位。桩身混凝土灌注完毕，达到初凝后即可解除钢筋笼的固定，以使钢筋笼随同混凝土收缩，避免黏结力损失。

8.4 灌注水下混凝土

钢筋笼吊装完毕后，应安置导管或气泵管二次清孔，并应进行孔位、孔径、垂直度、孔深、沉渣厚度等检验，合格后应立即灌注混凝土。

钻孔灌注桩混凝土的灌注方式分干式灌注和水下灌注。干作业成孔的桩一般采用干式灌注。水下混凝土灌注方法主要有导管灌注法、泵送法、开底箱法和袋装法等，这里主要介绍导管法水下灌注混凝土。

导管法是指在井孔内垂直放入钢制导管，管底距离桩孔底部 30~40cm，在导管的顶部接有一定容量的漏斗，在漏斗颈部安放球塞，并用绳索系牢。漏斗内盛满坍落度较大的混凝土，割断绳索，同时迅速不断地向漏斗内灌注混凝土，此时导管内的球塞、空气、水（泥浆）均受混凝土重力挤压由管底排出，瞬间，混凝土在管底周围堆筑成一圆锥体，将导管下端埋入混凝土堆内至少1m以上，使水（泥浆）不能流入管内，将以后再灌注的混凝土在无水的导管内源源不断地灌入混凝土堆内，随灌随向周围挤动、摊开及升高。

8.4.1 混凝土灌注机具

8.4.1.1 导管

导管是水下灌注混凝土的重要工具。一般用无缝钢管制作或钢板卷焊而成，导管壁厚不宜小于3mm；长度一般为2m，最下端一节导管长应为4.5～6m，不得短于4m；为了配合适合的导管柱桩长度，应备用1m、0.5m及0.3m等不同长度的短导管。其直径应按桩径和每小时需要通过的混凝土数量决定；一般最小直径不宜小于200mm。导管的技术规格和适用范围见表8-6。

表8-6　　　　　　　　　导管规格和适用范围

导管内径/mm	适用桩径/mm	通过混凝土能力/(m³/h)	导管壁厚/mm		备　　注
			无缝钢管	钢板卷管	
200	600～1200	10	8～9	4～5	导管的连接和卷制焊缝必须密封，不得漏水
230～255	800～1500	15～17	9～10	5	
300	≥1500	25	10～11	6	

导管采用法兰盘连接或螺纹连接，宜优先选用螺纹连接。用4～5mm的橡胶垫圈或橡胶"O"形密封圈密封，严防漏水。接头要求严密、不漏浆、不进水。使用前应试拼装、试压，试压水压力为0.6～1.0MPa。

8.4.1.2 漏斗和储料斗

导管顶部应设置漏斗和储料斗，漏斗设置的高度应方便操作，并在灌注最后阶段时，能满足对导管内的混凝土高度的需求，保证上部桩身混凝土质量。混凝土柱的高度，一般在桩顶低于桩孔中的水位时，应比该水位至少高出2m；在桩顶高于桩孔中的水位时，应比桩顶至少高出2m。漏斗设置高度（即导管内混凝土柱的高度），可参考图8-45所示并按式（8-3）计算。

$$h_1 = (P + r_W H_W)/r_h \tag{8-3}$$

式中　r_W——孔内泥浆或水的重度，kN/m³；

　　　P——超压力（kPa）与导管作用半径有关，P不宜小于75kPa；

　　　r_h——混凝土拌和物重度，kN/m³，一般取$r_h = 23 \sim 24$kN/m³；

　　　H_W——孔内水位至漏斗顶部高度，m。

$$H_A = h_3 - H_W$$

漏斗和储料斗可用4～6mm钢板制作，要求不漏浆，不挂浆，漏泄顺畅彻底。储料斗的容量一般为0.5～0.8m³。漏斗和储料斗应有足够的容量储存混凝土，以保证首斗灌注量能达到埋管0.8～1.2m的高度。漏斗和储料斗的初储量计算，可参考图8-46和式（8-4）所示。

$$V = h_1 \times \pi d^2/4 + H_C \times \pi D^2/4 \quad (8-4)$$

式中 V——漏斗和储料斗初储量，m^3；

d——导管内径，m；

D——实际桩孔直径，m；

h_1——孔内混凝土达到埋管高度时，导管内混凝土柱与导管外水柱压力平均所需的高度，m。

$$h_1 \approx H_W r_W / r_h \quad (8-5)$$

式中 r_W——水或泥浆的重度，kN/m^3；

r_h——混凝土拌和物重度，kN/m^3；

H_W——孔内水位至管外混凝土面的高度，m。

$$H_W = H - H_C$$

式中 H——实际桩孔孔深，m；

H_C——首批混凝土埋管高度，m。

$$H_C = H_m + h_2$$

式中 H_m——应达到的最小埋管高度，m；

h_2——导管底口至孔底的高度，m。

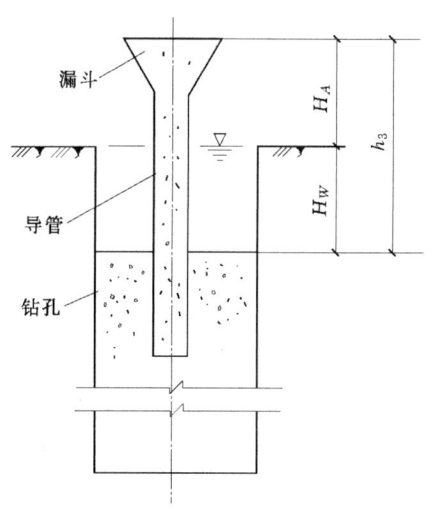

图 8-45 漏斗高度计算

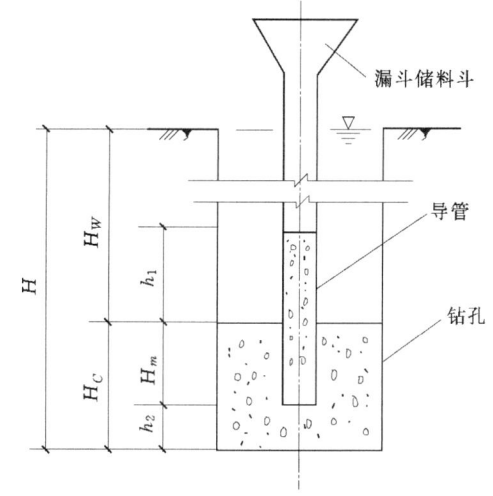

图 8-46 漏斗和储料斗容量计算

8.4.1.3 隔水塞

隔水塞一般采用预制混凝土块、橡胶球胆或软木球（前者为一次性使用，后两者可回收重复使用）。用混凝土制作的隔水塞，宜制成圆锥体，其直径和技术规格要求如图 8-47 所示，混凝土的强度等级宜为 C15～C25。

为保证隔水塞隔水性能良好和能顺利从导管内排出，隔水塞应具有一定的强度，表面光滑，形状尺寸规整。

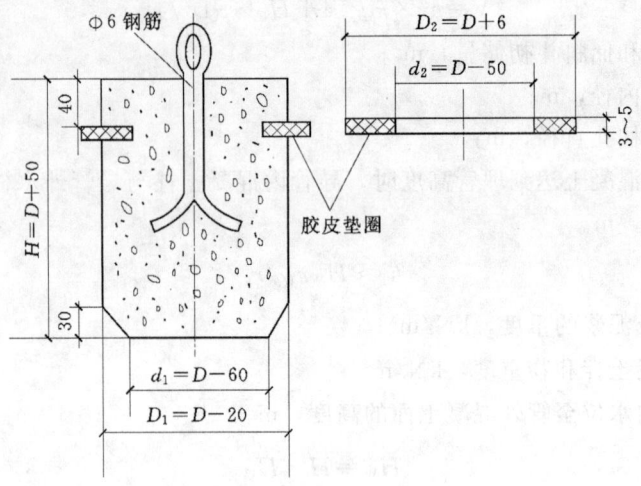

图 8-47 隔水栓
D—导管内径

8.4.1.4 其他设备

1. 升降设备

灌注平台或起吊设备,如机动吊车等。灌注平台应能安放导管、漏斗等,也能升降导管。

2. 搅拌机、运输设备

应根据搅拌机的生产能力,需要灌注混凝土的数量和适当的灌注时间以及劳动力配备情况选定搅拌机的类型和数量。

运送混凝土宜采用搅拌运输车,如运距较近时,也可采用翻斗车。其混凝土运送能力应与搅拌机的搅拌能力相适应,并配有不少于一台的备用设备。

8.4.2 混凝土配制

水下灌注混凝土必须具备良好的和易性,配合比应通过试验确定;坍落度宜为180~220mm,水泥用量不宜少于360kg/m³。另水下灌注混凝土的含砂率宜为40%~50%,并选用中粗砂;粗骨料的最大粒径应小于40mm,粒径不得大于钢筋最小净距的1/3。

泥浆护壁灌注桩宜采用商品混凝土。在受条件限制下,采用现场拌制,配制前必须将混凝土设计配合比换算成施工配合比。对粗、细骨料的含水率应经常测定,雨天施工应增加测定次数。配合比应根据骨料的实测含水率进行调整,以保证各种材料的投入量和混凝土实际水灰比符合要求。

混凝土原材料计量允许偏差:水泥、外掺混合材料重量比例允许偏差为2%,粗、细骨料重量比例允许偏差为3%;水、外加剂溶液重量比例允许偏差为2%。原材料投放时,应先投粗骨料,不得先投水泥和外加剂。混凝土应采用机械搅拌,搅拌时间应根据搅拌机类型和溶剂合理确定。混凝土搅拌的最短时间(即自全部材料装入搅拌筒中起到卸料止),可按表8-7规定执行。拌制好的混凝土应以最短距离运至灌注点,以免混凝土运输过程而产生离析。一旦出现离析应重拌。

采用商品混凝土或自拌混凝土都应按规定做好坍落度的测试。单桩混凝土量小于 $25m^3$ 的,每根桩前后各测一次;大于 $25m^3$ 的每根桩测 3 次,前、中、后各一次。

表 8-7　　　　　　　　　　　混凝土搅拌的最短时间

混凝土的坍落度 /cm	搅拌机的机型	搅拌机容积/L		
		<400	400~1000	>1000
≤3	自落式/s	90	120	150
	强制式/s	60	90	120
>3	自落式/s	90	90	120
	强制式/s	60	60	90

注　掺有外加剂时,搅拌时间应适当延长。

8.4.3　水下混凝土灌注

混凝土灌注是确保成桩质量的关键工序,应保证混凝土灌注能连续紧凑地进行,成孔完毕至灌注混凝土的间隔应不大于 24 小时,桩灌注时间不宜超过 8 小时。根据桩径、桩深、灌注量合理选择导管、搅拌机、起吊运输等设备机具的型号规格。所用机具均应试运转或严格检查,确保工况良好,严防灌注中出现故障。

8.4.3.1　灌注施工过程

水下浇筑混凝土导管法如图 8-48 所示。导管吊放入孔时,应将橡胶圈或胶皮垫安放周正、严密,确保密封良好。橡胶圈磨损超过 0.2mm 时,应及时更换。导管在桩孔中的位置应保持居中,防止导管跑管,撞坏钢筋或损坏导管;导管底部距孔底(或孔底沉渣面)距离高度,以能放出隔水塞及混凝土为度,一般为 300~500mm。

导管全部入孔后,计算导管柱总长和导管底部位置,并填入有关表格。同时,再次测定孔底沉渣厚度,若超过规定,应再次清孔至沉渣符合要求为止。隔水塞可用 8 号铁丝系住悬挂于导管内贴水面处。

首批混凝土中应首先配制 0.1~0.3m³ 水泥砂浆放入隔水塞以上导管、漏斗中,然后再放入混凝土,以便剪断铁丝后隔水塞、混凝土在导管内下行顺畅,返浆阻力小。混凝土的初存量应满足:首批混凝土入孔后,导管埋入混凝土中的深度不得小于 1m,并不宜大于 3m,当桩身较长时,导管埋入混凝土中的深度可适当加大。

首批混凝土灌注正常后,应紧凑、连续不断地进行灌注,严禁中途停工。灌注过程中,应经常用测锤探测混凝土面的上升高度,并适时提升拆卸导管,保持导管的合理埋深 2~6m。正常灌注时的探测次数一般为 4m 一次,并应在每次起升导管前,探测一次混凝土上面的高度,桩的顶部和底部应适当加密探测次数;特殊情况下(局部严重超径、缩径、漏失层位,灌注量特别大的桩孔等)应增加探测次数,同时,观察返水情况,以正确分析和判断孔内情况。每次探测数据和拆卸导管长度应填入"钻孔水下混凝土灌注记录表"。

在灌注过程中,当导管内混凝土不满,含有空气时,后续的混凝土宜通过溜槽徐徐灌入漏斗和导管,不得将混凝土整斗倾入管内,以免在导管内形成高压气囊挤出管节间的橡胶垫而使导管漏水。

当混凝土面上升到钢筋笼下端时,为防止钢筋笼被混凝土顶托上升,应采取以下措施:

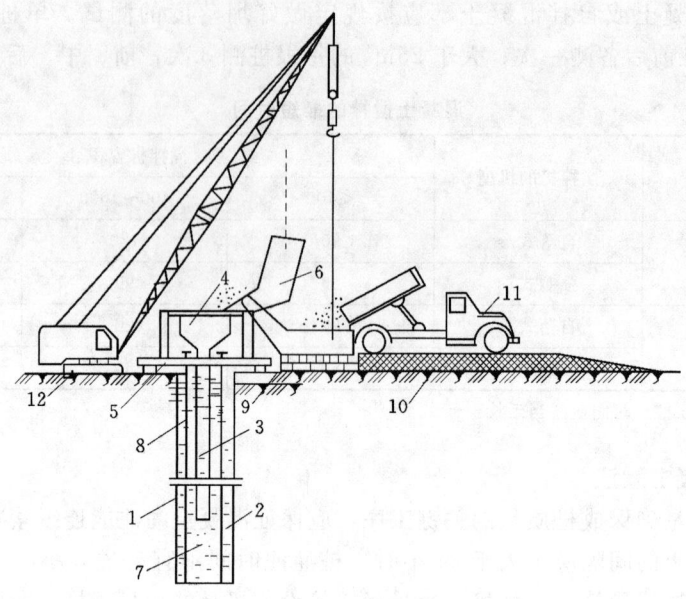

图 8-48 水下混凝土浇筑工艺
1—桩孔；2—钢筋笼；3—导管；4—下料滑斗；5—浇筑台架；6—卸料槽；7—混凝土；
8—泥浆水；9—泥浆溢流槽；10—钢承台；11—翻斗汽车；12—履带式起重机

（1）在孔口固定钢筋笼上端。

（2）灌注混凝土的时间应尽量快，以防止混凝土进入钢筋笼时，混凝土的流动度过小。

（3）当孔内混凝土面接近钢筋笼时，应保持较大的埋管深度，放慢灌注速度。

（4）当孔内混凝土上面进入钢筋笼 1~2m 后，应适当提升导管，减少导管埋置深度。

灌注接近桩顶部时，为确保桩顶混凝土质量，漏斗及导管中混凝土的高度与孔内混凝土面的高差应不小于 2m；为了严格控制桩顶标高，应计算混凝土的需要量，使灌注的桩顶标高比设计的标高增加 0.2~0.5m。

在灌注将近结束时，由于导管内混凝土面高差减小，超压力降低，而导管内的泥浆及所含渣土稠度和比重增大，如出现混凝土上升困难时，可在孔内加水稀释泥浆，也可掏出部分沉淀物，使灌注工作顺利进行。

灌注结束后，各岗位人员必须按职责要求整理、冲洗现场，清除设备和工具上的混凝土积物。

桩顶（或称桩头）灌注完毕后，随即探测桩顶面的实际高度，检查桩的实际灌注长度。由于桩顶面上泥渣沉淀增厚、泥浆的比重、黏度增大，使用测锤不易测准，可用细钢管接长，在其下端安一活塞铁盒，插入混凝土取样鉴别，或在钢管下端连接一长锥体，探测混凝土。

桩孔内高出水面的桩头，在清除浮浆沉渣后，应对桩头混凝土进行养护。高出地面的桩头应制作桩头模板，按设计标高安放周正，浇注混凝土捣实并按规定养护。待混凝土强度达到设计标号的 70% 时方可拆除桩头模板。处于水中的桩头，可在混凝土初凝前，以高压水冲射超出标高的部分,但在桩头设计标高以上须保留不小于 20~30cm 的一层,待桩头挖露出后,将其凿除。

8.4.3.2 常见灌注故障及处理措施

在灌注过程中,应经常观察孔内情况。出现故障时,应及时分析和正确判断发生故障的原因,制定处理故障措施。常见灌注故障及处理措施参见表 8-8。

表 8-8　　　　　　　　常见灌注故障及处理措施表

常见故障	产生故障的原因	故障处理措施
隔水塞卡导管内	(1) 隔水塞翻转或胶垫过大; (2) 隔水塞遇物卡住; (3) 导管连接不直; (4) 导管变形	用长杆冲捣或振捣,若无效提出导管,取出隔水塞重放,并检查导管连接的垂直度;拆换变形的导管
导管内进水	(1) 导管连接处密封不好,垫圈放置不平正,法兰盘螺栓松动; (2) 初灌量不足,未埋住导管	(1) 提出导管,检查垫圈,重新安放并检查密封情况; (2) 提出导管,清除灌入的混凝土,重新开始灌注,增加初灌量,调整导管底口至孔底高度
混凝土在导管内出不去	(1) 混凝土配比不符合要求水灰比过小,坍落度过低; (2) 混凝土搅拌质量不符合要求; (3) 混凝土泌水离析严重; (4) 导管内进水未及时发现造成混凝土严重稀释,水泥浆与砂、石分离; (5) 灌注时间过长,表层混凝土已初凝	将混凝土按比例要求重新拌合并检查坍落度; 检查所使用的水泥品种、标号和质量,按要求重新拌制; 在不增大水灰比的原则下重新拌和; 上下提动导管或捣实,使导管疏通,若无效,提出导管进行清理,然后重新插入混凝土内足够深度用潜水泵或空气吸泥机将导管内泥浆、浮浆、杂物等吸除干净恢复灌注; 尽量不采取提起导管下隔水塞继续灌注的办法。
断桩	(1) 导管提升过高,导管底部脱离混凝土面; (2) 灌注作业因故中断	
夹层	(1) 埋管深度不够,混入浮浆; (2) 孔壁垮落物夹入混凝土内; (3) 导管进水使混凝土部分稀释	
钢筋笼错位或回窜	(1) 钢筋笼焊接质量不好; (2) 钢筋笼未固定死或未固定	吊起钢筋笼重新焊接下入孔内,检查钢筋笼固定情况,并加焊固定。非全桩式钢筋笼可在其下部用铁丝系住较大的石块或水泥块

8.5 承台施工

8.5.1 承台类型

承台是桩基础的重要组成部分,承台应有足够的强度和刚度,以便把上部结构的荷载传递给各桩并将各桩联结成整体。承台为现浇钢筋混凝土结构，相当于一个浅基础，桩承台本身应该具有类似于浅基础承载能力，并且承台材料、形状、高度、底面标高和平面尺寸应该符合构造要求。

8.5.1.1 按承台底面位置分

（1）高桩承台：当桩顶位于地面以上相当高度的承台称为高桩承台。

（2）低桩承台：凡桩顶位于地面以下的承台，称为低桩承台，与浅基础一样，要求承台底面埋置于当地冻结深度以下。

8.5.1.2 按承台形式分

柱下独立承台、柱下或墙下条形基础（梁式承台）、筏板承台、箱型承台。

8.5.2 承台构造

桩基承台除满足抗冲切强度、抗剪切强度、抗弯强度和上部构造要求外，还应满足下列要求：

（1）柱下独立桩基承台的最小宽度不应小于 500mm，承台边缘至桩中心的距离不宜小于桩径或边长且边缘挑出部分不应小于 150mm，对于条形承台梁边缘挑出部分不应小于 75mm。

（2）条形承台和柱下独立柱基承台的厚度不应小于 300mm。

（3）筏形、箱形承台板的厚度应满足整体刚度、施工条件及防水要求；对于墙下桩基及基础梁下桩基，承台板厚度不宜小于 250mm，且板厚与计算区段最小跨度比不宜小于 1/20。

（4）柱下单桩基础，一般只需按连接柱、连接梁的构造要求将连系梁高度范围内桩的圆形截面改变为方形截面。

（5）承台埋深不小于 600mm。在季节性冻土及膨胀土地区，承台埋深可参照《建筑地基基础设计规范》（GB 50007—2011）及《膨胀土地区建筑技术规范》（GB 50112—2013）等有关规定执行。

桩基础承台有多种形式，如图 8-49 所示。

8.5.3 承台材料

承台混凝土材料及强度等级应符合结构混凝土耐久性的要求和抗渗要求。等级不宜低于 C15，采用Ⅱ级钢筋时，混凝土等级不宜低于 C20。承台底面钢筋的保护层不宜小于 70mm。设素混凝土垫层时，保护层厚度可适当减小，垫层厚度宜为 100mm。

承台的钢筋配置应符合下列规定：

（1）柱下独立桩基承台钢筋应通长配置如图 8-50（a）所示，对四桩以上（含四桩）承台宜按双向均匀布置，对三桩的三角形承台应按三向板带均匀布置，且最里面的三根钢筋围成的三角形应在柱截面范围内，如图 8-50（b）所示。钢筋锚固长度自边桩内侧（当为圆桩时，应将其直径乘以 0.8 等效为方桩）算起，不应小于 $35d$（d 为钢筋直径）；当不满足时应将钢筋向上弯折，此时水平段的长度不应小于 $25d$，弯折段长度不应小于 $10d$。承台纵向受力钢筋的直径不应小于 12mm，间距不应大于 200mm。柱下独立桩基承台的最小配筋率不应小于 0.15%。

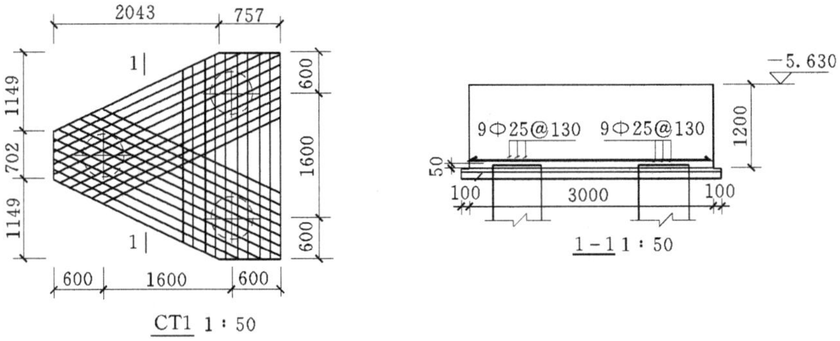

8.5 承台施工

(a) 三桩承台

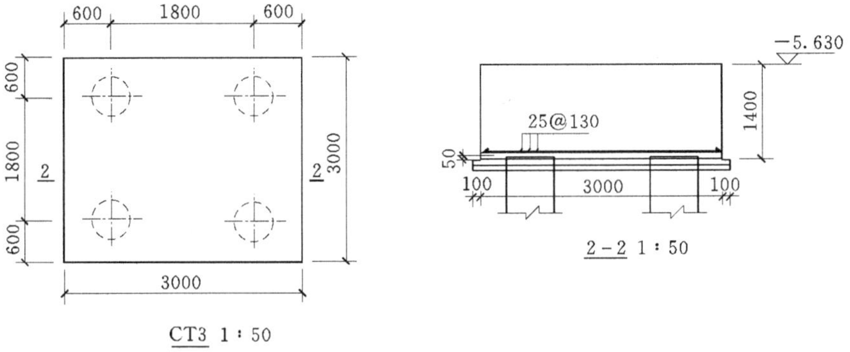

(b) 四桩承台

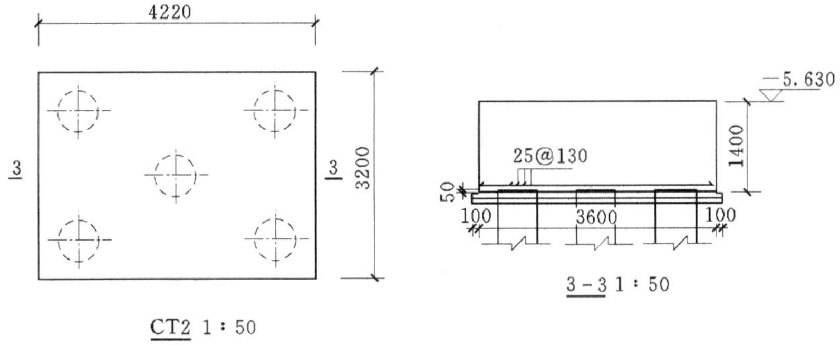

(c) 五桩承台

图 8-49 桩基础承台形式

（2）柱下独立两桩承台，应按《混凝土结构设计规范》（GB 50010—2010）中的深受弯构件配置纵向受拉钢筋、水平及竖向分布钢筋。承台纵向受力钢筋端部的锚固长度及构造应与柱下多桩承台的规定相同。

（3）条形承台梁的纵向主筋应符合《混凝土结构设计规范》（GB 50010—2010）关于最小配筋率的规定，如图 8-50（c）所示，主筋直径不应小于 12mm，架立筋直径不应小于 10mm，箍筋直径不应小于 6mm。承台梁端部纵向受力钢筋的锚固长度及构造应与柱下多桩承台的规定相同。

233

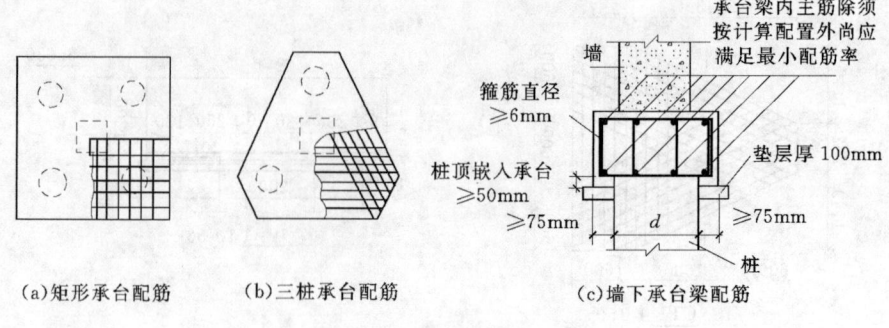

图 8-50 承台配筋示意图

(4) 筏形承台板或箱形承台板在计算中当仅考虑局部弯矩作用时，考虑到整体弯曲的影响，在纵横两个方向的下层钢筋配筋率不宜小于 0.15%；上层钢筋应按计算配筋率全部连通。当筏板的厚度大于 2000mm 时，宜在板厚中间部位设置直径不小于 12mm、间距不大于 300mm 的双向钢筋网。

(5) 承台底面钢筋的混凝土保护层厚度，当有混凝土垫层时，不应小于 50mm，无垫层时不应小于 70mm；此外尚不应小于桩头嵌入承台内的长度。

8.5.4 桩与承台的连接

(1) 桩嵌入承台的长度规定是根据实际工程经验确定的。如果桩嵌入承台深度过大，会降低承台的有效高度，使受力不利。桩嵌入承台内的长度对中等直径桩不宜小于 50mm；对大直径桩不宜小于 100mm。

(2) 混凝土桩的桩顶纵向主筋应锚入承台内，其锚入长度不宜小于 35 倍纵向主筋直径。对于抗拔桩，桩顶纵向主筋的锚固长度应按《混凝土结构设计规范》（GB 50010—2010）确定。

(3) 对于大直径灌注桩，当采用一柱一桩时，连接构造通常有两种方案：一是设置承台，将桩与柱通过承台相连接；二是将桩与柱直接相连。实际工程根据具体情况选择，可设置承台或将桩与柱直接连接。

(4) 桩与承台连接的防水构造。当前工程实践中，桩与承台连接的防水构造形式繁多，有的用防水卷材将整个桩头包裹起来，致使桩与承台无连接，仅是将承台支承于桩顶；有的虽设有防水措施，但在钢筋与混凝土或底板与桩之间形成渗水通道，影响桩及底板的耐久性。根据规范建议的防水构造如图 8-51 所示。

具体操作时要注意以下几点：

1) 桩头要剔凿至设计标高，并用聚合物水泥防水砂浆找平；桩侧剔凿至混凝土密实处。

2) 破桩后如发现渗漏水，应采取相应堵漏措施。

3) 清除基层上的混凝土、粉尘等，用清水冲洗干净；基面要求潮湿，但不得有明水。

4) 沿桩头根部及桩头钢筋根部分别剔凿 20mm×25mm 及 10mm×10mm 的凹槽。

5) 涂刷水泥基渗透结晶型防水涂料必须连续、均匀，待第二层涂料呈半干状态后开始喷水养护，养护时间不小于三天。

8.5 承 台 施 工

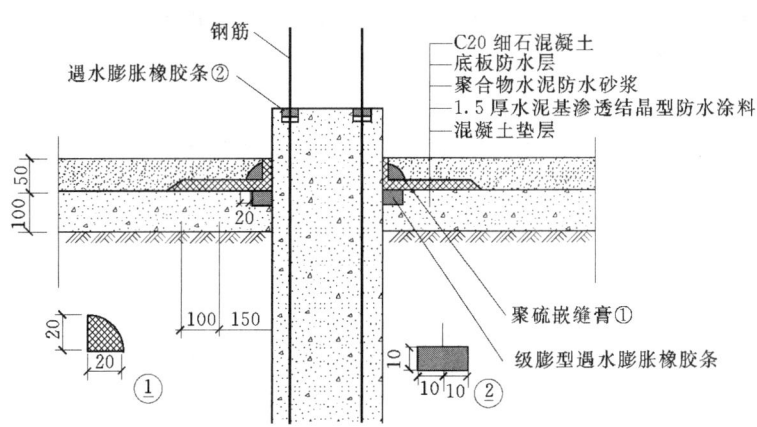

图 8-51 桩与承台连接的防水构造

6）待膨胀型止水条紧密、连续、牢固地填塞于凹槽后，方可施工聚合物水泥防水砂浆层。

7）聚硫嵌缝膏嵌填时，应保护好垫层防水层，并与之搭接严密。

8）垫层防水层及聚硫嵌缝膏施工完成后，应及时做细石混凝土保护层。

两桩桩基的承台，应在其短向设置连系梁。有抗震设防要求的柱下桩基承台，宜沿两个主轴方向设置连系梁。连系梁顶面宜与承台顶面位于同一标高。连系梁宽度不宜小于 250mm，其高度可取承台中心距的 1/10~1/15，且不宜小于 400mm。连系梁配筋应按计算确定，梁上下部配筋不宜小于 2 根直径 12mm 的钢筋；位于同一轴线上的相邻跨连系梁纵筋应连通。

8.5.5 承台施工

8.5.5.1 基坑开挖和回填

（1）桩基承台施工顺序宜先深后浅。

（2）当承台埋置较深时，应对邻近建筑物及市政设施采取必要的保护措施，在施工期间应进行监测。

（3）基坑开挖前应对边坡支护形式、降水措施、挖土方案、运土路线及堆土位置编制施工方案，若桩基施工引起超孔隙水压力，宜待超孔隙水压力大部分消散后开挖。

（4）当地下水位较高需降水时，可根据周围环境情况采用内降水或外降水措施。外降水可降低主动土压力，增加边坡的稳定；内降水可增加被动土压，减少支护结构的变形，且利于机具在基坑内的作业。

（5）挖土应均衡分层进行，对流塑状软土的基坑开挖，高差不应超过 1m，避免先挖桩体部分发生较大水平位移，导致基桩由于位移过大而断裂。软土地区基坑开挖分层均衡进行极其重要。

（6）挖出的土方不得堆置在基坑附近。

（7）机械挖土时必须确保基坑内的桩体不受损坏。

（8）基坑开挖结束后，应在基坑底做出排水盲沟及集水井，如有降水设施仍应维持运转。

(9) 在承台和地下室外墙与基坑侧壁间隙回填土前，应排除积水。清除虚土和建筑垃圾，填土应按设计要求选料，分层夯实，对称进行。

8.5.5.2 钢筋和混凝土施工

(1) 绑扎钢筋前应将灌注桩桩头浮浆部分去除，桩体及其主筋埋入承台的长度应符合设计要求；钢管桩尚应加焊桩顶连接件。

(2) 承台混凝土应一次浇筑完成，混凝土入槽宜采用平铺法。对大体积混凝土施工，应采取有效措施防止温度应力引起裂缝。

8.6 桩基础检验、验收

8.6.1 桩基检测

8.6.1.1 桩基检测目的

桩基检测的目的主要有两个：一个是为桩基的设计提供合理的依据；另一个是检验工程桩的施工质量，是否能满足设计要求。

第一个目的通常是通过在建筑现场的试桩上实现的。

第二个目的则是通过对工程桩抽样检测来达到的。为了使检测结果具有代表性，必须随机抽样检测并保证有一定的检测数量。如果因种种原因不能进行抽样检测时，至少也应该根据现场掌握的施工情况，分别进行检测。

8.6.1.2 桩基检测方法

对于重要的建筑物桩基和地质条件复杂或成桩质量可靠性较低的桩基工程，应采用静载法或动测法检查成桩质量和单桩承载力；对于大直径桩还可采取钻取芯样、预埋管超声检测法检测。具体检测方法和检测桩数由设计确定。

1. 静载法（竖向静载试验）

(1) 试验装置。一般采用油压千斤顶加载，千斤顶的加载反力装置根据现场实际条件有三种形式：锚桩横梁反力装置（图 8-52）、压重平台反力装置和锚桩压重联合反力装

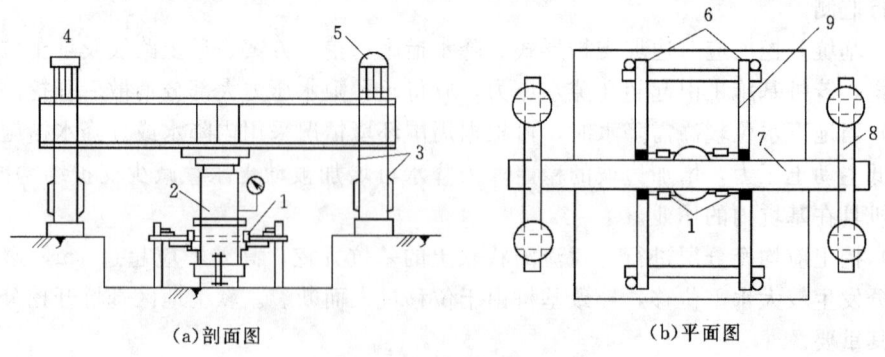

(a) 剖面图　　　　　　　　　(b) 平面图

图 8-52　竖向静载试验装置

1—百分表；2—千斤顶；3—锚筋；4—厚钢板；5—硬木包钢皮；
6—基准桩；7—主梁；8—次梁；9—基准梁

置。千斤顶平放于试桩中心,当采用两个以上千斤顶加载时,应将千斤顶并联同步工作,并使千斤顶的合力通过试桩中心。

荷载与沉降的量测仪表:荷载可用放置于千斤顶上的应力环、应变式压力传感器直接测定,或采用联于千斤顶的压力表测定油压,根据千斤顶率定曲线换算荷载。试桩沉降一般采用百分表或电子位移计测量。对于大直径桩应在其两个正交直径方向对称安置4个位移测试仪表,中等和小直径桩可安置2个或3个位移测试仪表。沉降测定平面离桩顶距离不应小于0.5倍桩径,固定和支撑百分表的夹具和基准梁在构造上应确保不受气温、振动及其他外界因素影响而发生竖向变位。试桩、锚桩(压重平台支墩)和基准桩之间的中心距离应符合表8-9的规定。

表8-9　　　　　　　　试桩、锚桩和基准桩之间的中心距离

反 力 系 统	试桩与锚桩 (或压重平台支墩边)	试桩与基准桩	基准桩与锚桩 (或压重平台支墩边)
锚桩横梁反力系统 压重平台反力系统	≥4d且不小于2.0m	≥4d且不小于2.0m	≥4d且不小于2.0m

注　d为试桩或锚桩的设计直径,取其较大者(如试桩或锚桩为扩底桩时,试桩与锚桩的中心距不应小于2倍扩大端直径)。

(2)加卸载方式与沉降观测:

1)试验加载方式。采用慢速维持荷载法,即逐级加载,每级荷载达到相对稳定后加下一级荷载,直到破坏,然后分级卸载到零。当考虑结合实际工程桩的荷载特征时可采用多循环加卸载法(每级荷载达到相对稳定后卸载到零)。当考虑缩短试验时间时,对于工程桩检验性试验,可采用快速维持荷载法,即一般每隔1h加一级荷载。

2)加载分级。每级加载为预估极限荷载的1/10~1/15,第一级可按2倍分级荷载加荷。

3)沉降观测。每级加载后间隔5min、10min、15min各测读一次,以后每隔15min测读一次,累计1h后每隔30min测读一次。每次测读值记入试验记录表。

4)沉降相对稳定标准。每1h的沉降量不超过0.1mm,并连续出现2次(由1.5h内连续3次观测值计算),认为已达到相对稳定,可加下一级荷载。

5)终止加载条件。当出现下列情况之一时,即可终止加载:某级荷载作用下,桩的沉降量为前一级荷载作用下沉降量的5倍;某级荷载作用下,桩的沉降量大于前一级荷载作用下沉降量的2倍,且经24h尚未达到相对稳定;已达到锚桩最大抗拔力或压重平台的最大重力时。

6)卸载与卸载沉降观测。每级卸载值为每级加载值的2倍。每级卸载后每隔15min测读一次残余沉降,读两次后,隔30min再读一次,即可卸下一级荷载。全部卸载后,隔3~4h再读一次。

静载试验是采取接近桩的实际工作条件,通过静载加压,确定桩的极限承载力,通常采用的是单桩竖向抗压静载试验、单桩竖向抗拔静载试验和单桩水平静载试验。

灌注桩做静载实验应在桩身混凝土强度达到设计等级的前提下,对砂类土不少于10

天，对一般黏性土不少于20天，对淤泥或淤泥质土不少于30天，才能进行试验。

2. 钻芯法

采用液压钻岩机钻取桩身混凝土芯样进行状态和强度检验。状态检验主要是通过对钻出的芯样进行观察，分析桩身是否存在断桩、夹泥及了解混凝土的密实性和沉渣厚度等。强度检验是将芯样进行抗压试验，确定桩身混凝土是否达到设计要求。钻芯法还可钻取桩底持力层岩芯，从而判断持力层岩土特征。

在桩体上钻孔取芯的方法是比较直观的，它不仅可以了解灌注桩的完整性，查明桩底沉渣厚度以及桩端持力层的情况，而且还是检验灌注桩混凝土强度的可靠方法。

钻孔取芯法所需的设备随检测的项目而定。如仅检测灌注桩的完整性，钻孔取芯法可按如下步骤进行：

(1) 确定钻孔位置。灌注桩的钻孔位置。桩径小于1600mm时，宜选择在桩中心钻孔；当桩径大于1600mm时，钻孔数不宜少于2个。

(2) 安置钻机。钻孔位置确定后，应对准孔位安置钻机。钻机就位并安放平稳后，应将钻机固定，以便工作时不致产生位置偏移，固定方法应按根据钻机构造和施工现场的具体情况，分别采用顶杆支撑、配重或膨胀螺栓等方法。在固定钻机时，还应检查底盘的水平度，以保证钻杆及钻孔的垂直度。

(3) 施钻前的检查。施钻前应先通电检查主轴的旋转方向，当旋转方向为顺时针时，方可安装钻头，并调整钻机主轴的旋转轴线，使其呈垂直状态。

(4) 开钻。开钻前先接水源和电源，正向转动操作手柄，使合金钻头慢慢地接触混凝土表面，待钻头刃部入槽稳定后，方可加压进行正常钻进。

(5) 钻进取芯。在钻进过程中，应保持钻机的平稳。转速不宜小于140r/min，钻孔内的循环水流不得中断，水压应保证能充分排除孔内混凝土料屑。

灌注桩钻孔取芯检测的取芯数目视桩径和桩长而定。通常至少每1.5m应取1个芯样，沿桩长均匀选取，每个芯样均应标明取样深度，以便判明有无缺陷以及缺陷的位置；对于用于判明灌注桩混凝土强度的芯样，则根据情况，每一试桩不得少于10个。钻孔取芯的深度应进入桩底持力层不小于1m。

3. 声波透射法

声波在正常混凝土中的传播速度为3000~4500m/s。当混凝土中存在裂缝、蜂窝、孔洞、夹泥或密实度差等缺陷时，声波通过这种缺陷时的传播速度将发生变化。根据上述原理，在灌注桩浇捣混凝土前预埋声测管，待桩施工结束后采用声波检测仪通过声测管来测量声波在其间的传播时间（速度），根据这些传播速度的变化可判断桩身混凝土质量的优劣。

4. 低应变动测法

低应变动测法有反射波法、机械阻抗法、动力参数法、水电效应法等，目前普遍使用的是反射波法和机械阻抗法。采用瞬态冲击（小锤敲击）桩顶并实测桩顶应力波的加速度（或速度）的响应时域曲线，通过分析该响应时域曲线的变化可判断基桩桩身的完整性，这种方法称为反射波法（或称为瞬态时域分析法）。同时，如果将获取的应力波的响应时域曲线通过傅里叶变换成为脉冲响应频域曲线（导纳曲线），通过分析响应频域曲线（导

8.6 桩基础检验、验收

纳曲线）的变化来判断基桩桩身的完整性，这种方法称为瞬态机械阻抗法。另外，采用稳态激振方式直接测得导纳曲线的方法称为稳态机械阻抗法。

5. 高应变动测法

高应变动测法是将重锤从桩顶以上一定高度自由落下锤击桩顶，测试锤击信号（振动波速），分析桩顶锤击信号反应可判断桩身质量。高应变动测法主要用于检测桩的承载力，用于检测桩身质量则是附带性的。由于高应变测试费用高，通常情况下桩身完整性检测主要采用低应变动测法。

8.6.1.3 检测数量

（1）柱下三桩或三桩以下的承台内抽检数不少于1根。

（2）一般情况下抽检数量不应少于总根数的20%且不得少于10根。

（3）设计等级为甲级或地质条件复杂、成桩质量较差的灌注桩，抽检数量不应少于总桩数的30%且不得少于20根。

（4）对桩身直径大于800mm的灌注桩，应选用钻芯法或声波透射法。抽检数量不应少于总桩数的10%。

8.6.2 桩基验收

桩基工程验收应待开挖到设计标高后，并将桩顶处理到设计标高后进行。除了对灌注桩的混凝土强度、承载能力、桩身质量进行检测以外，还须对桩实际位置进行验收，画出桩位竣工图。若超出允许范围，须与有关部门商讨处理方法。

8.6.2.1 混凝土灌注桩检验标准

（1）混凝土灌注桩钢筋笼质量检验标准见表8-10。

表8-10　　　　　　　混凝土灌注桩钢筋笼质量检验标准

项目	序号	检查项目	允许偏差或允许值/mm	检查方法
主控项目	1	主筋间距	±10	用钢尺量
	2	长度	±100	用钢尺量
一般项目	1	钢筋材质检验	设计要求	抽样送检
	2	箍筋间距	±20	用钢尺量
	3	直径	±10	用钢尺量

（2）灌注桩的平面位置和垂直度的允许偏差见表8-11。

表8-11　　　　　　　灌注桩的平面位置和垂直度的允许偏差

序号	成孔方法		桩径允许偏差/mm	桩位允许偏差/%	桩位允许偏差/mm	
					1~3根，单挑桩垂直于中心线方向和群桩基础的边缘	条形桩基础沿中心线方向和群桩基础的中间桩
1	泥浆护壁灌注桩	$D \leqslant 1000mm$	±50	<1	$D/6$，且不大于100	$D/4$，且不大于150
		$D > 1000mm$			$100+0.01H$	$150+0.01H$

续表

序号	成孔方法		桩径允许偏差/mm	桩位允许偏差/%	桩位允许偏差/mm	
					1～3根，单挑桩垂直于中心线方向和群桩基础的边缘	条形桩基础沿中心线方向和群桩基础的中间桩
2	沉管成孔灌注桩	D≤500mm	-20	<1	70	150
		D>500mm			100	150
3	干作业成孔灌注桩		-20	<1	70	150
4	人工挖孔灌注桩	混凝土护壁	±5	<0.5	50	150
		钢套管护壁		<1	100	200

注 1. 桩径允许偏差的负值是指个别断面。
2. 采用复打、反插法施工的桩，其桩径允许偏差不受上表限制。
3. H 为施工现场地面标高与桩顶设计标高的距离，D 为设计桩径。

（3）混凝土灌注桩质量检验标准见表 8-12。

表 8-12 混凝土灌注桩质量检验标准

项目	序号	检查项目		允许偏差或允许值		检 查 方 法
				单位	数值	
主控项目	1	桩位		见表 8-13		基坑开挖前量护筒，开挖后量桩中心
	2	孔深		mm	+300	只深不浅，用重锤测，或钻杆测、套管长度，嵌岩桩应确保进入设计要求的嵌岩深度
	3	桩体质量检验		按基桩检测技术规范。如钻芯取样，大直径嵌岩桩应钻至桩尖下 50cm		按基桩检测技术规范
	4	混凝土强度		设计要求		实践报告或钻芯取样送检
	5	承载力		按基桩检测技术规范		按基桩检测技术规范
一般项目	1	垂直度		见表 8-13		测套管或钻杆，或用超声波探测，干施工时吊垂球
	2	桩径		见表 8-13		井径仪或超声波检测，干施工时用钢尺量，人工挖孔桩不包括内衬厚度
	3	泥浆比重（黏土或砂性土中）		1.15～1.20		用比重计测，清孔后在距孔底 50cm 处取样
	4	泥浆面标高（高于地下水位）		m	0.5～1.0	目测
	5	沉渣厚度	端承桩	mm	≤50	用沉渣仪或重锤测量
			摩擦桩	mm	≤150	
	6	混凝土坍落度	水下灌注	mm	160～220	坍落度仪
			干施工	mm	70～100	

续表

项目	序号	检查项目	允许偏差或允许值		检查方法
			单位	数值	
一般项目	7	钢筋笼安装深度	mm	±100	用钢尺量
	8	混凝土充盈系数		>1	检查每根桩的实际灌注量
	9	桩顶标高	mm	+30 −50	水准仪,需扣除桩顶浮浆层及劣质桩体

8.6.2.2 桩基验收资料

桩基验收应包括下列资料:

(1) 工程地质勘察报告、桩基施工图、图纸会审纪要、设计变更单及材料代用通知单等。

(2) 经审定的施工组织设计、施工方案及执行中的变更情况。

(3) 桩位测量放线图,包括工程复核签证单。

(4) 成桩质量检查报告。

(5) 单桩承载力检测报告。

(6) 基坑挖至设计标高的桩基竣工平面图及桩顶标高图。

8.7 灌注桩基础施工案例

8.7.1 工程概况

本工程区域基底为厚层深变质岩岩组的大别山杂岩。据本次勘探揭露,拟建场地覆盖层属第四纪长河河流相冲洪积积层,主要由饱和砂土、砾卵石层组成。本次勘探35.1m深度范围内按沉积年代,成因类型及其物理学性质的差异,可划分为5个主要层次,各岩土分布规律详见工程地质剖面图。

依据本次勘探成果,场地地层的分布如下:

1. 第1层填土

杂色,在大堤处有黏性土组成,在漫滩和河床内为施工填沙,松散,厚度一般0.1～4.0m。

2. 第2层中粗砂

灰白～灰黄色,饱和,松散～稍密,重型动探击数2～15击/10cm,高等压缩性,成分以石英、长石和云母为主,厚度1.4～6.9m。河床部位上部见少量漂石、砾卵石。

3. 第3层砾卵石

浅黄色,含砾卵石约70%,含中粗砂约10%,一般粒径为3～12cm,下部普遍含有漂石,成分以石英质岩石为主,次圆状,饱和,中密～密实,重型动力触探击数8～62击/10cm,该层层面埋深3.3～10.1m。

4. 第4层强风化大别山杂岩

黄褐～灰黄色,节理裂隙很发育,极破碎,岩芯呈小块状,主要成分为石英、长石及云母，岩石质量等级为Ⅴ级，标惯击数 35~78 击，该层层面埋深 9.0~15.0m，厚度 2.2~10.2m。

5. 第 5 层中风化大别山杂岩

黄褐，青灰夹暗绿色，节理裂隙发育，较破碎，岩芯呈短柱状，锤击不易破碎，裂隙较发育，主要成分为石英、长石及云母等，岩石质量等级为Ⅳ级，标贯击数 88~120 击。该层层面埋深一般 13.7~24.8m，未揭穿。

8.7.2 施工准备

（1）测量放样：采用全站仪对桥位、墩台中心桩位进行准确放样，对桥位桩进行防护、校核，据其确定各孔位，并将计算资料和放样资料保存完好，以备核查，用木桩标示各孔位中心。

（2）场地平整：场地平整在桥位放样后孔位确定前进行。场地平整过程中不能破坏桥位桩。

（3）场地布置：规划作业、材料存放、机械修整、人员休息场地，修通进场道路，接入水电设施；物资、机械、人员到位。

8.7.3 材料要求

水泥：425 号普通硅酸盐或矿渣硅酸盐水泥，新鲜无结块。

砂子：用中砂或粗砂，含泥量小于 5%。

石子：卵石或碎石，粒径 5~40mm，含泥量不大于 2%。

钢筋：品种和规格均符合设计要求，并有出厂合格证及试验报告。

外加剂、掺合料：根据施工需要通过试验确定，外加剂应有产品出厂合格证。

火烧丝：规格 18~22 号。

垫块：用 1∶3 水泥砂浆埋 22 号火烧丝预制成。

8.7.4 主要机具设备

1. 机械设备

CZ-22、CZ-30 型冲击钻孔机或简易的冲击钻机、3~5t 双筒卷扬机、混凝土搅拌机、插入式振捣器、洗石机、皮带式运输机、翻斗汽车、机动翻斗车、水泵以及钢筋加工系统设备等。

2. 主要工具

冲锤或冲击钻头、钢护筒、掏（抽）渣筒、钢吊绳；测渣铁航、混凝土浇灌台架、下料斗、卸料槽、导管、预制混凝土塞从小平锹、磅秤。

8.7.5 施工操作工艺

（1）冲击钻成孔灌注桩施工工艺程序是：场地平整—桩位放线，开挖浆池、浆沟—护筒埋设—钻机就位，孔位校正—冲击造孔，泥浆循环，清除废浆、泥渣，清孔换浆—终孔验收—下钢筋笼和钢导管—灌注水下混凝土—成极养护。

（2）成孔时应先在孔口设圆形 6~8mm 钢板护筒或砌砖护圈，护筒（圈）内径应比钻头直径大 200mm，深一般为 1.2~1.5m，然后使冲孔机就位，冲击钻应对准护筒中心，要求偏差不大于±20mm，开始低锤（小冲程）密击，锤高 0.4~0.6m，并及时加块石与黏土泥浆护壁，泥浆密度和冲程可按表 8-13 选用，使孔壁挤压密实，直至孔深达护筒下 3~4m 后，才加快速度，加大冲程，将锤提高至 1.5~2.0m 以上，转入正常连续冲击，在造孔时要及时将孔内残渣排出孔外。

表 8-13　　　　　各类土层中的冲程和泥浆密度选用表　　　　单位：$10^3 kg/m^3$

项次	项　目	冲程	泥浆密度	备　注
1	在护筒中及护筒刃脚下 3m 以内	0.9~1.1	1.1~1.3	土层不好时宜提高泥浆密度，必要时加入小片石和黏土块
2	黏土	1~2	清水	或稀泥浆，经常清理钻头上泥块
3	砂土	1~2	1.3~1.5	抛黏土块，勤冲勤掏渣，路塌孔
4	砂软石	2~3	1.3~1.5	加大冲击能量，勤掏渣
5	风化岩	1~4	1.2~1.4	如岩层表面不平或倾斜，应抛入 20~30cm 块石使之略平，然后低锤快击使其成一紧密平台，再进行正常冲击，同时加大冲击能量，勤掏渣
6	塌孔回填重成孔	1	1.3~1.5	反复冲击，加黏土块及片石

（3）冲孔时应随时测定和控制泥浆密度，每冲击 1~2m 深应排渣一次，并定时补浆，直至设计深度。排渣用抽渣筒法，是用一个下部带活门的钢筒，将其放到孔底，做上下来回活动，提升高度在 2m 左右，当抽筒向下活动时，活门打开，残渣进入筒内；向上运动时，活门关闭，可将孔内残渣抽出孔外。排渣时，必须及时向孔内补充泥浆，以防亏浆造成孔内坍塌。

（4）在钻进过程中每 1~2m 要检查一次成孔的垂直度。如发现偏斜应立即停止钻进，采取措施进行纠偏。对于变层处和易于发生偏斜的部位，应采用低锤轻击，间断冲击的办法穿过，以保持孔形良好。

（5）成孔后，应用测绳下挂 0.5kg 重铁航测量检查孔深，核对无误后，进行清孔。可使用底部带活门的钢抽渣筒反复掏渣，将孔底淤泥、沉渣清除干净。密度大的泥浆借水泵用清水置换，使密度控制在 $1.15×10^3~1.25×10^3 kg/m^3$。

（6）清孔后应立即放入钢筋笼，并固定在孔口钢护筒上，使在浇灌混凝土过程中不向上浮起，也不下沉。钢筋笼下完并检查无误后，应立即浇筑混凝土，间隔时间不应超过 4 小时，以防泥浆沉淀和塌孔。混凝土灌注一般采用导管法在水中灌注。

8.7.6　质量标准

1. 保证项目

（1）灌注桩用的原材料和混凝土强度，必须符合设计要求和施工规范的规定。

（2）成孔深度必须符合设计要求，以摩擦力为主的桩，沉渣厚度严禁大于 300mm；以端承力为主的桩，沉渣厚度严禁大于 100mm。

（3）实际浇筑混凝土量严禁小于计算体积。

（4）浇筑后的桩顶标高、钢筋笼（插筋）标高及浮浆的处理，必须符合设计要求和施工规范的规定。

2. 允许偏差项目

冲（钻）孔灌注桩的允许偏差及检验方法见表 8-14。

表 8-14　　　　　冲（钻）孔灌注桩的允许偏差及检验方法

项次	项	目		允许偏差/mm	检验方法
1	钢筋笼	主筋间距		±10	尺量检查
2		箍筋间距		±20	
3		直径		±10	
4		长度		±50	
5	桩的位置偏移	泥浆护壁成孔（干成孔、爆扩成孔）灌注桩	垂直与桩基中心线	1～2 根桩	$D/6$ 且不大于 200	拉线和尺量检查
				单排桩		
				群桩基础的边桩		
			沿桩基中心	条形基础的桩	$D/4$ 且不大于 300	
				群桩基础的中间桩		
6	垂直度			$H/100$	吊线和尺量检查

注　1. d 为桩的直径；H 为桩长。
　　2. 检查数量：按桩数抽查 10%，但不少于 3 根。

8.7.7　成品保护

（1）冬期施工，桩顶混凝土未达到设计强度等级 40% 时，应采取适当保温措施，防止受冻。

（2）刚浇完混凝土的灌注桩，不宜立即在其附近冲击相邻桩孔，宜采取间隔施工，防止因振动或主体侧向挤压而造成极变形或裂断。

8.7.8　安全措施

（1）认真查清邻近建（构）筑物情况，采取有效的防震安全措施，以避免冲击（钻）成孔时震坏邻近建（构）筑物，造成裂缝、倾斜，甚至倒塌事故。

（2）冲击（钻）成孔机械操作时应安放平稳，防止冲孔时突然倾倒或冲锤突然下落，造成人员伤亡和设备损坏。

（3）采用泥浆护壁成孔，应根据设备情况、地质条件和孔内情况变化，认真控制泥浆密度孔内水面高度、护筒埋设深度、钻机垂直度、钻进和提钻速度等，以防塌孔，造成机具塌陷。

（4）冲击锤（钻）操作时，距落锤 6m 范围内不得有人员走动或进行其他作业，非工作人员不准进入施工区域内。

（5）冲（钻）孔灌注桩在已成孔尚未灌注混凝土前，应用盖板封严，以免掉土或发生人身安全事故。

（6）所有成孔设备，电路要架空设置，不得使用不防水的电线或绝缘层有损伤的电线。电闸箱和电动机要有接地装置，加盖防雨罩；电路接头要安全可靠，开关要有保险装置。

（7）恶劣气候冲（钻）孔机应停止作业，休息或作业结束时，应切断操作箱上的总开关,并将离电源最近的配电盘上的开关切断。

(8) 混凝土灌注时,装、拆导管人员必须戴安全帽,并注意防止扳手、螺丝等掉入桩孔内;拆卸导管时,其上空不得进行其他作业,导管提升后继续浇筑混凝土前,必须检查其是否垫稳或挂牢。

8.7.9 施工注意事项

(1) 冲击钻具应注意必须连接牢固,总重量不得超过钻机或卷扬机使用说明书规定的重量,钢丝绳不得超负荷使用,以免发生意外事故。

(2) 下钻时应注意先将钻头垂直吊稳后,再导正下入孔内。进入孔内后,不得松刹车,高速下放。提钻时应先缓慢提数米,未遇阻力后,再按正常速度提升。如发现有阻力,应将钻具下放,使钻头转动方向后再提,不得强行提拉。

(3) 钻进中,当发现塌孔、偏孔、斜孔时,应及时处理。发现缩颈时,应经常提动钻具,修护孔壁,每次冲击时间不宜过长,以防卡钻。

(4) 整个成孔过程中,应注意始终保持孔内液面比地下水位高 1.5～2.0m,以液柱的静压和渗压保持孔壁稳定。

【复 习 与 思 考 题】

1. 简述钻孔灌注桩基础施工准备工作内容。
2. 成孔灌注桩成孔机械有哪些?各自适用条件有哪些?
3. 什么是正循环钻进成孔?简述其工作原理。
4. 什么是反循环钻进成孔?简述其工作原理。
5. 简述其他成孔方法及工作原理和特点。
6. 简述钢筋笼制作方法及吊桩注意事项。
7. 什么是清孔?清孔方法有哪些?
8. 简述导管法的施工机具及施工工艺。
9. 水下灌注混凝土施工应该注意哪些问题?
10. 钻孔灌注桩基础检测、验收标准有哪些?

参 考 文 献

[1] 重庆大学,同济大学,哈尔滨工业大学. 土木工程施工(上册)[M]. 2版. 北京:中国建筑工业出版社,2008.
[2] 郭立民,方承训. 建筑施工[M]. 3版. 北京:中国建筑工业出版社,2006.
[3] 《建筑施工手册》(第五版)编委会. 建筑施工手册(第二分册)[M]. 5版. 北京:中国建筑工业出版社,2011.
[4] 中国建筑科学研究院. 建筑地基处理技术规范(JGJ 79—2012)[S]. 北京:中国建筑工业出版社,2013.
[5] 中华人民共和国住房和城乡建设部. 建筑地基基础设计规范(GB 50007—2011)[S]. 北京:中国建筑工业出版社,2011.
[6] 上海市建设和管理委员会. 建筑地基基础施工质量验收规范(GB 50202—2002)[S]. 北京:中国计划出版社,2002.
[7] 龚晓南. 地基处理手册[M]. 3版. 北京:中国建筑工业出版社,2008.
[8] 董伟. 地基与基础工程施工[M]. 重庆:重庆大学出版社,2013.
[9] 包永刚,王廷栋. 建筑施工技术[M]. 郑州:黄河水利出版社,2013.
[10] 胡慨. 建筑施工技术[M]. 合肥:中国科学技术大学出版社,2013.
[11] 孔定娥. 基础工程施工[M]. 合肥:合肥工业大学出版社,2009.
[12] 中国建筑技术集团有限公司. 建筑施工土石方工程安全技术规范[S]. 北京:中国建筑工业出版社,2009.
[13] 中国华西企业股份有限公司. 土方与爆破工程施工及验收规范[S]. 北京:中国建筑工业出版社,2012.
[14] 张小林. 土石方工程施工与组织[M]. 北京:中国水利水电出版社,2009.
[15] 付润生. 基础工程[M]. 成都:西南交通大学出版社,2006.
[16] 黄振明. 土力学与地基基础[M]. 北京:中国铁道出版社,2002.
[17] 余胜光. 建筑施工技术[M]. 武汉:武汉理工大学出版社,2004.
[18] 王晓谋. 基础工程[M]. 3版. 北京:人民交通出版社,2003.
[19] 凌治平,易经武. 基础工程[M]. 北京:人民交通出版社,2004.
[20] 赵明华. 基础工程[M]. 北京:高等教育出版社,2003.